1

2

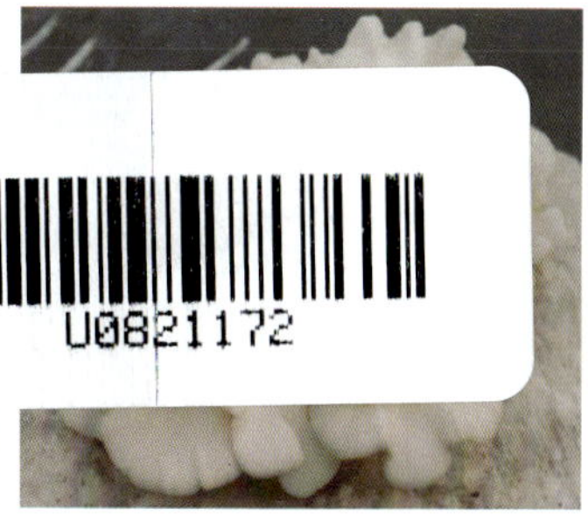

3

4

5

6

7

8

9

10

11

12

图 1-2：平菇；图 3：纯白平菇；图 4-5：香菇
图 6：双孢蘑菇；图 7-8：滑菇；图 9：黄伞；图 10-11：黑木耳；图 12：榆黄蘑
（以上图片均由崔颂英、杨俊达摄影、提供）

1

2

3

4

5

6

7

8

9

10

11

12

图 1-2：平菇；图 3：银耳；图 4-5：金针菇；图 6：斑玉蕈
图 7-8：蛹虫草；图 9：猴头；图 10：杏鲍菇；图 11：高大环柄菇；图 12：毛木耳
（以上图片均由崔颂英、杨俊达摄影、提供）

1

2

3

4

5

6

7

8

9

10

11

12

图 1：平菇袋栽；图 2：香菇袋栽；图 3：双孢蘑菇床栽；图 4：滑菇块培
图 5：黑木耳露地栽培；图 6：鸡腿菇套种；图 7：杏鲍菇工厂化栽培；图 8：猴头栽培
图 9：银耳栽培；图 10：蛹虫草栽培；图 11：白背毛木耳栽培；图 12：白茶树菇栽培
（以上图片均由崔颂英、杨俊达摄影、提供）

图 1-3：教师将课堂挪到校内生产实训的场地，使用笔记本电脑进行必要的知识讲解
图 4-12：教师指导示范，学生亲自动手操作，在真实的生产环境中完成专项生产任务
（以上图片均由马恩昌、杨俊达摄影、提供）

将部分专业课程拿到知名企业去开设，学生在企业参与完成全程的生产任务，实现了在真实的企业生产环境里参加生产实践，校企合作育人。图为学生在“大连全禾菌业”进行工厂化金针菇生产实践，我国知名食用菌行业企业家刘永昶先生亲自为学生授课。

（以上图片均由崔颂英、杨俊达摄影、提供）

课程教师将成熟的生产技术结合当地主导农业生产进行技术推广。图为结合当地露地棚架葡萄主产区的农业生产实际，课程教师与当地农业科技主管部门联合立项，推广露地葡萄套种鸡腿菇技术，将科技知识转化为现实的生产力，提高了农民的收入，服务了地方经济。

（以上图片均由马恩昌、杨俊达摄影、提供）

高职高专教育“十二五”规划建设教材
工学结合教学改革教材

食用菌生产

（第2版）

崔颂英　马　兰　骆玉岐　主编

中国农业大学出版社
·北京·

内容简介

本书是中国农业大学出版社高职高专“十二五”规划建设教材，也是辽宁农业职业技术学院国家示范性高职院校优质核心课程系列教材之一。教材内容共划分制种技术、栽培技术、病虫害防治技术、保鲜与加工技术、营销技术5个典型工作任务，以及与5个典型工作任务相对应的19个学习情境。教材按照生产季节和生产工艺，采取“提出生产任务→分析生产任务→解决生产任务”的思路展开编写。制种技术、栽培技术两个典型工作任务着墨较多，是学习的重点。本书不仅可以作为高职高专院校农林类相关专业的教材，还可以作为中等职业技术学校相关教师和广大食用菌生产经营者及爱好者的参考用书。

图书在版编目(CIP)数据

食用菌生产/崔颂英，马　兰，骆玉岐主编．—2版．—北京：中国农业大学出版社，2011.3(2017.9重印)

ISBN 978-7-5655-0189-0

Ⅰ.①食…　Ⅱ.①崔…②马…③骆…　Ⅲ.①食用菌类-蔬菜园艺-教材　Ⅳ.①S646

中国版本图书馆CIP数据核字(2011)第006207号

书　　名　食用菌生产(第2版)

作　　者　崔颂英　马　兰　骆玉岐　主编

策划编辑　姚慧敏　伍　斌　　　**责任编辑**　姚慧敏　董　田　李丽君　韩元凤

封面设计　郑　川　　　**责任校对**　王晓凤　陈　莹

出版发行　中国农业大学出版社

社　　址　北京市海淀区圆明园西路2号　　　**邮政编码**　100193

电　　话　发行部 010-62818525，8625　　　读者服务部 010-62732336

　　　　　编辑部 010-62732617，2618　　　出　版　部 010-62733440

网　　址　http://www.cau.edu.cn/caup　　　**e-mail** cbsszs @ cau.edu.cn

经　　销　新华书店

印　　刷　北京时代华都印刷有限公司

版　　次　2011年3月第2版　2017年9月第3次印刷

规　　格　787×980　16开本　16.25印张　296千字　彩插3

定　　价　36.00元

第2版编审人员

主　编	崔颂英	辽宁农业职业技术学院
	马　兰	黑龙江农业职业技术学院
	骆玉岐	辽宁省机电工程学校
副主编	牛长满	辽宁农业职业技术学院
	张　晶	辽宁农业职业技术学院
	王爱武	商丘职业技术学院
	矫天育	辽宁农业职业技术学院
	唐　伟	辽宁农业职业技术学院
参　编	谢虎军	湖南商务职业技术学院
	张术丽	黑龙江农业职业技术学院
	杨晓菊	辽宁农业职业技术学院
	邹　兵	辽宁省农业技术学校
	王永辉	辽宁省机电工程学校
主　审	王升厚	沈阳师范大学

第1版编审人员

主　编	崔颂英	辽宁农业职业技术学院
副主编	马　兰	黑龙江农业职业技术学院
	徐秀华	辽宁商贸职业学院
	吴玉堂	黑龙江农业经济职业学院
	赵秀芳	山东临沂师范学院
	李淑芬	云南农业职业技术学院
参　编	伦志明	黑龙江农业经济职业学院
	牛长满	辽宁农业职业技术学院
主　审	孙军德	沈阳农业大学

第2版前言

食用菌具有很高的营养价值和药用价值，被誉为“人类理想的健康食品”、“植物性食品的顶峰”，同时许多工、农业的废弃物尤其是富含纤维素、半纤维素、木质素的植物残体、下脚料都是优质的食用菌生产原料。

人类发出“拯救地球就是拯救未来”的呼唤，“节约资源，保护环境，坚持全面、协调、可持续的发展观”已经越来越成为全球的共识。在现代农业的“三维”循环结构中，食用菌因其特有的生活方式位于循环结构的起点和终点，其独特的价值魅力也越来越被世人所认可。我国已经成为世界食用菌生产大国，丰富的自然资源和劳动力资源以及先进技术的不断应用使我国的食用菌产业潜力更加巨大、前景更加广阔。改革开放以来，尤其是近年，党和国家一系列富民政策的出台，为我国食用菌产业的长足发展提供了坚强有利的政策保障，我国的食用菌产业焕发出了前所未有的生机和活力！

本教材是中国农业大学高职高专教育“十二五”规划建设教材，也是辽宁农业职业技术学院国家示范性高职院校优质核心课程系列教材之一。教材内容共分为制种技术、栽培技术、病虫害防治技术、保鲜与加工技术、营销技术 5 个典型工作任务以及与 5 个典型工作任务相对应的 19 个学习情境。教材按照生产季节和生产工艺，采取“提出生产任务→分析生产任务→解决生产任务”的思路展开编写。首先结合地区生产实际提出生产任务；然后收集相关资讯，针对提出的生产任务制定生产计划、确定工艺流程；在栽培管理技术学习的基础上，对生产任务进行具体分析；最后通过在真实的校内外实验实训环境中，开展实验实训和生产实训解决生产任务。

教材编写分工如下：崔颂英（目录、前言、实验实训、生产实训、技术图解、拓展链接、情境检测、典型工作任务一的学习情境二、典型工作任务二的学习情境一），马兰(典型工作任务二的学习情境五、典型工作任务二的学习情境九、典型工作任务二的学习情境十),骆玉岐(典型工作任务二的学习情境二、典型工作任务二的学习情境七),牛长满、矫天育(典型工作任务一的学习情境一、典型工作任务二的学习情境三、实验实训、生产实训、情境检测),张晶、唐伟(典型工作任务二的学习情境四、典型工作任务二的学习情境八、实验实训、生产实训、情境检测),王爱武(典型工作任务二的学习情境六、典型工作任务三),矫天育、谢虎军(典型工作任务四、典型工作任务五),唐伟、张术丽(附录)。

崔颂英、牛长满、张晶进行了前期统稿工作,崔颂英对全书进行了最后的定稿。沈阳师范大学王升厚教授为教材审稿。在此对王升厚教授深表谢忱!教材部分图片为借鉴的参考资料及网络图片,因出处太多,无法一一标明,在此一并致谢!由于编者水平有限、编写时间仓促,如果教材使用过程中疏漏之处给您造成了不便,敬请谅解!同时也衷心希望您能够及时与我们联系,对教材的使用与建设提出更好的意见和建议。

编　者

2010 年 10 月

第1版前言

食用菌具有很高的营养价值和药用价值，被誉为“人类理想的健康食品”、“植物性食品的顶峰”，同时许多工、农业的废弃物尤其是富含纤维素、半纤维素、木质素的植物残体、下脚料都是优质的食用菌生产原料。

人类发出“拯救地球就是拯救未来”的呼唤，“节约资源，保护环境，坚持全面、协调、可持续的发展观”已经越来越成为全球的共识。在现代农业的“三维”循环结构中，食用菌因其特有的生活方式位于循环结构的起点和终点，其独特的价值魅力也越来越被世人所认可。我国已经成为世界食用菌生产大国，丰富的自然资源和劳动力资源以及先进技术的不断应用使我国的食用菌产业潜力更加巨大、前景更加广阔。改革开放以来，尤其是近年，党和国家一系列富民政策的出台，为我国食用菌产业的长足发展提供了坚强有利的政策保障，我国的食用菌产业焕发出了前所未有的生机和活力！

行业迅猛发展以及我国高等职业教育内涵建设的需要对高职人才的培养模式和培养目标提出了越来越明确、越来越高的要求。实用、适用的教材是实现从专业知识、实践技能、职业素质、岗位能力培养入手，为行业发展输送具有可持续发展能力的“高等技术应用性人才”的有效载体之一。

鉴于行业发展和高职人才培养需求，中国农业大学出版社组织全国几所高职院校从事食用菌教学、生产、科研一线工作的教师编写了这部教材。本课程是农林类专业的主干课程或专业必修、选修课程。通过课程学习，使学生掌握食用菌的基础知识和基本技能，并具备设计、组织、实施生产的职业素质和职业能力。

教材按照知识体系自身的连贯性、相关性、工艺性展开内容。篇首的“素质目标”和篇末的“素质拓展”旨在对学生进行职业素质和职业能力的培养；篇首的“本篇术语”明确即可；章前的“学习目标”提出了学习层次的具体要求；章后的“超级链接”是对学习内容的补充和强化。

教材编写分工如下:崔颂英(内容提要、前言、彩色组图、附录、除署名外的全部图表制作),马兰、崔颂英(第七章、第十章、第十八章),徐秀华、崔颂英(第九章、第十五章),崔颂英、吴玉堂(第四章、第六章、第十六章),崔颂英、赵秀芳(第八章、第十二章),崔颂英、李淑芬(第一章、第二章、第三章),崔颂英、伦志明(第五章、第十一章、第十四章),崔颂英、牛长满(第十三章、第十七章)。

崔颂英、马兰、徐秀华进行了前期统稿工作,崔颂英对全书进行了最后的修改和统稿,沈阳农业大学孙军德博士为教材审稿。在此对孙先生、教材编写人员和张晶老师、郭庆、田云峰等同学的辛勤劳动深表谢忱!由于编者水平有限、编写时间仓促以及教材篇幅的要求,难以将百花齐放的栽培品种和生产技术一一进行介绍,例如栽培技术篇,只介绍了典型、实用的栽培品种和栽培技术,但在课后的“超级链接”中补充了相关的图片和相近栽培品种的知识,力求点面结合。教材使用过程中诸多疏漏之处给您造成的不便敬请谅解,诚望您及时与我们联系、沟通,以期不断提高教材的服务功能!

编　者

2007 年 5 月

目　录

典型工作任务一　制种技术

学习情境	一:母种生产	二:原种、栽培种生产
子情境	一:相关资讯收集	一:相关资讯收集
	二:生产计划制定	二:生产计划制定
	三:母种培养基制作技术	三:原种、栽培种培养基制作技术
	四:母种扩繁与培养技术	四:原种、栽培种扩繁与培养技术

具体任务及工作目标

1. 收集制种用品、用具的种类与用途,消毒与灭菌的种类和方法,制种设备、设施的构造与功能等相关资讯。
2. 掌握菌种制作的工艺流程、培养基配方及菌种质量鉴定、保藏的方法。
3. 能够根据生产要求进行母种、原种、栽培种生产计划制定。
4. 能够进行母种、原种、栽培种培养基制作、菌种扩繁以及全程生产管理。
5. 具备团队精神、合作意识和组织管理能力。

学习情境一　母种生产

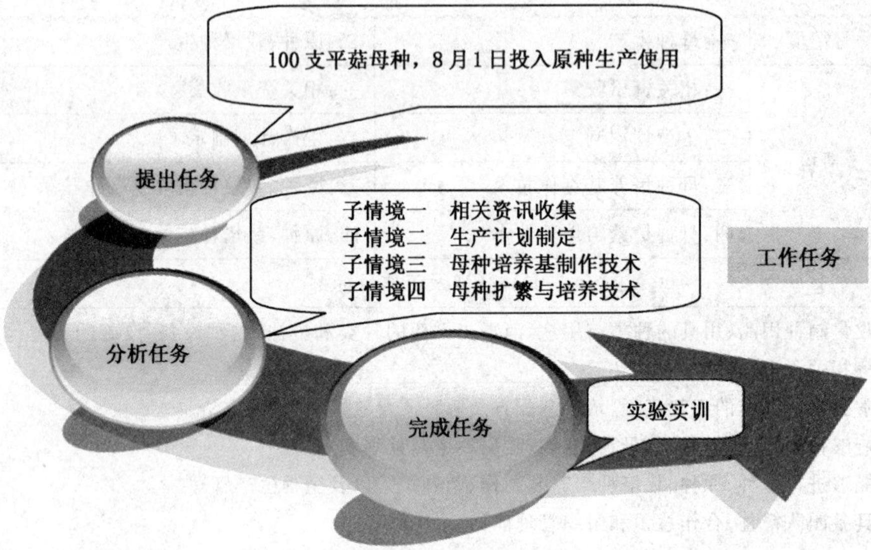

子情境一　相关资讯收集

一、消毒与灭菌

消毒是利用物理或化学的手段，杀死物体表面上绝大多数病原微生物的过程，而对于某些细菌的芽孢和真菌的孢子不产生致死影响，仅为暂时抑制而已。消毒在食用菌制种工作中应用很广，如在各级菌种制备之前需要对皮肤、器皿、工具、菌袋（瓶）等消毒；在菌袋（瓶）灭好菌后往接种室（箱）摆放前，要提前对这些场所进行消毒；在大棚（菇房）内种植食用菌之前，需要对大棚（菇房）内进行熏蒸消毒。

灭菌是利用物理或化学的手段，杀死物体表面上所有病原微生物的过程，包括细菌的芽孢和真菌的孢子。灭菌在食用菌制种工作中具有核心的地位，如在各级菌种制备中需要对试管培养基、罐头瓶培养基和塑料袋培养基等灭菌；在接种工具使用前也必须进行灭菌。如果灭菌环节出现问题，那么生产就意味着出现了严重的问题甚至导致企业停产。由此可见灭菌在食用菌生产环节中有着举足轻重的地位。

1. 常用的消毒药品

表 1-1-1　常用消毒药品及使用浓度

药品种类		使用浓度	作用范围	使用方法
凝固蛋白类消毒剂	乙醇	70%～75%	皮肤、菌种管、瓶表面、工作台面等	浸泡或用酒精棉球擦抹
	石炭酸	3%～5%	器械、培养室、无菌室	浸泡或喷雾
	来苏儿	1%～2%	皮肤	浸泡或擦抹
		3%～5%	接种工具	浸泡或擦抹
		5%～10%	培养室、无菌室	喷雾
	六氯酚	2%～3%	器械、皮肤等	浸泡或擦抹
溶解蛋白类消毒剂	石灰	粉剂	培养基质、栽培场所地面	拌入培养基中或地面匀撒
	氢氧化钠	2%～4%	培养室、无菌室	空间喷雾
氧化蛋白类消毒剂	高锰酸钾	0.1%～0.2%	菌种瓶、袋、器械(随配随用)	浸泡或擦抹
	二氯异氰尿酸钠	粉剂	接种箱、接种帐、无菌室、培养室等	熏蒸
	过氧化氢	2%～4%	器械、培养室、无菌室	浸泡或喷雾
	次氯酸钙	0.2%	菌种瓶、袋、器械(随配随用)	浸泡或擦抹
	二氧化氯	0.13%	接种箱、接种帐、无菌室、培养室等	喷雾
		0.06%	接种工具	浸泡或冲洗
	气雾消毒盒	粉剂	接种箱、接种帐、无菌室、培养室等	熏蒸
抑制蛋白活性类消毒剂	克霉灵	0.1%	培养基质	拌入培养基中
	百菌清	0.1%	培养基质	拌入培养基中
	多菌灵	0.1%	培养基质	拌入培养基中
	甲基托布津	0.1%～0.2%	培养基质	拌入培养基中
	碘伏	1%～2%	皮肤、器械	浸泡或擦抹
烷基化消毒剂	甲醛	37%～40%	接种箱、接种帐、无菌室、培养室等	熏蒸
阳离子表面活性剂	新洁尔灭	0.25%	皮肤	浸泡或擦抹
	季铵盐杀菌剂1227	50～100 mg/L	皮肤、器械	浸泡或擦抹

2. 常用的消毒方法

常用的消毒方法有空间消毒法、表面消毒法、基质消毒法、煮沸消毒法、紫外消毒法等。这些方法中有一些属于化学药剂消毒法，有些属于物理消毒法。这些方法之间要学会综合应用，往往单一的消毒法会导致对接种、栽培环境和器械等消毒不彻底。值得一提的是，现在随着对绿色食品要求的条件越来越严格，提倡使用对环境、人体、食用菌产品等危害较小的物理消毒法。

表 1-1-2 常用的消毒方法

<table>
<tr><th colspan="3">消毒类别</th><th>具体方法</th></tr>
<tr><td rowspan="4">化学药剂消毒法</td><td rowspan="2">空间消毒法</td><td>喷雾消毒法</td><td>5%～10%的来苏儿、0.25%的新洁尔灭、3%～5%的石炭酸等进行空间喷雾</td></tr>
<tr><td>熏蒸消毒法</td><td>10 mL 甲醛加入 7 g 高锰酸钾，可熏蒸 1 m^3 的环境空间，熏闷时间一般为 12～24 h；利用气雾消毒盒(有效成分为 DCCNA)进行熏蒸，使用量为 2 g/m^3 效果很好；硫黄粉加入适量杀虫药进行燃烧，产生大量烟雾，对环境空间进行消毒</td></tr>
<tr><td colspan="2">表面消毒法</td><td>适当浓度的乙醇、来苏儿、新洁尔灭、高锰酸钾溶液等对皮肤、器械、工作台、室内地面、墙壁等进行表面消毒</td></tr>
<tr><td colspan="2">基质消毒法</td><td>在培养基质中拌入 0.1%的克霉灵、多菌灵、2%～5%的石灰粉</td></tr>
<tr><td rowspan="4">物理消毒法</td><td colspan="2">煮沸消毒法</td><td>将待灭菌物品放入水中煮沸 15～20 min</td></tr>
<tr><td colspan="2">巴氏消毒法</td><td>对培养料进行发酵处理，使料温达到 60～70℃，之后通过翻堆保持 4～6 d 可以起到消毒杀菌的作用</td></tr>
<tr><td colspan="2">紫外消毒法</td><td>利用 30 W 紫外线灯管在 1 m 范围内照射 30 min，之后遮光 0.5 h 后可达到消毒效果。将培养料、覆土基质于太阳光下暴晒也可有部分紫外消毒作用</td></tr>
<tr><td colspan="2">负离子消毒法</td><td>利用臭氧发生器、负离子发生器和环境消毒器等仪器，按照其使用方法开机 30～40 min，维持环境中臭氧浓度在 0.01 mg/m^3 范围内，即可起到空间杀菌的效果</td></tr>
</table>

3. 常用的灭菌方法

根据灭菌时所采用的介质不同，灭菌可分为火焰灭菌、干热灭菌和湿热灭菌等。

表 1-1-3　常用的灭菌方法

灭菌类别		具体方法
火焰灭菌		常用酒精灯外焰对接种工具进行烧灼灭菌
红外电热灭菌		利用红外线产生 600～900℃高温对接种工具进行加热灭菌，仅需 2～3 min
干热灭菌		使用电热鼓风干燥箱对玻璃器皿、金属制品和搪瓷器皿等进行灭菌，一般 140～160℃的温度下保持 2～3 h
湿热灭菌	常压湿热灭菌	利用 100℃的常压湿热蒸汽进行灭菌，一般需要 8～10 h
	高压湿热灭菌	利用 123～126℃高压蒸汽进行灭菌，需要的时间依被灭菌物不同而不同

二、母种培养基配方

母种培养基配方按照其营养成分的组成可分为天然培养基、合成培养基和半合成培养基；按照其物理状态可分为液体培养基、固体培养基和半固体培养基；按照培养基的用途又可分为基础培养基、加富培养基、选择培养基和鉴别培养基等。构成母种培养基的营养成分有许多，所以相应的培养基也是有很多的。最常用的是马铃薯葡萄糖培养基（PDA 培养基）、马铃薯综合培养基（CPDA 培养基）和马铃薯加富培养基，这些培养基基本上适合绝大多数的食（药）用菌生长；此外，不同的野生食用菌除了上面常用的培养基外，还有一些特殊的培养基往往更适合它们生长，生产者可根据具体情况酌情选择。

1. 固体培养基配方

表 1-1-4　常见母种培养基配方

培养基类别	麸皮	玉米面	黄豆粉	磷酸二氢钾	硫酸镁	维生素 B_1
PDA 培养基	0	0	0	0	0	0
CPDA 培养基	0	0	0	3	1.6	0.01
加富 PDA 培养基 1	20	5	5	0.2	0.2	0.01
加富 PDA 培养基 2	20	5	2	0.2	0.2	0.01
加富 PDA 培养基 3	20	5	2	0.2	0.2	0.01

注：上述配方中马铃薯 200 g、葡萄糖 20 g、琼脂 18～20 g、水 1 000 mL，pH 自然；加富 PDA 培养基 2 中加入 100 g 新鲜平菇子实体，加富 PDA 培养基 3 中加入 100 g 新鲜香菇子实体。

以上培养基配方适合平菇、香菇、黑木耳、鸡腿菇、金针菇、杏鲍菇、灵芝、云芝等常规菌种以及一些特殊的菌种。

表 1-1-5 特殊培养基配方

适用菌株	培养基类别	营养成分
灵芝	PSA 培养基	马铃薯 200 g,蔗糖 20 g,琼脂 20 g,水 1 000 mL
	米粉培养基	大米粉 50 g,蔗糖 15 g,琼脂 20 g,水 1 000 mL
	木屑培养基	菇类木屑菌丝体 200 g,蔗糖 15 g,琼脂 20 g,水 1 000 mL
猴头	黄豆芽培养基	黄豆芽 200 g,葡萄糖 20 g,酵母粉 5 g,琼脂 25 g,水 1 000 mL,用柠檬酸调节 pH 至 5.0～5.5
	麦芽糖培养基	麦芽糖 20 g,磷酸二氢钾 1.5 g,硫酸镁 0.5 g,水 1 000 mL,用柠檬酸调节 pH 至 5.0～5.5
茯苓	葡萄糖蛋白胨培养基	葡萄糖 30 g,蛋白胨 15 g,磷酸二氢钾 1.5 g,硫酸镁 0.5 g,琼脂 20 g,水 1 000 mL
	松木汁培养基	松木屑 200 g,麸皮 100 g,葡萄糖 20 g,维生素 B_1(医用药片)1 片,琼脂 20 g,水 1 000 mL
蛹虫草	蚕蛹粉培养基	蚕蛹粉 20 g,葡萄糖 20 g,磷酸二氢钾 1 g,硫酸镁 0.5 g,维生素 B_1 20 mg,维生素 B_2 20 mg,琼脂 20 g,水1 000 mL
	奶粉培养基	全脂奶粉 10 g,蛋白胨 5 g,葡萄糖 20 g,琼脂 20 g,水1 000 mL
	葡萄糖蛋白胨培养基	葡萄糖 20 g,蛋白胨 5 g,磷酸二氢钾 1 g,硫酸镁 0.5 g,氯化钙 1.5 g,琼脂 20 g,水 1 000 mL
密环菌	玉米粉培养基	玉米粉 100 g,黄豆粉 20 g,蔗糖 20 g,琼脂 18 g,水1 000 mL
	木屑培养基	杂木屑 100 g,麸皮 50 g,蔗糖 20 g,磷酸二氢钾 1 g,硫酸镁 0.5 g,琼脂 20 g,水 1 000 mL
云芝	木屑培养基	杂木屑 100 g,麸皮 50 g,蔗糖 20 g,磷酸二氢钾 2 g,硫酸铵 1.5 g,琼脂 20 g,水 1 000 mL
黑柄炭角菌	腐殖土培养基	腐殖土 200 g,果糖 15 g,蛋白胨 5 g,琼脂 20 g,水1 000 mL
安络小皮伞	改良 PDA 培养基	马铃薯 200 g,葡萄糖 20 g,琼脂 20 g,腐殖土 100 g,水1 000 mL

注:以上各药用菌的配方并非仅表中所列,表中仅提供了一些药用菌的相应特殊的配方,但并非最好的配方,仅对生产者提供一定的参考依据。

2. 液体培养基配方

表 1-1-6　1 000 mL 培养基配方成分含量　　g

适用对象	红糖	葡萄糖	蔗糖	玉米粉	麸皮	酵母膏	蛋白胨	磷酸二氢钾	硫酸镁
灵芝	12	12	0	0	40	0	2.0	2.0	1.0
猴头	0	10	0	0	50	0	2.0	1.0	0.75
茯苓	0	25	0	20	0	1.0	0	1.0	0.5
蛹虫草	5	10	0	0	0	5.0	10	0	0
密环菌	0	10	20	0	0	0	0	1.5	0.75
云芝	10	15	0	0	0	3	0	1.0	0.5
黑柄炭角菌	0	10	5	20	0	1.0	2.0	0	0
安络小皮伞	20	0	0	0	50	0	2.0	1.5	0.5
灰树花	0	20	0	50	0	0	2.0	1.0	0.3
榆耳	0	20	10	0	50	0	2.0	1.0	0.5
裂褶菌	10	20	0	0	0	2.0	0	1.0	0.5
桑黄	0	0	20	0	50	0	2.0	1.5	0.75

注：1 000 mL 上述配方中，茯苓配方中再加入 $CaCl_2$ 0.06 g，$ZnSO_4$ 4 mg，$MnSO_4$ 5 mg，$FeSO_4$ 5 mg，维生素 B_1(10 mg)1 片，泡敌（聚氧丙烯甘油）0.3 g；蛹虫草中再加入 5 g 蚕蛹粉，维生素 B_1(10 mg)1 片，泡敌（聚氧丙烯甘油）0.3 g；密环菌培养基中再加入 10 g，豆饼粉 10 g，植物油 2 g，维生素 B_1(10 mg)1 片，泡敌（聚氧丙烯甘油）0.3 g；云芝配方中再加入花生饼粉 10 g，维生素 B_1(10 mg)1 片，泡敌（聚氧丙烯甘油）0.3 g；黑柄炭角菌配方中再加入 200 g 马铃薯，复合维生素 B(10 mg)1 片，泡敌（聚氧丙烯甘油）0.3 g；灰树花配方中再加入 $CaCl_2$ 0.1 g，$CuSO_4$ 0.1 mg，$MnSO_4$ 0.1 mg，复合维生素 B(10 mg)1 片，泡敌（聚氧丙烯甘油）0.3 g；裂褶菌配方中再加入黄豆粉 5 g，维生素 B_1(10 mg)1 片，泡敌 0.3 g。

子情境二　生产计划制定

一、工艺流程

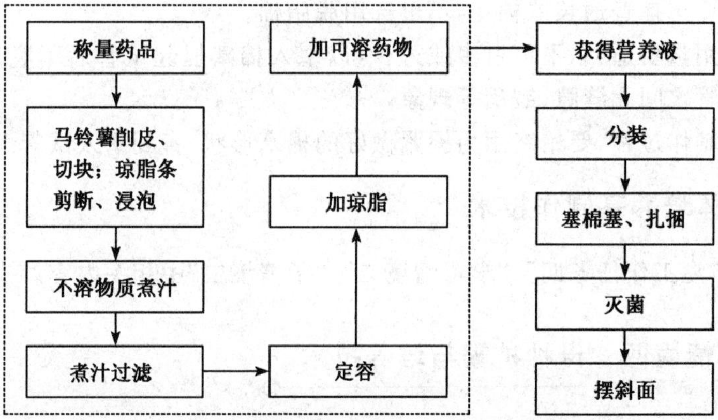

图 1-1-1　加富 PDA 培养基制作工艺流程

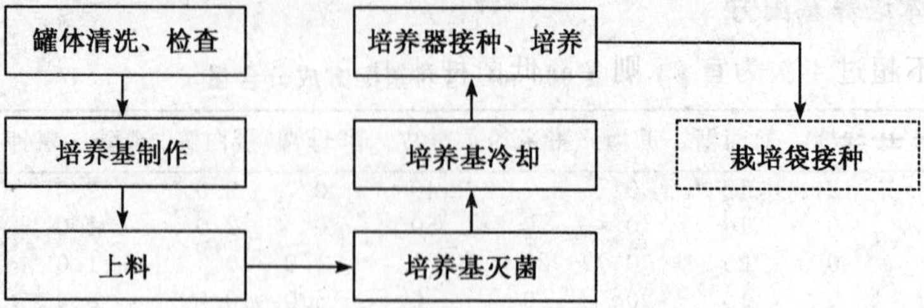

图 1-1-2 液体菌种制作工艺流程

二、时间、数量

100 支平菇母种，8 月 1 日投入原种生产使用，时间、数量见表 1-1-7。

表 1-1-7 100 支平菇母种生产的时间与数量

项目	母种接种	母种投入使用
时间	7 月 20 日	8 月 1 日
数量	110 支	100 支

子情境三 母种培养基制作技术

一、固体培养基制作技术

以加富 PDA 培养基的制作为例。具体制作技术见“实验实训 1-1-1”。

母种培养基棉塞制作要注意以下几点：

1. 棉花要选择普通长绒棉花，不可选用脱脂棉。

2. 棉花用量要适当，不可过多或过少，以塞入棉塞提起试管后不脱落为度；同时棉塞与试管之间无缝隙、皱褶等现象。

3. 棉塞制作过程，要始终用力握紧做好的棉塞形状，直到塞入试管。

二、液体培养基制作技术

参照“典型工作任务四”、“学习情境二”、“子情境二”中相关内容。

子情境四 母种扩繁与培养技术

母种扩繁也称转管，是一项非常重要的技术，扩繁后的母种应用到实际生产中，它的质量好坏直接关系到以后各级的菌种质量，因此必须严格把关。母种转管的次数以不超过 4 次为宜，否则会降低菌种活力。

一、工艺流程

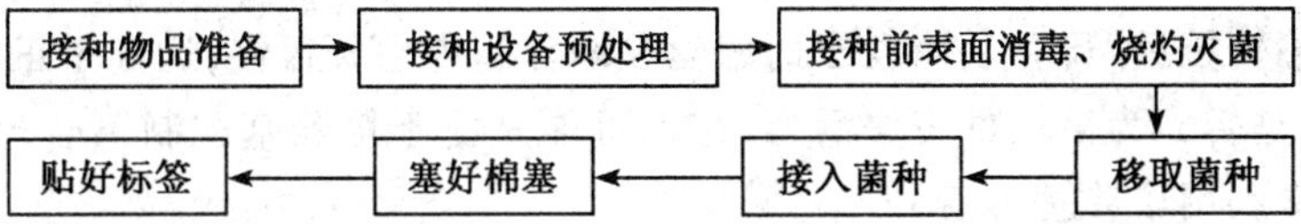

图 1-1-3　母种扩繁工艺流程

二、操作方法

具体操作方法见“实验实训 1-1-2”。

三、母种扩繁与培养中常见问题

1. 接种块不萌发菌丝

原因：首先观察所接母种块颜色是否变黑，如果变为黑色则是在接种过程中被烫死；如果所接母种块颜色未变黑，并且上面菌丝没有生长迹象，则可能是母种已经老化。

解决措施：①如果是因为母种块被烫死，那么就要注意在接种过程中严格接种动作，注意接种时速度要快，尤其在母种块转出试管口经过酒精灯火焰无菌区的一瞬间，要迅速把母种块转接入待接试管培养基斜面中央。②如果是母种自身老化的原因，那么要进一步确定是否原先母种丧失活力。我们可以将剩余的母种转接至新的培养基内生长，如果依然不生长，那么就可以确定该母种已丧失活力；如果菌种正常萌发，那么它就不是母种老化的原因，而是培养基自身的原因。

2. 母种转接后，接种块周围出现霉菌污染

原因：可能是由于接种者对接种工具消毒、灭菌不彻底，造成了工具上带菌；或是由于母种自身带菌。

解决措施：①如果是由于工具的原因，则要对接种工具进行充分灼烧灭菌，最好接种前将工具用防水纸包好随同培养基一同灭菌后使用。②如果是由于母种自身带菌，则该母种不能再用于生产；但该品种如果是珍稀品种，则要花力气对该母种进行提纯后使用。

3. 母种转接后，棉塞部位感染杂菌

原因：这是由于培养基制作过程中试管口沾染了营养液；或是由于灭菌过程中

棉塞被打湿;抑或是由于培养过程中环境潮湿引起棉塞受潮所致。

解决措施:①培养基制作过程中要防止营养液沾湿试管口。②在灭菌过程中要将待灭菌试管拿防水纸包严,同时试管上部再用一层防水纸盖严;出锅时先利用锅内热气将防水纸烘干后再摆斜面。③母种试管培养要放在清洁、干燥、黑暗的环境中培养;不能置于不卫生、环境潮湿的地方培养。

4. 母种转接后,母种块萌发出的菌丝在培养基内生长很慢,远低于正常长速

原因:是否因为该母种丧失活力;这也可能是由于培养基配制不合理,导致菌丝不能正常利用培养基内养分。

解决措施:①如因母种丧失活力,解决方法同前。②如果是由于培养基配制不合理,首先要查明培养基配制时是由于哪种成分加的比例不适宜;同时可将该食用菌品种转接到其他培养基内培养。

5. 母种转接后,培养基表面和贴近试管壁处出现浅黄色黏稠菌落

原因:由于培养基灭菌不彻底;或是由于接种操作不严格所致。

解决措施:①要严格按照灭菌时间去灭菌,不能缩短灭菌时间。②要严格控制接种操作过程,特别要对接种工具在接种前充分消毒、灭菌。

实验实训

1-1-1:100 支平菇母种培养基制作

第一部分:实训过程设计

一、目的要求讲解

向学生讲明 PDA 培养基与加富 PDA 培养基制作的异同、适用性和重要性。

二、材料用品准备

提前报批和准备实验用品;按照 4 人/组,准备 6 组实训用品,每组按 500 mL 制作量准备。

三、仪器用具准备

按照实验实训要求准备好仪器、材料、用具;课程开始前主讲教师和实验员要对仪器、设备、设施的使用状态进行检查和必要的维修;检查水、电供给和安全状况。

四、实训过程设计

1. 在学生实验实训操作前教师进行实物直观演示和讲解:加富 PDA 培养基的制作流程及操作关键。

2. 学生按照实验实训要求,在教师演示、讲解、指导的基础上,完成实验操作。

3.教师鼓励或抽点学号让学生也走上讲台，通过制作好的试管培养基、棉塞向其他学生展示自己的实验结果，谈实验心得；或总结实验的操作流程及要点。

五、实训考核评价

实验实训考核评价标准分为技能考核和素质评价两个部分，采取学生走上讲台介绍实验结果的形式，对学生实验技能和综合素质进行培养和锻炼。每个实验实训项目设置一个单项技能考核评价记录卡，全部单项考核评价记录卡共同装订成册，一式二份，学生、主讲教师各一份。实验实训总成绩的平均值占期末课程总成绩的20%。

六、实训后记

本次技能训练课程通过教师为学生演示、讲解达到实物直观教学的效果；鼓励学生走上讲台在活泼、欢快、和谐的学习氛围中既学习了实训技能又锻炼了学生的综合素质；但是需要提出的是为了保证实验课的设计效果，对主讲教师、实验人员的职业素质提出了更高的要求。

第二部分：实训考核评价

一、基本信息

学生姓名	所在专业、班级	考核评价时间	技能考核得分	素质评价得分	最后得分	教师签字

二、考核评价形式与标准

1.考核评价形式

考核评价类别		考核评价形式	成绩
走上讲台展示结果	学生自主参与	教师在实验过程中进行技能考核和素质评价，教师对进行实验结果展示的学生进行现场赋分和点评，免交实验报告	85～100分
	教师抽点参与	教师在实验过程中进行技能考核和素质评价，教师对进行实验结果展示的学生进行现场赋分和点评，免交实验报告	85～95分（不包括85分）
未走上讲台展示结果		教师在实验过程中进行技能考核和素质评价，实验课结束的时候当堂交实验报告，教师课后批阅学生的实验报告	80分以下（不包括80分）

2.考核评价标准

考核评价项目	考核评价观测点	分值	教师评价
技能考核（60分）	准备工作	10	
	实验过程	30	
	实验结果	10	
	后续工作	10	
素质评价（40分）	专业思想、学习态度	10	
	语言表达、沟通协调	10	
	合作意识、团队精神	10	
	参与教师实验前的准备和实验后的处理工作	10	

第三部分：实训技术环节

一、目的要求

熟悉加富PDA培养基制作的工艺流程，掌握加富PDA培养基制作的关键技术。

二、材料用品

选用表1-1-4加富PDA培养基1进行制作。马铃薯、葡萄糖、琼脂、麸皮、玉米面、黄豆粉、磷酸二氢钾、硫酸镁、维生素B_1、普通棉花、纱布、报纸、皮套等。

三、仪器用具

电饭锅、手提式高压蒸汽灭菌锅、18 mm×180 mm试管、20 mL注射器、玻璃棒、1 000 mL量杯、菜刀、砧板、托盘天平，剪刀、烧杯、培养皿等盛器、削皮器、塑料筒等。

四、方法步骤

1.确定制作量

根据实验实训人数确定使用量，一般每人制作10～20支培养基供后续实验实训课用。

2.制备营养液

①马铃薯去皮，挖掉芽眼，切成黄豆大小的块。称量后用略多于用量的水煮20 min左右，至马铃薯块酥而不烂，再用4层纱布过滤，取其滤液定容至1 000 mL。

②琼脂条称好后，用剪刀剪成2 cm长的小段，再用清水浸泡，以利于熬煮

时融化。

③将琼脂条放入电饭锅滤液中边煮边搅拌，至全部融化。

④切断电饭锅电源，将葡萄糖等可溶性药物加入营养液中，并不断搅拌使之完全溶解，营养液的 pH 不需要特意调制。

3. 营养液分装

①趁电饭锅的余热，用 20 mL 医用注射器分装营养液。营养液以装入试管的 1/5～1/4 容量为宜，一般 18 mm×180 mm 试管，注入 8 mL 营养液即可。不要使营养液粘到近管口的壁上，每次用注射器抽取营养液后都要用纱布擦干净注射器口。装好后最好置于盛有凉水的塑料筒中，以促进凝固，便于下一步操作。

②营养液装好后，制作循环使用的纱布棉塞或一次性使用的不包纱布的棉塞，棉塞松紧适度，为试管长度的 1/5，2/3 插入试管，1/3 留在管外。

③每 10 支试管捆成一束，管口一端用防潮纸包好，待灭菌。

4. 灭菌

按照手提式高压蒸汽灭菌锅的操作规程对培养基进行灭菌。一般 123℃ 灭菌 30 min。灭菌结束后，待压力降到“0”，打开锅盖取出已灭菌物品。

5. 摆斜面

趁热将试管摆成斜面，培养基以试管长度的 1/2～2/3 为宜，斜面制成后，如不马上使用，可在 5℃ 的冰箱中保存待用。

五、实训作业

1. 总结棉塞制作的主要技巧，与同学们比较制作数量和制作质量。

2. 总结培养基制作过程中需要注意的几个关键环节，并分析操作得失。

实验实训

1-1-2：100 支平菇母种扩繁

一、目的要求

熟悉母种扩繁的工艺流程，熟练掌握母种扩繁的操作技术。

二、材料用品

斜面母种、待接试管斜面培养基、酒精棉球、火柴、油笔、气雾消毒剂、标签纸等。

三、仪器用具

超净工作台、接种箱、接种镐、酒精灯、培养皿、镊子、恒温培养箱等。

四、方法步骤

1. 物品、用具准备

将接种用的相关物品、用具整齐有序地放入超净工作台或接种箱中备用。

2. 接种设备预处理

超净工作台在接种操作前30 min开启紫外线灯,20 min前开启风机,达到时间后,关闭紫外线灯、风机照开,暗光30 min后即可接菌;接种箱用气雾消毒剂熏蒸40 min后使用。

3. 接种操作

①将洗净的双手伸入超净工作台或接种箱内,用酒精棉球擦拭双手、培养皿、接种工具、母种试管壁和接种台面,之后点燃酒精灯。

②以左手四指并拢伸直,手心向上,把待接试管放在中指和无名指之间,斜面向上,菌种试管放在食指和中指之间,拇指按住两支试管的下部,管口取齐。

③右手拿接种镐,将镐头以及接种时进入试管的杆部进行烧灼灭菌。

④左手将两支试管的管口部分靠近火焰,右手同时夹住两个棉塞(右手无名指和小手指夹一个,小手指和鱼际处夹一个),并立即以火焰烧灼试管口。操作过程中,试管口处于火焰无菌区。

⑤将烧过的接种镐,伸入菌种管内经管壁冷却,然后取火柴头大小的菌种块,轻轻抽出接种镐(注意不要在火焰上烧灼菌种),迅速将接种镐伸进待接试管中,在斜面中部放下菌种,抽出接种镐放于母种试管中供连续使用(一般转管的数量不只一支,需要连续使用接种镐)。

⑥烧灼棉塞至微焦,在无菌区塞好棉塞(注意不要用试管口去迎棉塞;连续转管操作只塞接种结束的试管,菌种管棉塞继续拿在手中,如果转管操作需要将母种使用完,那么母种试管棉塞在操作之初就可以放置在操作台面的培养皿中)。

⑦接种完毕后,及时贴上标签,规范标签书写内容。

4. 培养

接种后,在22℃的恒温培养箱中闭光培养,及时淘汰染杂的试管,一般10 d左右菌丝可长满管,一些特殊的品种时间要长一些。

五、实训作业

1. 每天观察母种生长状态,发现杂菌污染等问题及时处理。

2. 培养结束后,针对出现的问题,同学们在一起研讨母种连续培养的重要性。

技术图解

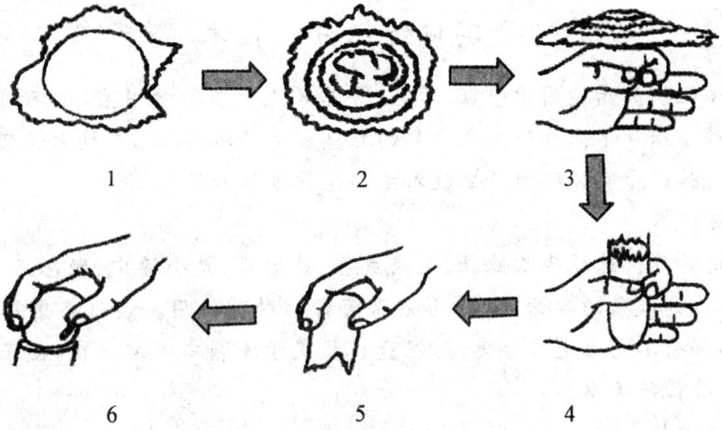

技术图解 1:无纱布棉塞制作过程(牛长满、崔颂英)

1. 棉花;2. 去角;3. 铺放在左手;

4. 做成棉花卷;5. 交换到右手;6. 回折毛头塞入试管

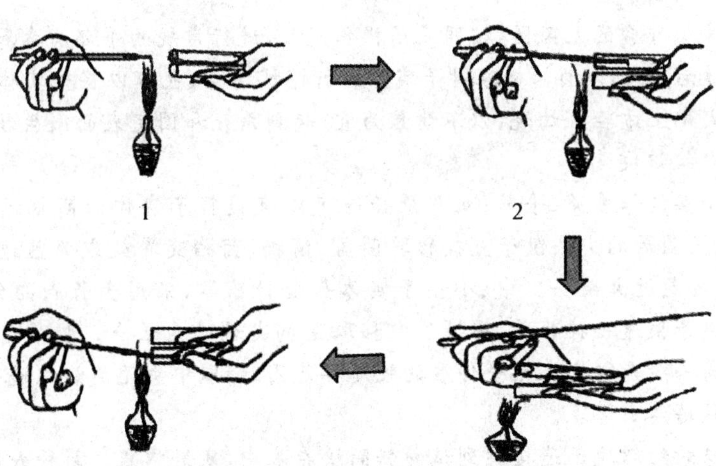

技术图解 2:母种转管操作(牛长满、崔颂英)

1. 右手接种镐烧灼灭菌、左手握平握菌种管和待接试管;

2. 移取菌种;3. 将移取的菌种块接到待接试管中;4. 塞好棉塞

拓展链接

子实体组织分离技术

子实体组织分离适用于平菇、草菇、香菇等绝大多数食用菌，但不同食用菌子实体的各种组织及不同部位生长分裂的旺盛程度不同，因此，在切取子实体组织时应该有所选择。子实体组织分离技术主要操作步骤如下：

1. 种菇选择

在栽培示范厂选择生长健壮、无病虫害、菇形正、大小适中、颜色正常、尚未散发孢子、七八分成熟的单朵菇，作为分离菌种的种菇使用。最好在第二批菇中采摘，采摘后如果不马上进行分离，用托盘盛装置于冰箱中保鲜一夜，使子实体略失水，有利于降低污染率。

2. 准备工作

将实验用的材料用品和仪器用具准备好、摆放整齐，并按照超净工作台的使用方法使其处于使用状态。

3. 种菇处理

在超净工作台的无菌区，按照无菌操作规程，进行常规的手部消毒和器械的烧灼灭菌。随后用75%酒精棉球对子实体进行擦拭消毒，也可以将子实体表面直接在酒精灯火焰上方轻轻灼烧，以不烤焦为宜，起到杀死和固定表面微生物的作用。

4. 移取组织块

大型子实体如香菇、平菇、双孢蘑菇等可以直接将子实体沿菌柄迅速纵向撕开，用烧灼灭菌后的尖头镊子直接移取菌盖、菌柄、菌褶交界处或菌盖边缘的组织块，大小不要超过火柴头。中、小型子实体如金针菇等，采用生长点组织分离法。即用尖头镊子快速去掉菌盖，用镊子尖移取菌柄尖端的生长点。胶质菌类如黑木耳组织分离一般是取尚未完全伸展的胶质耳基团，移取中央无菌组织进行分离。

5. 接种培养

将移取的组织块迅速接种到试管斜面培养基中，塞好棉塞。菌种分离结束后，贴好标签，将个别组织块接种位置偏离的试管调整好，每10支一捆，将棉塞端包好，置于恒温箱中进行适温培养。培养期间每天都要检查菌种的萌发与生长情况，对污染的试管及时挑选、处理。

6. 转管纯化

多数食用菌分离后培养3～5 d，即可见到组织块的周围长出白色菌丝，当菌丝团直径接近1 cm时，挑选无杂菌、长势旺的试管，用接种针挑取菌丝生长的前端移接到新的试管培养基上，再经过7～10 d培养，菌丝体长满试管，即为纯菌种。

课程学习参考网站、教材、期刊推荐

一、课程学习相关网站

中国食用菌协会网 http://www.cefa.org.cn/

中国食用菌 http://zsyj.chinajournal.net.cn/

中国食用菌在线 http://www.jssyj.com.cn/

中国食用菌网 http://www.chinavivers.com/

中国食用菌菌种网 http://www.mushroomspawn.net/

中国食用菌商务网 www.chinamushroom.net

中国食品网 http://www.cn-food.net/

二、课程学习食用菌相关教材

杨新美.中国食用菌栽培学.中国农业出版社，1988

黄年来.中国食用菌百科.中国农业出版社，1993

吴经纶等.中国香菇生产.中国农业出版社，2000

郭美英.中国金针菇生产.中国农业出版社，2000

朱兰宝.中国黑木耳生产.中国农业出版社，2000

黄年来.食用菌病虫害防治手册.中国农业出版社，2001

崔颂英.食用菌生产与加工.中国农业大学出版社，2007

崔颂英.药用大型真菌生产技术.中国农业大学出版社，2009

崔颂英.食用菌栽培技术.东北大学出版社，2009

崔颂英.食用菌生产技术.中国农业出版社，2010

三、课程学习相关期刊

中国食用菌，《中国食用菌》编辑部

食用菌，上海市农科院科技信息所、上海农科院食用菌研究所

食用菌文摘，上海市农科院情报研究所

食用菌学报，上海市农科院科技信息所、上海农科院食用菌研究所

食用菌市场，《食用菌市场》专刊编辑部

北方园艺，《北方园艺》编辑部

园艺学报，《园艺学报》编辑部

中国蔬菜，中国农业科学院蔬菜花卉研究所

情境检测

母种生产是食用菌生产的源头，它对今后的生产至关重要。目前有很多企业、研究所都在进行菌种质量的竞争，在这个过程中，消毒、灭菌与母种培养基设计、制作、接种和母种质量鉴定在整个食用菌生产环节中占有极其重要的地位，这些环节一旦出了问题，就会影响到以后一系列的生产环节和菌种质量。请你结合母种生产的学习，配合基地生产和学生自主创业项目，亲自进行一些食用菌品种的母种生产设计。在此过程中要留心消毒、灭菌的具体方法；学习一些特殊母种培养基的制作方法；深刻体会并熟练母种转管技术操作；仔细观察母种培养过程并学会分析在母种培养过程中出现的相关问题和相应解决措施。

学习情境二　原种、栽培种生产

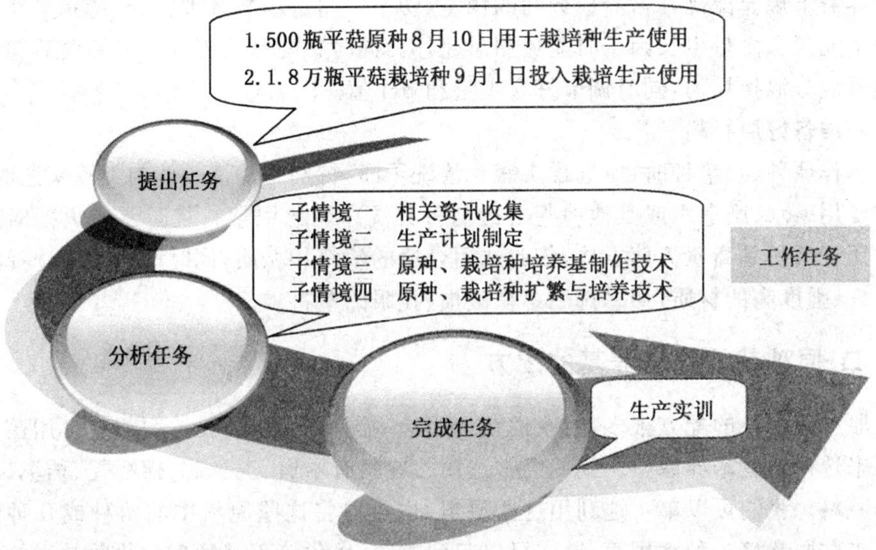

子情境一　相关资讯收集

一、原种、栽培种培养基制作的注意事项

1. 明确培养基的用途

制作原种、栽培种培养基要根据生产的目的，制作生产性的还是试验性的培养基；是用于培养草腐型菌、木腐型菌、还是粪草型；是用于野生菌的开发，还是用于大规模生产，我们需要思考这些因素，认真做好培养基的配制。

2. 认真筛选培养原料

制作原种、栽培种培养基的栽培原料要认真选择，玉米芯、棉籽壳、木屑、谷粒等要选择新鲜、无霉变、无病虫害、颗粒适中的培养料。在木屑使用过程中，要注意松、杉、柏等树种木屑若没经过特殊处理，不可随意使用；米糠、麸皮等不宜使用已结块、变质的原料；养菌、拌料的水要没有污染的水源。生产者要根据本地资源来确定自己最适宜、最经济的配方。

3. 严格培养料成分的配比

制作原种、栽培种培养基要严格按照营食用菌对营养成分的需求规律。通常营养成分中碳源、氮源、大量元素、微量元素和微量生长因子之间的比例关系为 $1:10^{-1}:(10^{-4}\sim10^{-2}):(10^{-7}\sim10^{-5}):(10^{-8}\sim10^{-6})$，我们要根据食用菌的这些营养需求规律配比好营养成分间的用量，切不可超量添加某种营养，特别是在添加微量元素和微量生长因子时避免用量超标。同时在配制营养料时要将营养料间各营养成分混拌均匀，同时调节好含水量和 pH 值。

4. 准备好原材料

制作原种、栽培种时，所选罐头瓶要清洗干净，特别是清洗一些肉类罐头瓶时，一定要用碱水、肥皂水或其他一些去污剂将其洗净。选用塑料袋时要看灭菌时采用常压灭菌还是高压灭菌方式，依此选用合适的塑料袋材质，同时塑料袋要选择密闭性好、强度高的材质，切忌选用容易破损、扎眼的塑料袋。

二、原种栽培种培养基的配方

原种栽培种的配方很多，但我们在选用这些配方的时候，要按照相应食用菌的特性来选择适宜培养原料。我们经常选用的原料有木屑、玉米芯、棉籽壳、稻草、谷粒等原料。我们可以单一地利用这些原料，也可以将这些原料中的两种或几种组合起来共同栽培一种食用菌，这样可以起到改善、优化培养基物理性状的效果。如木屑颗粒小、密度大、吸水性强，但透气性差；而玉米芯、稻草等颗粒较大、透气性好，但持水性差，所以我们经常将木屑同玉米芯、稻草以一定比例混合起来，这样可以很好地改善培养原料的物理性状。

1. 常用栽培原料的物理性状

我们用于栽培食用菌的培养原料很丰富，多取自农村或山区的农业废弃有机物或来自野生的一些培养原料。对于这些培养原料我们要对其物理性状有一个清楚的认识才可更好利用它们为我们服务。

表 1-2-1 常用栽培原料物理性状

栽培原料	物理性状	利用方法
棉籽壳	结构疏松、孔隙度大、通气性好、内含营养丰富、碳氮比合理	使用前最好过筛，除去多余棉籽；同时将棉籽壳在使用前利用阳光暴晒 1～2 d 之后闷堆使用，适宜的含水量范围在 55%～60%

续表 1-2-1

栽培原料	物理性状	利用方法
木屑	颗粒较细、密度较高、孔隙度小，吸水力强，含有较高的木质素，含氮量差，常要补充氮素营养，使碳氮比合理	常选用除松、杉、柏等有异味树种之外的阔叶树木。常将粗、细木屑以 1∶1 等量混合，为改善其通气性常在木屑内混入玉米芯、棉籽壳等原料，同时要向内补充 15％左右的氮素营养，之后闷堆使用，适宜的含水量范围在 55％～60％
玉米芯	结构疏松、孔隙度大、通气性好、持水力差，内含碳素营养丰富、碳氮比较合理	常加工为直径为 0.5～1 cm 的颗粒，使用前利用阳光暴晒 1～2 d 之后闷堆使用，适宜的含水量范围在 60％～65％
甘蔗渣	结构疏松、孔隙度大、通气性好、持水力好，富含纤维素、半纤维素，内含一定量糖分	将经过糖分提取后的甘蔗渣晾晒干、粉碎，通常配方中添加 15％左右的麸皮和 1％的白灰，混合闷堆 3～5 d 之后进行装袋，全熟料灭菌法
高粱壳	结构疏松、孔隙度大、通气性好、持水力差，具有较高的纤维素含量和较高的碳素营养	高粱米脱粒后，我们不能完全利用剩下的外壳，因为单纯用它持水力较差，通常我们将 40％左右的高粱壳粉碎成粉再与其余高粱壳混用，或高粱壳内掺上一部分棉籽壳用。使用前利用阳光暴晒 1～2 d 之后闷堆使用，适宜的含水量范围在 60％～65％
稻草	结构致密，表层被有蜡质层，持水力强，孔隙度大、通气性好、内含纤维素、半纤维素丰富、含氮量差，常要补充氮素营养，使碳氮比合理	常对稻草进行预处理，先将稻草于阳光下晾晒干，之后可采用碾压、粉碎、浸泡等手段破坏稻草表面蜡质层，使其变得松散、柔软，吸水力增强、孔隙度降低。使用中还要加入 15％左右的氮素营养和一定肥土或粪肥，之后一层稻草一层粪肥层层堆积发酵 15～20 d，待稻草变为酱褐色、一拉即断、富有稻草香味时即可使用
豆秸粉	结构疏松、孔隙度大、通气性好、内含较高的纤维素和氮素营养、碳氮比合理	常对豆秸进行预处理，先将豆秸于阳光下晾晒干，之后可采用碾压、粉碎等手段使其变得松散、柔软，吸水力增强、孔隙度降低。之后堆积发酵 4～6 d，待豆秸变为酱褐色、柔软、富有清香味时即可使用

续表 1-2-1

栽培原料	物理性状	利用方法
麸皮	质地疏松、片状、米黄色，营养丰富、粗蛋白含量较高，还含有较丰富的维生素	作为氮素营养向玉米芯、木屑等主料内添加，以改变培养料的碳氮比、增加营养成分。使用前利用阳光暴晒 1～2 d 后使用。添加量以 10%～20%为宜，不宜过多
玉米面	颗粒细密、金黄色、有玉米清香，其营养丰富、含有较高的碳水化合物和维生素，以及各种微量元素	作为氮素营养向棉籽壳、木屑等主料内添加，以改变培养料的碳氮比、增加营养成分。添加量以 3%～5%为宜
粪肥	质地疏松、营养丰富、富含有机氮源和多种微量元素	先将所选用粪肥堆积腐熟，之后晒干、打碎，同稻草、麦秸等以一定比例混合起来堆积发酵，发酵腐熟后使用

2. 原种、栽培种培养基的配方

这里介绍几种草腐生型和木腐生型的常用配方和一些特殊食用菌的配方见表 1-2-2，表 1-2-3，表 1-2-4。

表 1-2-2　草腐生型、木腐生型常用配方　　%

配方	棉籽壳	木屑	玉米芯	稻草	麸皮	玉米面	豆秸粉	石膏
一		80			12	3	0	1
二			80		14	2		0.5
三		20	42		10	3	20	0.5
四	99							1
五	30	58			8			0.5
六				75	20			0.5

注：上述配方中加入过磷酸钙 1%、蔗糖 0.5%、尿素 0.5%，磷酸二氢钾 0.2%，硫酸镁 0.1%；配方一适合灵芝、云芝、榆耳、灰树花等生长；配方二适合于培养灵芝等；配方三适合于培养裂褶菌等；配方四、五适合大多数品种；配方六适合草腐生品种。

表 1-2-3　常用谷物培养基配方　　%

配方	小麦	玉米	木屑	过磷酸钙	石灰
小麦配方	78		20	1	1
玉米配方		98		1	1

表 1-2-4　特殊菌类培养基配方

适用菌株	营养配方
灵芝	甘蔗渣 80%，麸皮 19%，石膏 0.5%，石灰 0.5%，含水量 60%～65%
猴头	金刚刺渣 80%，麸皮 8%，米糠 10%，石膏 2%，含水量 60%～65%
茯苓	小松木块 57%，松木屑 20%，米糠或麦麸 20%，蔗糖 2%，石膏粉 1%，含水量 60%左右
蛹虫草	高粱米 85%，麸皮 15%，磷酸二氢钾 1%，硫酸镁 0.5%，维生素 B_1 1 片，含水量 55%
密环菌	棉籽壳 45%，杂木屑 43%，麸皮 10%，糖 1%，石膏 1%，含水量 55%～60%
云芝	阔叶树木片 55%，木屑 25%，麸皮 20%，糖 1%，硫酸铵 0.2%，含水量55%～60%
安络小皮伞	稻壳 70%，麦麸 25%，糖 2%，玉米粉 3%，硫酸镁 0.05%，磷酸二氢钾 0.1%，碳酸钙 0.4%，含水量 55%～60%
灰树花	阔叶树木枝(1 cm 左右)50%，木屑 30%，麸皮 15%，玉米粉 3%，糖 1%，石膏 1%，含水量 55%～60%
榆耳	棉籽壳 50%，木屑 30%，麸皮 15%，玉米粉 3%，石膏 1%，蔗糖 1%，含水量 55%～60%
裂褶菌	棉籽壳 58%，甘蔗渣 20%，麦麸 18%，玉米粉 2%，石膏粉 1%，磷肥 0.5%，稀土 0.5%，含水量 55%～60%
桑黄	阔叶硬杂木屑 90%，玉米粉 5%，黄豆粉 3%，石膏粉 1%，磷酸二氢钾 0.2%，蔗糖(或葡萄糖)1%，硫酸铵 0.5%，含水量 65%左右

注：以上仅列举了一些较为特殊的配方，不一定为最适配方，仅供参考。

子情境二　生产计划制定

一、工艺流程

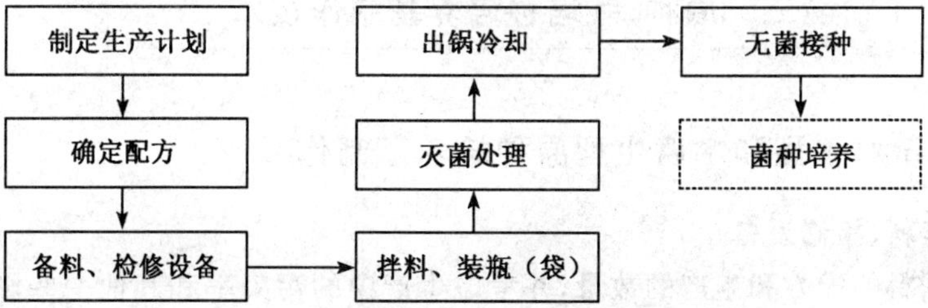

图 1-2-1　草腐生型、木腐生型培养基制作工艺流程

二、时间、数量

1.500 瓶(500 mL 罐头瓶)平菇原种 8 月 10 日用于栽培种生产使用,时间、数量见表 1-2-5,表内污染率按照 5%计算。

表 1-2-5 500 瓶平菇原种 8 月 10 日投入生产使用时间、数量表

项目	原种接种	原种投入使用
时间	7 月 20 日	8 月 10 日
数量	525 瓶	500 瓶

2.1.8 万瓶(500 mL 罐头瓶)平菇栽培种 9 月 1 日投入栽培生产使用,时间数量见表 1-2-6。表内污染率按 5%计算。

表 1-2-6 1.8 万瓶平菇栽培种 9 月 1 日投入生产使用时间、数量表

项目	栽培种接种	栽培种投入使用
时间	8 月 10 日	9月1日
数量	1.9 万瓶	1.8 万瓶

三、配方选择

平菇原种制作选用配方:玉米 99%,石膏 1%。

平菇栽培种制作选用配方:玉米芯 80%,麸皮 17%,蔗糖 0.5%,尿素 0.5%,石膏 1%,石灰 1%,过磷酸钙 0.5%,磷酸二氢钾 0.1%,硫酸镁 0.1%,复合维生素 0.02%,料∶水=1∶1.2。

四、物料预算

见“生产实训 1-2-1”、“生产实训 1-2-2”。

子情境三 原种、栽培种培养基制作技术

一、草腐生型和木腐生型原种培养基制作

1. 备料、检修设备

根据料的配方和生产的数量,并考虑生产中的污染率和其他一些影响因素来确定需要准备的主辅料和营养物质的数量;同时要对拌料机、装袋机或其他一些自

动机器的生产线、灭菌设备和接种设备等进行一下检修和维护，确保生产环节的顺利进行。

2. 拌料

拌料的目的是为了将主辅料和各营养成分间搅拌均匀，根据主辅料和各营养成分间的不同特性，拌料通常要经过以下几个步骤：干混（将主料和辅料以及不易溶于水的营养物质在不加水的情况下层层混合均匀）；湿混（将石灰等微溶和溶于水的辅料制成母液，加入所需水量稀释后搅匀拌料）。将料搅拌均匀后，不要急于装瓶（袋），先闷堆 1～2 h（夏季时间不宜过长）待培养料吸水充分、无干心、干料现象时即可装瓶（袋）。

3. 装瓶（袋）

闷好培养料后，原种可以使用 500 mL 或 750 mL 罐头瓶，装料至瓶肩处，培养料做到上紧下松，擦干净瓶口内外侧，打 0.5 cm 粗接种孔至瓶底，用双层封口膜封口（原种分别用带接种孔的封口膜，即普通封口膜剪边长 1.5 cm 菱形口和普通封口膜封口）；栽培种一般使用 17 cm×35 cm×0.005 cm 的常压聚乙烯筒袋或折角袋，栽培种筒袋一般两端直接扎绳，留够接种的长度；折角袋一般直接使用专用的塑料套环和塑料盖，塑料袋栽培种填料做到松紧适度，料袋不打折，用手触摸袋壁挺实而富有弹性、不塌陷。装好袋后，检查袋壁是否有破损或扎眼现象，若有及时拿胶带粘好。之后将装好的料袋放入塑料周转筐内，若使用铁质周转筐需要将铁质周转筐的铁架子用布缠裹好，以防二次扎眼。

4. 灭菌

高压灭菌于 126℃左右维持 2 h；常压灭菌于 100℃维持 10～12 h，若在夏季高温季节灭菌或一次灭菌数量较多可酌情延长灭菌时间，一般而言在原有基础上每增加 1 000 袋则要延长灭菌 1 h，灭完菌后还要利用余热闷一夜即可。栽培种袋灭菌最好使用周转筐，以保证灭菌效果。若不使用周转筐，最好将菌袋之间留有一定缝隙以使蒸汽能够到达每一个菌袋，切忌在灭菌锅内将菌袋摆放得过于紧密，以致造成灭菌不彻底。不少企业单纯为了增加灭菌数量而在有限的蒸锅内摆放过多的菌袋，结果造成近一半菌袋灭菌不彻底，这样给生产造成了很大的经济损失，所以我们搞生产不能盲目，一定要严格按照灭菌的规程操作。

5. 出锅、冷却

灭完菌出锅前，要提前将接种室或接种帐内进行熏蒸消毒，以便使灭完菌的菌袋处于一个洁净少菌的环境之中，减少菌袋在冷却过程中由于收缩而吸进带有杂菌的空气；出锅时，要注意刚刚灭完菌的菌袋要轻拿轻放，因为这时的菌袋温度依然很高，塑料袋很柔软，极易破裂或扎眼，所以一定要规范运送、摆放菌袋的动作；

出锅后将菌袋置于消过毒的接种室或接种帐内冷却,准备使用。冷却的时间不宜过长,当料袋内温度降至20℃以下时便可及时接种。不可将灭完菌的菌袋停放过长时间不用。

二、谷物原种培养基制作

详见“实验实训1-2-1”。

子情境四 原种、栽培种扩繁与培养技术

原种是由母种菌丝体转接到原种培养料上繁殖而成。栽培种是由原种菌丝体转接到栽培种培养料上繁殖而成。原种和栽培种扩繁一方面是为了增加数量,另一方面是为了使菌种能够适应栽培料的营养条件,操作的工艺流程基本相同。

一、原种、栽培种无菌生产规程

1. 接菌室、培养室要注意保持洁净,要定期进行地面、墙壁、接种台面和接种、培养环境的清洁、消毒。

2. 接种人员要规范接种动作、熟悉接种流程、提高接种速度,同时要有良好的职业素质、卫生习惯和菌种生产的基本常识。每次原种、栽培种生产都要写明接种人、接种品种、接种日期,同时记录清楚培养基营养配方和菌丝生长情况等因素。

3. 要选择清洁、干燥无霉变的培养料,对其处理得当,严格灭菌环节和接种操作,重视对培养环境的消毒、防虫工作。

二、工艺流程

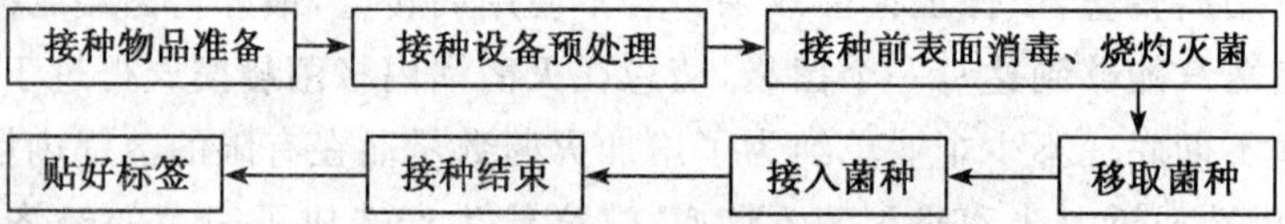

图1-2-2 原种、栽培种扩繁工艺流程

三、原种、栽培种扩繁技术

1. 单人单一型原种接种操作

少量原种制作可利用超净工作台或接种箱。接种的无菌操作规程和母种转管的无菌操作基本相同,具体的操作是:母种管拿试管架固定于酒精灯火焰上方,打

开棉塞后火焰封口，用接种镐弃去母种前端 1 cm 左右已经老化的部分，然后铲取 1 cm^2 左右菌种块，另一只手将原种培养基移至酒精灯附近，拿接种镐的手利用小手指和鱼际处于酒精灯火焰无菌区迅速打开原种棉塞，之后迅速将母种块移入原种培养基上，棉塞过火轻燎后迅速封上瓶口，全部过程动作要迅速，并始终注意火焰封口。

2. 三人单一型原种接种操作

大量原种接种往往利用塑料接种帐或接种室，按照无菌操作规程，3 个人配合进行接种。具体操作是：在酒精灯火焰附近，1 人负责铲取菌种，1 人负责掀开第一层塑料皮，2 人配合将菌种接入，掀皮的人同时负责迅速封好塑料皮；第 3 个人负责搬动罐头瓶及喷消毒药等工作。3 人配合动作要迅速，每一次接种的时间夏季以 1 h 左右为宜，冬季可以适当延长。实际操作中，这种方法方便、快捷，处理量大，接种效果很好。

3. 单人单一型栽培种接种操作

少量栽培种制作也可利用超净工作台或接种箱。具体的操作是：原种拿木架固定，于酒精灯火焰上方打开原种瓶棉塞后火焰封口；灼烧接种匙，冷凉后用接种匙刮去原种表层已经老化的部分，然后挖取满满一匙菌种，另一只手将栽培种培养基移至酒精灯附近，拿接种匙的手利用小手指和鱼际处于酒精灯火焰无菌区迅速打开栽培种棉塞，之后迅速将原种移入栽培种培养基上，棉塞过火轻燎后迅速封上瓶口，全部过程动作要迅速，并始终注意火焰封口。接入的原种要经过轻磕让其均匀散布于栽培种培养基表层，以利今后发菌部位一致。

4. 多人单一型栽培种接种操作

栽培种的接种方法，若使用罐头瓶制作栽培种，则与原种 3 人接种过程相似。一般也是 3 个人配合，1 人用接种匙挖取菌种进行接种；1 人于酒精灯火焰无菌区打开棉塞，待接入原种后迅速塞上棉塞；另一人负责搬动栽培种瓶及喷消毒药等工作。配合熟练，可在短时间内大量接种，效果也很好。如果栽培种制作采用塑料袋作容器，则接种时采取 4 人配合的形式：第 1 个人负责拿取待接栽培种料袋，并解开栽培袋口绳；第 2 个人负责挖取菌种接种；第 3 人负责把持袋口，待接入菌种后将菌袋口迅速旋紧；第 4 人负责系袋封口。

四、原种、栽培种培养

接种后于 25℃左右的培养室暗光培养，并适当通风，维持其空间相对湿度在 55%～60%。培养室在菌袋摆放前必须要进行一下环境熏蒸消毒，使得菌袋在一个清洁、无菌的环境下生长。5～7 d 以后，进行全面检查一次，发现有污染的菌袋要及时拣出，妥善处理。挑菌时，不要用力挤压菌袋，要轻拿轻放；在温度较高的季节，要注意菌袋间不要摆放过于紧密，随时监测菌袋间的温度，避免超过 30℃出现烧菌。

在发菌期间，还要注意观察有无虫害和鼠害的发生，一旦发生要及时采取措施处理。菌种约 30 d 即可长满菌袋(瓶)，部分野生菌种时间能稍长。长满的菌种要及时用于生产，如果菌种出现原基或老化时，会影响到今后菌的产量和品质。

五、原种、栽培种培养中常见问题

1. 原种扩繁后，接种块不萌发菌丝

原因：首先观察所接母种块颜色是否变黑，如果变为黑色则是在接种过程中被烫死；如果所接母种块颜色未变黑，并且上面菌丝没有生长迹象，则可能是母种已经老化，或是原种培养基内一些不良气体抑制了菌丝的萌发。

解决措施：①如果是母种块被烫死，那么就要注意在接种过程中严格接种动作，注意接种时速度要快，尤其在母种块转出试管口经过酒精灯火焰无菌区的一瞬间，要迅速把母种块转接入待接原种培养基中央。②如果可能是母种自身老化的原因，那么要进一步确定是否原先母种丧失活力。我们可以将剩余的母种转接至新的培养基内生长，如果依然不生长，那么就可以确定该母种已丧失活力；如果菌种正常萌发，那么它就不是母种老化的原因，而是培养基自身的原因。③在制作培养料时，若向料内添加一定比例的旧料或是一些易分解的营养元素时，最好要提前将原料经过一定时间的发酵，并通过反复翻堆散尽料内不良气体之后再用。

2. 原种瓶接种物表面出现霉菌污染

原因：可能是由于接种环境不清洁；或接种者操作不规范；或是由于菌种自身带菌。

解决措施：①如果是由于接种环境不清洁所致，要对接种环境提前熏蒸消毒；②如果是由于接种者操作不规范的原因，在接菌过程中则要对接种工具进行充分灼烧灭菌，同时接种动作要规范、迅速；③如果是由于菌种自身带菌，则该菌种应淘汰。

3. 原种瓶(袋)周围出现大量污染菌落

原因：这种现象主要是由于料袋(瓶)灭菌不彻底所致。

解决措施：灭菌要严格按照灭菌的要求达到灭菌时数；在灭菌过程中不要一次性放入大量的料袋，结果造成菌袋之间过于紧密，以至于湿热蒸汽难以到达菌袋上。灭菌时最好将料袋(瓶)置于周转筐内，将筐之间留有一定缝隙摆放。

4. 前期菌丝萌发良好，后期生长缓慢甚至停止生长

原因：这种现象可能是由于料袋(瓶)装料过于紧密，造成菌种生长后期缺氧；

或是培养料营养成分配比不适宜菌种生长；抑或是培养料内水分含量过高，以及培养环境不适宜。

解决措施：①装料时要将料装得松紧适度，不能过于紧密，也不可过于松；②菌种通常要在适宜的培养环境才能生长，料内不能添加某种矿质营养、生长因子过量，一旦过量则会导致菌丝停止生长。当料内酸碱度过高或过低时，同样会造成菌丝停止生长；③在配制培养料时，料内不可一次加入过多的水，当料内含水量大于70％时则会导致菌丝停止生长，并有拮抗线的形成；④当培养环境处于通风不良的状况，或环境温度偏低时，也常常导致菌丝生长缓慢甚至停止生长。

实验实训

1-2-1：小麦原种培养基制作

一、目的要求

熟悉小麦培养基制作的工艺流程，掌握小麦培养基制作的关键技术。

二、材料用品

优质小麦、木屑、蔗糖、尿素、石膏、高压聚丙烯封口塑料膜、皮套等。

三、仪器用具

10 kg盘秤、电饭锅、漏勺（孔隙适中）、塑料大盆、500 mL罐头瓶、立式高压蒸汽灭菌锅等。

四、方法步骤

1. 泡小麦：冬天浸泡24～48 h，夏天浸泡10～12 h，泡好的小麦用清水漂洗干净。

2. 煮小麦：煮至充分吸水、无白心。煮后小麦不能在电饭锅中久放，以防煮开花。

3. 木腐生菌类添加10％的木屑效果更好。木屑用煮小麦的水拌料，料∶水＝1∶0.5的比例拌和，同时添加木屑干重的0.5％蔗糖，0.5％的尿素，1％的石灰。

4. 装瓶：将小麦粒捞出后，趁热摊平，使表面多余水蒸发，装至瓶肩处即可。如需拌木屑，将50％调好的木屑混于麦粒中，其余在瓶内麦粒铺1 cm厚作过桥。培养双孢菇菌种或快速培养菌种，可装半瓶麦粒，后期进行摇瓶处理。

5. 封瓶口：分别封两层塑料，内层塑料封剪菱形接种孔。

6. 灭菌：麦粒菌种一般采用高压灭菌方式，于126℃左右维持2 h即可。

五、实训作业

1. 培养期间每隔3 d进行一次生长状态的观察，并及时做好记录。

2. 培养结束后，根据出现的问题进行研讨分析。

生产实训

1-2-1：500瓶平菇原种8月10日用于栽培种生产使用

第一部分：生产实训职业要求

生产实训环境：食用菌生产车间。

技能等级要求：生产实训、关键技能。要求达到熟悉平菇原种生产工艺流程；学会平菇原种实训生产计划的制定方法；掌握主要生产环节的操作技能；能够处理平菇原种生产中出现的实际问题；在平菇原种生产的基础上能够进行其他品种原种的生产；污染率控制在5%以内，实现投入、产出平衡。

职业素质目标：自觉遵守企业员工准则，适应企业生产环境，融入企业文化氛围，在实训生产过程中能够吃苦耐劳，具备成本意识，具有团队精神。

职业能力目标：能够按照生产操作规程操作，具备原种生产的设计、组织、实施能力。

企业导师职责：企业技术人员任导师，负责协调企业内部员工生产和学生生产实训的具体设计、实施，实训过程中对关键技术进行演示操作和详细讲解，并直接参与学生的技能考核和素质评价。

主带教师职责：30～60人班级设主带教师1名。主带教师负责根据"课程标准"的具体要求与企业导师共同设计技能内容和评价标准，协调和落实企业生产、学生生产实训的准确衔接与有机融合；配合企业导师组织全程生产实训，实训现场随时进行技术指导；与企业导师共同对学生进行生产实训的全程技术考核和素质评价；组织副带教师、基地管理学生、生产实训组长、食用菌协会学生全过程开展实习的后续管理工作；与企业共同为学生创造真实的职业实训环境，在真实的生产环境中实施企业化管理，培养学生的职业素质和职业能力。

副带教师职责：辅助主带教师共同完成实训生产的各个环节。在主带教师的总体安排下，侧重对学生进行考勤、分组、分工、产品质量检测、岗位安全监督、实训生产管理文件记录等。

第二部分：生产实训考核评价

生产实训本着"以考核评价为手段，以巩固提高为目的"的原则，采取以过程考核评价为主，以期末集中考核评价为辅，技能考核评价和职业素质、职业能力考核评价并重的形式；按照实训技能的自然划分设置单项技能考核评价记录卡，全部单项考核评价记录卡共同装订成册，一式三份，学生、企业导师、主副带教师各一份；日常的生产实训考核评价在实训生产过程中进行，学期末的考核评价在生产实训结束后灵活选择时间开展；本学期的生产实训总成绩的平均值占期末总成绩的50％，期末考核评价以课程答辩的形式开展，占总成绩的30％（实验实训总成绩的平均值占期末课程总成绩的20％）。

一、日常考核评价记录

1.基本信息

学生姓名	所在专业、班级	考核评价时间	学生组长	企业导师	主、副带教师	最后得分

2.考核评价标准

考核评价项目	考核评价观测点	分值	学生自评	学生组长评价	企业导师评价	主、副带教师评价	平均分
技能考核（50分）	工艺流程掌握	3					
	生产计划制定	3					
	配方确定	3					
	物料预算	5					
	培养基制作准备工作	4					
	拌料操作	3					
	装瓶（袋）操作	3					
	灭菌处理	4					
	出锅冷却	3					
	生产实训后期清理、入库等工作	2					
	接种准备工作	5					
	接种操作技术	5					
	后期清理、入库等工作	2					
	培养检查工作	5					

续表

考核评价项目	考核评价观测点	分值	学生自评	学生组长评价	企业导师评价	主、副带教师评价	平均分
素质评价（30分）	专业思想、学习态度	3					
	文明生产、遵章守纪	3					
	语言表达	2					
	自觉自律	2					
	适应承受	2					
	沟通协调	2					
	组织实施	3					
	设计管理	3					
	应变决策	2					
	创造创新	2					
	合作意识	3					
	团队精神	3					
专项评价（20分）	参加食用菌专业学习协会	4					
	在教学实训基地勤工俭学	4					
	在校内企业勤工俭学	4					
	参加校内大学生自主创业项目	4					
	参与教师科研课题	4					
合计		100					

二、课程期末答辩考核评价记录

1.基本信息

学生姓名	所在专业、班级	考核评价时间	企业导师	主、副带教师	最后得分
考核评价结果	学生自评	企业导师评价	主、副带教师评价	平均分	
主观命题得分					
自主选题得分					
综合印象					

2. 考核评价标准

项别	具体内容
主观命题(40分)	企业导师、主副带教师根据学生在日常的实训生产中出现的实际问题，本着“考核评价是手段、巩固提高是目的”的原则，有针对性地进行命题
自主选题(50分)	学生围绕本学期实训生产的内容进行自主选题，选题内容可以是专业知识、专业技能，也可以是实训生产、勤工俭学、社会实践等的心得体会，还可以是个人创造发明、科研观点，也可以将自己搜集的数据资料、典型案例、行业发展前沿动态等知识进行介绍，只要与实训生产内容相关就可以
综合印象(10分)	主考教师根据学生的综合素质和现场发挥情况灵活赋分
主观命题考核评价	1. 考核评价在实训生产结束后灵活安排时间，分期、分批进行。学生以实训生产小组为单位(一般为6～8人)，推荐主答1名，副答2名，抽签选题后，准备时间为1周，1周后进行课程答辩 2. 课程答辩每个小组需要经历4个环节。第一个环节，主答根据命题进行3 min的全面陈述，副答进行2 min的补充；第二个环节，主考教师针对第一个环节的陈述进行现场提问，主答、副答回答3 min，之后组员进行2 min的补充；第三个环节，主答进行总结；第四个环节，主考教师进行现场点评、赋分 3. 要求其他实训生产小组参加答辩会
自主选题考核评价	1. 考核评价在实训生产结束后灵活安排时间，在主观命题考核评价后以小组为单位分期、分批进行 2. 课程答辩每名学生需要经历3个环节。第一个环节，1名学生进行5分钟的自由陈述；第二个环节，主考教师针对陈述内容进行现场提问；第三个环节，主考教师进行现场点评、赋分 3. 要求其他实训生产小组参加答辩会

注：主观命题考核评价由主考教师根据小组综合表现给出小组平均分，主答加8分，副答加5分，组员参与补充回答每次加1分。

第三部分：生产实训技术环节

一、确定生产项目

与校企合作企业共同研究，结合企业目前生产运行的实际情况以及学生的后续学习，确定学生的实训生产项目为平菇原种生产。

二、下达生产任务

500 瓶(500 mL 罐头瓶)平菇原种 8 月 10 日投入使用。

三、组织实施

(一)确定生产工艺流程(略)

(二)制定生产计划

1. 时间数量(略)

2. 配方确定(略)

3. 用具、设备、设施准备

生产前按照生产工艺流程和数量要求提前报批和清点实训用具,对生产设备、设施进行全面检修。

4. 物料预算

物料种类	物料数量	单价	成本/元
母种	105 支	5.00 元/支	525.00
玉米粒	132.00 kg	2.00 元/kg	264.00
石膏	1.33 kg	1.0 元/kg	1.33
罐头瓶	525 个	0.25 元/个	131.25
皮套	1 000 个	5.00 元/1 000 个	5.00
封口膜	600 个	6.00 元/300 个	12.00
95%酒精	1 瓶(500 mL)	5.00 元/瓶	5.00
气雾消毒剂	2 盒(50 g/盒)	3.00 元/盒	6.00
脱脂棉	1 袋	12.00 元/袋	12.00
记号笔	2 支	2.00 元/支	4.00
标签纸	20 张	0.50 元/张	10.00
火柴	1 盒	0.10 元/盒	0.10
烧柴	10 kg	1.00 元/kg	10.00
煤	150 kg	1.20 元/kg	180.00
成本合计			约 1 166

注:500 mL 罐头瓶按照 250 g 干玉米/瓶计算;母种自制则其单价更低;表中数据仅供教学实训生产参考。

四、生产管理实施

1. 在企业导师和主副带教师的指导和组织下,按照实训生产项目和工艺流程的具体要求,根据企业生产和专业实训的实际需求,熟练完成平菇原种制作的全程生产操作,为平菇栽培种实训生产项目做准备。

2. 在企业导师和主副带教师的指导下,以小组为单位,利用业余时间经常到实训基地参与日常管理,定期以小组为单位进行生产总结和交流,并准确、及时进行生产管理记录。

3. 日常管理中，充分发挥基地管理和食用菌专业协会学生的作用从事日常管理，实现投入与产出平衡。

生产实训

1-2-2：1.8 万瓶平菇栽培种 9 月 1 日投入栽培生产使用

第一部分：生产实训职业要求

技能等级要求：生产实训、关键技能。要求达到熟悉平菇栽培种生产工艺流程；学会平菇栽培种实训生产计划的制定方法；掌握主要生产环节的操作技能；能够处理平菇栽培种生产中出现的实际问题；在平菇栽培种生产的基础上能够进行其他品种栽培种的生产；污染率控制在 5%以内，实现投入、产出平衡。

职业能力目标：能够按照生产操作规程操作，具备栽培种生产的设计、组织、实施能力。

第二部分：生产实训考核评价

参照"生产实训 1-2-1"。

第三部分：生产实训技术环节

一、确定生产项目

与校企合作企业共同研究，结合企业目前生产运行的实际情况以及学生的后续学习，确定学生的实训生产项目为平菇栽培种生产。

二、下达生产任务

1. 8 万瓶(500 mL 罐头瓶)平菇栽培种 9 月 1 日投入使用。

三、组织实施

(一)确定生产工艺流程(略)

(二)制定生产计划

1. 时间数量(略)

2. 配方确定(略)

3. 用具、设备、设施准备

生产前按照生产工艺流程和数量要求提前报批和清点实训用具，对生产设备、设施进行全面检修。

4.物料预算

物料种类	物料数量	单价	成本/元
玉米粒原种	500 瓶	2.22 元/瓶	1 110.00
玉米芯	1 900.00 kg	0.64 元/kg	1 216.00
麸皮	380.00 kg	1.30 元/kg	494.00
蔗糖	11.88 kg	4.00 元/kg	47.52
尿素	11.88 kg	2.00 元/kg	23.76
石灰	35.64 kg	0.24 元/kg	8.55
石膏	23.76 kg	0.50 元/kg	11.88
过磷酸钙	11.88 kg	1.50 元/kg	17.82
磷酸二氢钾	2.38 kg	15.00 元/kg	35.70
硫酸镁	1.19 kg	20.00 元/kg	23.80
复合维生素	0.475 kg	10.00 元/kg	4.75
罐头瓶	2 万个	0.25 元/个	5 000.00
皮套	20 000 个	5.00 元/1 000 个	100.00
封口膜	20 000 个	6.00 元/300 个	400.00
95%酒精	5 瓶(500 mL)	5.00 元/瓶	25.00
气雾消毒剂	20 盒(50 g/盒)	3.00 元/盒	60.00
脱脂棉	2 袋	12.00 元/袋	24.00
记号笔	4 支	2.00 元/支	8.00
火柴	2 盒	0.10 元/盒	0.20
烧柴	100.00 kg	1.00 元/kg	100.00
煤	1.5 t	1 000 元/t	1 500.00
其他			200.00
成本合计			约 10 411 元

注:500 mL 罐头瓶按照 125 g 干料/瓶计算;上表中数据仅供教学实训生产参考。

技术图解

技术图解 1:单人原种接种图

技术图解2:三人原种接种图

技术图解3:单人栽培种接种图

技术图解4:四人栽培种接种图

拓展链接

食用菌菌种生产技术规程(节选自NY/T 528—2002)

1.灭菌效果的检查

母种培养基置于28℃恒温培养,原种和栽培种培养基经无菌操作接种于营养肉汤培养基中,于28℃恒温培养,48 h后检查,无微生物长出的为灭菌合格。

2.培养期的检查

各级菌种培养期间应定期检查,及时拣出不合格菌种。

3.入库

完成培养的菌种要及时登记入库。

4.记录

生产各环节应详细记录。

5.留样

各级菌种都应留样备查,留样的数量应以每个批号母种3～5支,原种和栽培种5～7瓶(袋)，于4～6℃下贮存，贮存至使用者在正常生产条件下该批菌种出第一潮菇(耳)。

平菇菌种(节选自GB 19172—2003)

一、菌种质量

(一)母种

1.感官要求

母种感官要求

项目		要求
容器		完整，无损
棉塞或无棉塑料盖		干燥，洁净，松紧适度，能满足透气和滤菌要求
培养基灌入量		试管总容积的1/5～1/4
斜面长度		顶端距棉塞40～50 mm
接种块大小(接种量)		(3～5) mm×(3～5) mm
菌种外观	菌丝生长量	长满斜面
	菌丝体特征	洁白，浓密，旺健，棉毛状
	菌丝体表面	均匀，舒展，平整，无角变
	菌丝分泌物	无
	菌落边缘	整齐
	杂菌菌落	无
斜面背面外观		培养基不干缩，颜色均匀，无暗斑，无色素
气味		有平菇菌种特有的清香味，无酸、臭、霉等异味

2.微生物学要求

母种微生物学要求

项目	要求
菌丝生长状态	粗壮、丰满、均匀
锁状联合	有
杂菌	无

3.菌丝生长速度

在PDA培养基上，在适温23～27℃下，6～8 d长满斜面。

4.栽培性状

供种单位所供母种需经出菇试验确证农艺性状和商品性状等种性合格后，方可用于扩大繁殖或出售。产量性状在正常条件下生物学效率应不低于10%。

(二)原种

1.感官要求

原种感官要求

项目		要求
容器		完整,无损
棉塞或无棉塑料盖		干燥,洁净,松紧适度,能满足透气和滤菌要求
培养基上表面距瓶(袋)口的距离		45～55 mm
接种量(每支母种接原种数,接种物大小)		(4～6)瓶(袋),≥12 mm×15 mm
菌种外观	菌丝生长量	长满容器
	菌丝体特征	洁白浓密、生长旺健
	培养物表面菌丝体	菌丝体生长均匀,无角变,无高温抑制线
	培养基及菌丝体	紧贴瓶壁,无干缩
	培养物表面分泌物	无,允许有少量无色或浅黄色水珠
	杂菌菌落	无
	拮抗现象	无
	子实体原基	无
气味		有平菇菌种特有的清香味,无酸、臭、霉等异味

2.微生物学要求

参照母种。

3.菌丝生长速度

在适宜培养基上,在适温23～27℃下,25～30 d长满容器。

(三)栽培种

1.感官要求

栽培种感官要求

项目		要求
容器		完整,无损
棉塞或无棉塑料盖		干燥,洁净,松紧适度,能满足透气和滤菌要求
培养基上表面距瓶(袋)口的距离		45～55 mm
接种量[每瓶(袋)原种接栽培种数]		30～50
菌种外观	菌丝生长量	长满容器
	菌丝体特征	洁白浓密,生长旺健,饱满
	不同部位菌丝体	生长均匀,无角变,无高温抑制线
	培养基及菌丝体	紧贴瓶(袋)壁,无干缩
	培养物表面分泌物	无,允许有少量无色或浅黄色水珠
	杂菌菌落	无
	拮抗现象	无
	子实体原基	允许少量,出现原基总量≤5%
气味		有平菇菌种特有的清香味,无酸、臭、霉等异味

2.微生物学要求

参照母种。

3.菌丝生长速度

在适温 23～27℃下，在谷粒培养基上菌丝长满瓶应 13～17 d，长满袋应 18～22 d；在其他培养基上长满瓶应 20～25 d，长满袋应 30～35 d。

二、抽样

1.质检部门的抽样应具有代表性。

2.母种按品种、培养条件、接种时间分批编号，原种、栽培种按菌种来源、制种方法和接种时间分批编号。按批随机抽取被检样品。

3.母种、原种、栽培种的抽样量分别为该批菌种量的 10%、5%、1%。但每批抽样数量不得少于 10 支(瓶、袋)；超过 10 支(瓶、袋)的，可进行两级抽样。

三、试验方法

1.感官检验

感官要求检验方法

检验项目	检验方法	检验项目		检验方法
容器	肉眼观察	接种量	母种、原种	肉眼观察、测量
			栽培种	检查生产记录
棉塞、无棉塑料盖	肉眼观察	培养基上表面距瓶(袋)口的距离		肉眼观察
母种培养基灌入量	肉眼观察	菌种外观各项(杂菌菌落除外)		肉眼观察
母种斜面长度	肉眼观察	杂菌菌落		肉眼观察，必要时用 5×放大镜观察
母种斜面背面外观	肉眼观察	气味		鼻嗅

2.微生物学检验

①菌丝生长状态和锁状联合用放大倍数不低于 10×40 的光学显微镜对培养物的水封片进行观察，每一检样应观察不少于 50 个视野。

②细菌检验：取少量疑有细菌污染的培养物，按无菌操作接种于营养肉汤培养液中，25～28℃振荡培养 1～2 d，观察培养液是否混浊。培养液混浊，为有细菌污染；培养液澄清，为无细菌污染。

③霉菌检验：取少量疑有霉菌污染的培养物，按无菌操作接种于 PDA 培养基中，25～28℃培养 3～4 d，出现白色以外色泽的菌落或非平菇菌丝形态菌落的，或有异味者为霉菌污染物，必要时进行水封片镜检。

3. 菌丝生长速度

①母种：PDA 培养基，23～27℃培养，计算长满所需天数。

②原种和栽培种：选择适宜培养基，在 23～27℃培养，计算长满所需天数。

4. 母种栽培中农艺性状和商品性状

将待测母种制作成 45 个栽培种袋，分三组进行常规管理，根据下表所列项目，做好栽培记录，统计检验结果。同时将该母种的出发菌株设为对照，做同样处理。对比二者的检验结果，以时间计的检验项目中，被检母种的任何一项时间较对照菌株推迟 5 d 以上（含 5 d）者，为不合格；产量显著低于对照菌株者，为不合格；菇体外观形态与对照明显不同或畸形者，为不合格。

母种栽培中农艺性状和商品性状检验记录

检验项目	检验结果	检验项目	检验结果
母种长满所需时间/d		总产/kg	
原种长满所需时间/d		平均单产/kg	
长满菌袋所需时间/d		生物学效率/%	
出第一潮菇所需时间/d		色泽、质地	
第一潮菇产量/kg		菇形	
第一潮菇生物学效率/%		菇盖直径、菌柄长短/mm	

5. 留样

各级菌种都要留样备查，留样的数量应每个批号母种 3～5 支（瓶、袋），于 4～6℃下贮存，母种 5 个月，原种 4 个月，栽培种 2 个月。

情境检测

某地区具有多年的食用菌栽培历史，在区域经济发展中起到了积极的推动作用。但是该地区的广大菇农一般是从外地随机购买菌种，因此生产成本相对较高，有时还会出现菌种质量问题，造成更大的经济损失。制种技术问题成为了制约该地区食用菌产业快速、健康发展的瓶颈。而该地区 2010 年政府工作报告和经济发展工作报告中，对农业工作高度重视，将食用菌产业作为发展地区经济的重要举措之一。请你结合原种、栽培种制作技术的学习，针对该地区食用菌产业发展的实际情况，配合农业技术推广部门，为该地区的广大菇农设计一个系统的制种技术培训方案，并为该地区建设一个标准化的乡镇级菌种厂进行规划设计。

典型工作任务二　栽培技术

学习情境	一:平菇栽培 二:香菇栽培 三:双孢蘑菇栽培 四:滑菇栽培 五:黑木耳栽培	六:金针菇栽培 七:鸡腿菇栽培 八:猴头栽培 九:灵芝栽培 十:蛹虫草栽培
子情境	一:相关资讯收集 二:生产计划制定 三:栽培管理技术	

具体任务及工作目标

1. 收集栽培品种的经济价值、栽培历史、栽培模式、栽培季节、栽培品种等相关资讯。
2. 掌握培养基配方、生产工艺流程。
3. 能够根据生产要求进行生产计划的制定。
4. 能够掌握平菇发酵料栽培技术。
5. 能够掌握香菇全熟料袋栽技术,了解露地香菇套种技术。
6. 能够掌握双孢蘑菇栽培技术。
7. 能够掌握滑菇半熟料压块栽培技术。
8. 能够掌握黑木耳全熟料袋栽技术和露地摆放栽培技术。
9. 能够掌握金针菇袋栽技术。
10. 能够掌握鸡腿菇棚内袋栽技术和露地套种技术。
11. 能够掌握猴头菇袋栽技术。
12. 能够掌握灵芝短段木栽培技术。
13. 能够掌握蛹虫草栽培技术。
14. 能够根据生产计划完成生产任务。
15. 能够解决生产管理中出现的技术问题。
16. 具备团队精神、合作意识和组织管理能力。

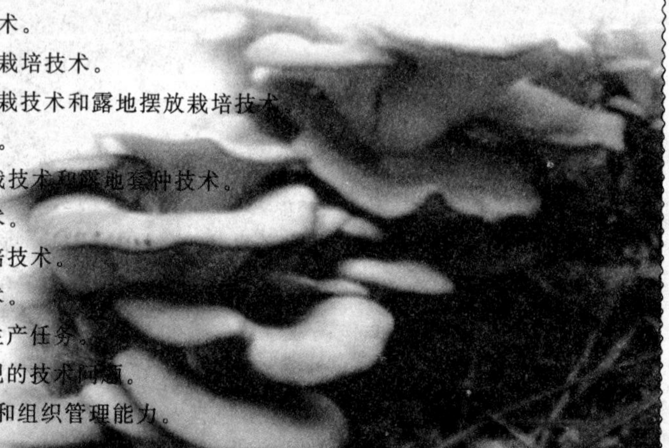

学习情境一　平菇栽培

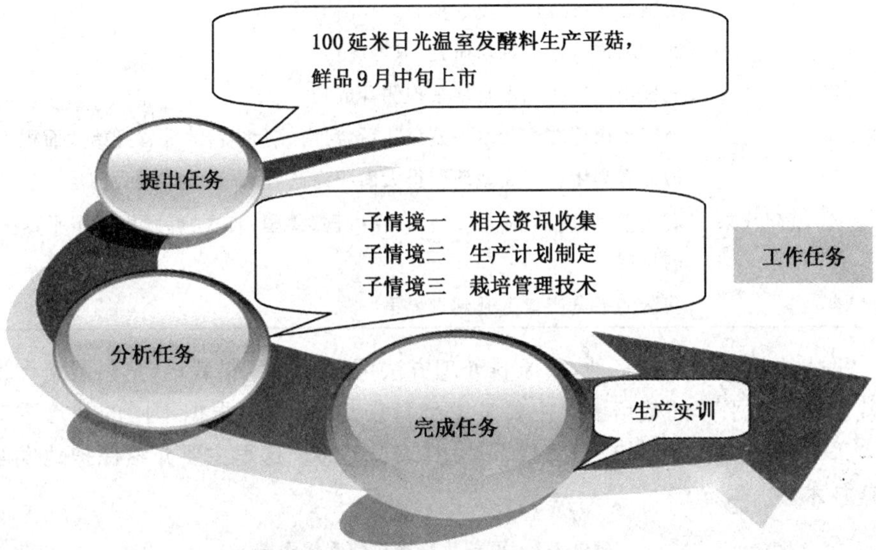

子情境一　相关资讯收集

平菇（*Pleurotus ostreatus*）是一种商品名称，通常是商业上侧耳属广泛栽培的几个种的俗称。平菇在分类学上属于真菌门担子菌亚门层菌纲伞菌目侧耳科侧耳属。平菇肉质肥厚、营养丰富、味道鲜美，营养价值很高。据测定，每100 g干品中，含蛋白质20～23 g，碳水化合物50.2 g，粗脂肪3.8 g，粗纤维6.2 g，灰分5 g，还含有钙、磷、铁等微量元素和丰富的维生素。尤其是氨基酸种类齐全，含有人体所需要的各种氨基酸，其中8种人体必需的氨基酸占氨基酸总量的39.3%。经常食用对减少人体内胆固醇，降低血压有明显效果，对肝炎、胃溃疡、十二指肠溃疡、软骨病和胆结石等也有明显疗效，还能抑制肿瘤，防治心血管病、糖尿病、中年肥胖症等。

野生平菇广泛分布于世界各地，另外，由于其菌丝生长旺盛、生长发育快、生产周期短、菌丝生活力和抗逆性强、抗杂菌能力强等特点，成为世界食用菌的主要栽培品种之一，也是我国栽培最广泛，产量最高，食用和出口最多的一种食用菌。

平菇栽培发展历史如表 2-1-1 所示。

表 2-1-1 平菇栽培发展历史

栽培时期	栽培情况
13 世纪南宋	我国已经有栽培历史的记载
20 世纪初	意大利进行木屑栽培研究，取得成功
1930 年前后	我国用阔叶树倒木栽培紫孢侧耳成功
1972 年	河南省用棉籽壳栽培平菇成功后，河南、湖北、河北等省开始大面积生产
1978 年	河北省利用棉籽壳栽培获得大面积高产后，平菇栽培更为广泛
20 世纪 70 年代末	利用稻草、废棉、棉籽壳栽培，在中国、德国、日本、韩国推动了平菇生产的发展
1986 年	我国的平菇产量上升到世界第一位

平菇的栽培方式有多种，按原料处理方法可划分为生料栽培、熟料栽培和发酵料栽培。目前平菇的栽培模式主要是发酵料袋栽，也可以根据不同的栽培季节和需求采取熟料袋栽，生料栽培一般不使用(表 2-1-2)。这里主要介绍保护地发酵料袋栽技术。

表 2-1-2 平菇栽培模式和栽培季节

栽培季节	栽培模式和季节
春季栽培	1～3 月播种，3～5 月出菇，采取发酵料袋栽模式
夏季栽培	5～6 月播种，6～8 月出菇，采取熟料袋栽模式
秋季栽培	8～9 月播种，9～11 月出菇，采取发酵料袋栽模式
冬季栽培	11～12 月播种，翌年 1～3 月出菇，采取发酵料袋栽模式

我国南方地区或者能够人为创造适宜温度、湿度、光照等管理条件的地方，可以进行周年生产。

我国现已发现平菇有 30 多个品系 100 多个种，绝大部分均可食用。生产中往往根据实际需求按照温度类型、生产性状和经济性状等进行划分(表 2-1-3 至表 2-1-5)。

表 2-1-3 不同温度类型平菇菌株介绍

温度类型	菌株	菌株特性
低温型	糙皮侧耳、美味侧耳、灰白侧耳和亚侧耳	子实体分化最高温度不超过 20℃，最适温度为 10～16℃，发生季节在秋、冬和早春
中温型	佛州侧耳、漏斗状侧耳、白黄侧耳、榆干侧耳	子实体分化最高温度不超过 24℃，最适温度为 16～22℃，发生季节在春、初夏、秋季
高温型	鲍鱼菇、直线侧耳、萨门红侧耳、巨核侧耳、花瓣状亚侧耳、榆黄蘑	子实体分化温度可高达 30℃以上，最适温度为 22～28℃，发生季节在夏、秋季

表 2-1-4 不同生产性状平菇菌株介绍

生产性状	菌株
抗逆性较强，室外栽培	低温型：佳平、枣平 117、莱平 PL-21、539 中温型和广温型：小平菇、中蔬 10 号、莱农 PL-23 高温型：侧 5、HP-1、青平 831 等
稻草适应力强	皑雪 1 号、C903
CO_2 耐受力较强，室内栽培	珞珈 1 号，棕顶 81、昆研 841 等
出菇早、转潮快、生产周期短，周年栽培	常州 2 号

表 2-1-5 不同经济性状平菇菌株介绍

经济性状	菌株
鲜销	昆研 841、曲师 9111
盐渍	樱花 1 号、翼微 2 号和姬菇
罐藏	狮山 1 号(华 3)、棕顶 1 号以及鲍鱼菇 P8120

平菇菌丝体阶段 C/N 为 20∶1，子实体生长阶段 C/N 为(30～40)∶1。可以根据当地的资源优势，因地制宜选用合适的配方(表 2-1-6)。

表 2-1-6 平菇栽培料配方 %

配方	玉米芯	棉籽壳	木屑	麸皮	稻糠
一	85			10	
二		85		10	
三	50		25		20
四		60	15		20

注：上述配方中蔗糖 0.5%，尿素 0.5%，石灰 3%，过磷酸钙 0.5%，有机复合肥 0.5%，添加复合维生素 0.02%，杀菌剂 0.01%，杀虫剂 0.01%，料∶水=1∶1.3。

子情境二　生产计划制定

一、工艺流程

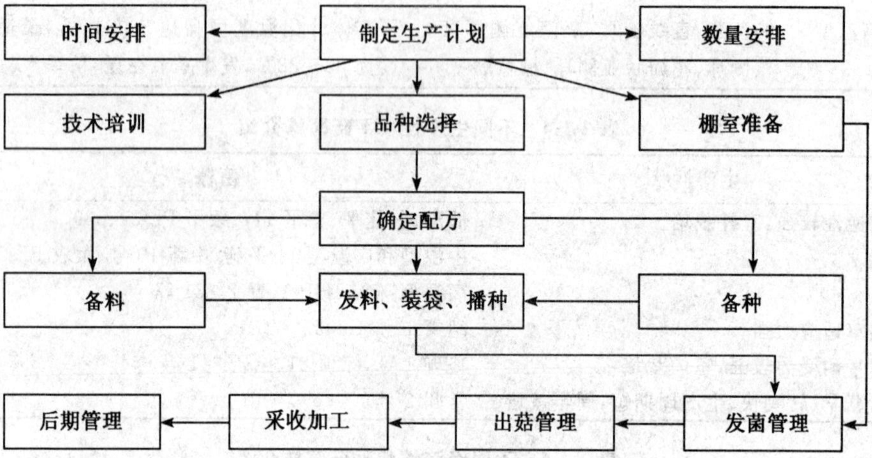

图 2-1-1　平菇发酵料袋栽生产工艺流程

二、时间、数量

100 延米日光温室发酵料生产平菇，鲜品 9 月中旬上市，时间、数量见表 2-1-7。

表 2-1-7　平菇栽培的时间与数量

项目	装袋播种	出菇始期
时间	9 月 1～5 日	9 月 25～30 日
数量	1.5 万袋	20 000～25 000 kg

三、配方选择

选用表 2-1-6 配方一。

四、物料预算

见“生产实训 2-1-1”。

子情境三　栽培管理技术

一、准备工作

秋季进行保护地的平菇发酵料袋栽，准备工作主要有棚室准备、原料准备、菌种准备等几个方面。需要注意的是，在菌种准备工作中，由于平菇菌丝生长粗壮、速度快，如果不注意及时检查杂菌，就可能出现菌丝体将杂菌覆盖的现象，导致培养结束后，菌种表面上看纯正健壮，其实已经污染了杂菌，最终给生产带来隐患。另外，菌种在菌丝体发满整个容器后到未出现子实体以前使用为适宜菌龄，生命力很强。为了得到适龄菌种，必须切实做好制种时间与栽培时间上的衔接。

二、发酵料制作

1. 发酵料制作的原理

平菇培养料的发酵处理是典型的好氧型发酵。其原理是将培养料拌制后进行堆积，利用培养料中嗜热微生物（几种放线菌）繁殖产生的热量使料温升高，从而杀死培养料中的部分微生物和害虫。发酵料堆明显地分为内部的厌氧层、外部的好氧层和中部的发酵层。培养料的发酵层温度控制在 60～65℃，整个发酵过程料堆的积温累计达到 2 400～3 000℃。

发酵料制作的效用如表 2-1-8 所示。

表 2-1-8　发酵料制作的效用

发酵效用	发酵特征
消毒杀虫	利用发酵层所产生的高温，杀死培养料中的害虫和杂菌
降解物质	嗜热微生物分解培养料，破坏细胞壁，便于菌丝吸收利用
增加氮源	嗜热类微生物吸收无机氮合成自身蛋白质，死亡后将有机氮补充到培养料中
诱导作用	诱导厌氧层和好氧层的孢子和虫卵萌发、孵化，进入发酵层后杀死

2. 拌料

按照生产预算称取主、辅料，培养料应新鲜、无霉变，玉米芯等主料在太阳下暴晒 2～3 d。大量栽培可以按照生产计划分期、分批拌料。拌料时首先将干料分层次铺开，尽量铺均匀；将拌料需要的水放入大桶或贮水池中（农户生产也可以在地上挖水坑，内铺塑料布作为贮水池，每立方米装水 1 t）。将易溶于水的蔗糖、尿素等辅料加水溶化，加入其中；将微溶于水的石灰、过磷酸钙等也加入水池中（过磷酸钙如果结块要将其研磨碎)；拌料时用潜水泵抽水，也可以用其他盛器舀出使用。手工拌料要先将贮水池中60%左右的营养液浇入料堆后再整体拌制一次，第二次和第三次拌制时将其余的营养液逐渐加入。如果使用搅拌机拌料则一边加干料一边加营养液。拌料时不要先将干料进行人工拌制混匀，尤其是不提倡将石灰加入干料中再人工混匀，这样灰尘太大，而且石灰粉对人体伤害很大。这里还需要特别注意的是，在选择石灰时，一般使用前要用广泛 pH 试纸测试饱和石灰水的酸碱度，一般 pH 为 12～14，如果 pH 太低则不能使用；拌料后也要测定培养料的 pH，要求 pH 为 8 左右，否则很容易影响培养料发酵效果。

3. 建堆

日平均气温 20℃(9～10 月份)，建成堆高 1 m、堆顶宽 0.8 m、堆底宽1.2 m、长不限的棱台形料堆；日平均气温 15℃(11～12 月份)，建成堆高1.2 m、堆顶宽 1 m、堆底宽 1.5 m、长不限的料堆。料堆顶部及两侧间隔 30 cm 左右打一到底的透气孔，第一天和第二天加盖塑料布，以后撤掉。注意建堆时不要将培养料拍实，培养料自然的松散状态有利于加深发酵层的厚度。

4. 翻堆

翻堆是为了改变料堆的结构，使培养料都得到充分的发酵。对于翻堆时间间隔的提法很多，但是，只要把握发酵料制作的两个基本原则，那么无论在什么季节或是遇到什么特殊情况，如能灵活掌握、准确操作，均可保证发酵效果。这两个原则，一是料堆在发酵过程中用温度计监测发酵层的温度，使其保持在 60～65℃，但不能长时间超过 65℃，也不能长时间低于 40℃。长时间高于 65℃易发生蛋白质分解产生氨气，造成氮源的损失；长时间低于 40℃易造成在发酵期间或栽培袋发菌时鬼伞大量发生。发酵层的深度(距料面高度)需要细心观察，因为不同的培养料配方、含水量、环境温度等都影响发酵层的深度，一般玉米芯主料的发酵层深度为 10～12 cm，颗粒度细的培养料发酵层浅，颗粒度大的培养料发酵层深，这与氧气的供给量直接相关。第二个原则是保证发酵料的积温达到 2 400～3 000℃。

具体的规律是建堆后当发酵层温度达到 60～65℃时，计时 10～12 h 后第一次翻堆；翻堆后重新产生发酵层，一般 10～12 h 发酵层温度再次上升到 60～65℃，保持 10～12 h 后进行第二次翻堆；如此进行第三次翻堆；第四次翻堆时直接散堆，使料温下降停止发酵，准备使用发酵好的培养料进行装袋播种。按照上述的温度变化规律进行翻堆和散堆，培养料的总发酵时间为 40～48 h，发酵温度为 60～65℃，积温为 2 400～3 120℃。高温时节初次产生发酵层的时间间隔短，翻堆后料温很快又升高，一定要注意监测温度，否则发酵时间过长产生白化现象，培养料营养消耗太大；低温时节，初次产生发酵层的时间间隔长，翻堆时间间隔也长，这时如果遇到阴冷天气，可以人为向料堆内浇热水，以利于料温升高，但不能急于翻堆，否则发酵时间过短，易发生鬼伞，培养料也会酸败。现在一般也采取食用菌栽培的专用发酵剂，发酵效果很好。发好的培养料，吸水性好，色泽酱褐，闻之有清新的土香味，有大量白色雪花状的放线菌分布。

结合翻堆可以在第三次和第四次喷洒 800 倍液溴氰菊酯杀虫，也可以在最后一次翻堆时将维生素类辅料喷洒在料堆中。

三、装袋播种

平菇栽培袋选择低压或高压聚乙烯袋，规格一般为折径(24～25) cm×长(45～50) cm×厚 0.025 cm。栽培袋在距袋口 6 cm 处用缝纫机大针码间隔 0.5 cm 跑两趟微孔，中间部分两等份同样各跑两趟微孔。播种时，菌种放于微孔处，利用微孔既增氧，又防止杂菌污染。播种采用四层菌种三层料的方法，用种量为干料量的 20%左右，投种比例为 3∶2∶2∶3，两头多，均匀分布；中间少，周边分布。菌种要事先挖出，掰成约 1 cm 见方的小块，放在消毒的盆中盛装集中使用，也可以随用随挖取。污染、长势弱、老化的菌种不用或慎用。料袋两头用细绳扎活结即可，也可以用套环覆盖报纸用皮套箍紧，以增加透气，扎口端各占用栽培袋 5 cm 左右。一般在栽培袋装袋前集中将栽培袋的一端扎紧，塑料袋的端面采取折纸扇的方法折好后用细绳捆扎。

1. 装袋播种的具体方法

①填第一层料播撒第一层菌种　向扎好的栽培袋内装料，高度以 10 cm 左右为宜；用手在袋内压料面，使料面平整，与微孔对齐；再从料袋外侧沿四周将平整的料面稍压，使料面周边与抻直的料袋内壁形成一圈凹槽；将准备好的菌种沿凹槽均匀放入(将颗粒明显的菌种分散摆放在四周)。

②填第二层料播撒第二层菌种　继续向栽培袋内填料，高度以 12 cm 为宜，压好后料面高度与微孔高度一致，同样将料面周边压出凹槽，播撒菌种。

③填第三层料播撒第三层菌种　同上述方法填料。此次填好料后，料面压平，不处理周边，将菌种撒在整个料面上，大小菌种块均匀分布，折纸扇式将栽培袋扎紧，以微孔露出，扎口后留出 1.5 cm 塑料袋且扎口绳不脱落为宜。

④填第四层菌种　最后打开原先的扎口端，将栽培袋的褶皱拉直，继续填料至微孔处，按照第三层菌种的播撒方法将最后一层菌种播撒在料面，同样将袋端扎好。

2. 装袋播种的注意事项

①装袋前要把发酵料再充分拌一次。如果培养料太干，可以适当用喷壶补水。

由于发酵料的水分已经充分渗透到培养料的内部，发酵后的培养料补水时要注意，培养料手握松软成团就可以了，不能有水渗出。

②拌好的料应尽量在 4 h 内装完，以免放置时间过长，培养料发酵变酸。

③装袋时压料要均匀。做到边装边压，逐层压实、松紧适中，一般以手按有弹性，手压有轻度凹陷，手托挺直为度。料装得太紧透气性不好，影响菌丝生长；装得太松则菌丝生长细弱无力，在倒垛时易断裂损伤，影响发菌和出菇。

④料袋要轻拿轻放，防止塑料袋破损。认真检查装好的料袋，发现破口要用透明胶带封贴。

四、发菌管理

棚室用硫黄粉、敌百虫掺豆秸、刨花等易燃物燃烧熏蒸消毒，密闭 24 h 就可以将菌袋搬入进行发菌管理。

1. 温度管理

料袋码放的层数应视环境温度而具体掌握。气温在 10℃以下时，可堆积 4～5 层；气温在 10～20℃时，以堆 3～4 层为宜；气温在 20℃以上时，菌袋宜单层排放，不宜上堆，但管理的关键是料袋内插温度计，以不超过 22℃为宜，最高不能超过 28℃。堆垛发菌后，要定期检查料袋中温度计的显示，注意堆温变化。

2. O_2 与 CO_2

一般菇棚每天通风 2～3 次，每次 30 min，气温高时早晚通风，气温低时中午通风，保持发菌环境空气清新。

3. 湿度管理

日光温室内空气相对湿度以 60%～70%为宜，既要防止湿度过大造成杂菌污染又要避免环境过干而造成栽培袋失水。

4. 光线管理

培养室内光线宜弱不宜强，菌丝在弱光和黑暗条件下正常生长，光线强不利于菌丝生长。因此，在日光温室内发菌应覆盖草帘遮光。

5. 倒垛

堆垛后每隔 5～7 d 倒垛一次，将下层料袋往上垛，上层料袋往下垛，里面的往外垛，外面的往里垛，使料袋受温一致，发菌整齐。倒垛时，发现有杂菌污染的料袋，应将其拣出单独培养；若发现有菌丝不吃料的，必须查明原因及时采取措施。

6. 微孔增氧

对个别发菌基本结束但只有局部未发满的，可以采取用别针于距离菌丝生长前缘 1 cm 处，间隔 1 cm 刺 1 cm 深微孔，以达到增氧促发菌的目的。

7. 菌丝后熟

在温度25℃左右，空气相对湿度60%左右，暗光和通风良好的条件下，一般中温型和高温型平菇15 d、低温型20 d左右菌丝即可长满袋。菌丝发满料袋后解开两端的细绳，菌袋增加氧气供给量，5～7 d后菌袋的菌丝更加粗壮、浓密、洁白，部分菌袋出现子实体原基时，表明菌丝已经成熟转入出菇期。

五、出菇管理

发好菌的菌袋南北向单行摆放，垛高7～8层，行间留80～100 cm的过道，过道最好对着南北两侧的通风口。轻拉袋口，形成料壁与菌袋端面脱离的锥体形空间，恰恰可以满足原基分化时对氧气和湿度的需求，创造适宜的出菇条件，3～5 d，可见针尖状的原基(桑葚期)；7 d左右，可见火柴杆一样的原基(珊瑚期)，此时要拉直袋口；由于此期生长速度很快，进入珊瑚期后的第二天和第三天，当原基菌盖大部分达玉米粒大小时(成形期)，挽起袋口，子实体迅速生长，再有5 d左右子实体就发育成熟了。

1. 温度管理

平菇是变温结实性菌类，加大温差刺激有利于出菇。利用早晚气温低时加大通风量，降低温度，拉大昼夜温差至10～15℃，以刺激出菇。

2. 湿度管理

桑葚期和珊瑚期湿度保持在80%～85%，子实体迅速生长阶段湿度保持在85%～90%，甚至更高。喷水时，向空间、地面喷雾增湿，菇蕾期切勿向其上直接喷水，否则子实体将萎缩死亡；当子实体菌盖直径达2 cm以上时，可适当向子实体上少喷、细喷雾状水，以利于子实体生长。出菇环境悬挂干湿温度计，根据湿度变化进行及时调控。

3. 加强通风

子实体生长需要大量的新鲜空气，每天要打开门窗和通风口通风换气，低温季节一天1次，每次30 min，一般中午喷水后进行；气温高时，一天2～3次，每次20～30 min，通风换气多在早晚进行，切忌高湿不透气。温度较高或栽培量较大时应增加通风次数和延长通风时间，以保证供给足够的氧气和排除过多的二氧化碳。

4. 光照管理

子实体的生长需要一定的散射光，一般出菇环境光线掌握在能够正常看书看报即可，光照强度在500～1 000 lx。散射光可诱导早出菇，多出菇；黑暗则不出菇；光照不足，出菇少，柄长，盖小，色淡，畸形。

子实体生长期间应尽量创造适宜的环境条件，满足其对温度、湿度、空气和光线的要求，才能获得优质高产。各个环境条件相互联系又相互制约，调整某一个条件时，要兼顾其他条件，绝不可顾此失彼。

六、采收加工

一般市售鲜菇，以孢子刚进入弹射阶段、菌盖平展、菌盖下凹处出现白色绒毛时采收为好。这时采收的平菇，菌盖边缘韧性好、菌肉肥嫩、菌柄柔韧，商品外观好。若供出口，则应按外经贸部所规定的标准进行采收。采收前轻喷一次雾化水，以降低空气中飘浮的孢子，减少对工作人员的危害，并使菌盖保持新鲜、干净，不易开裂。采收时一手按住培养料，一手握住菌柄轻轻采下，菌褶朝上逐层摆放。采后的平菇可进行保鲜、盐渍、罐藏等处理。

七、后期管理

在适宜的条件下，由子实体原基长成子实体需 7～10 d，平菇一次栽培可采收 4～5 潮菇。每次采收后，都要清除料面老化菌丝、幼菇、菌柄、死菇，以防腐烂招致病虫害，再将袋口合拢，避免栽培袋过多失水；然后整理菇场，停止喷水，降低菇场的湿度，以利平菇菌丝恢复生长，积累养分；7～10 d 后，如果菌袋失水过多，可进行补水，仍按第一潮出菇的管理办法进行。

当采完 2～3 潮菇后，菌袋因缺水而变软，大部分营养物质被消耗，pH 也会因新陈代谢物质的产生而有所下降，出菇变得稀少。若再进行催蕾也能出菇，但菇体小且不齐，转潮次数虽多，经济效益低下。因此，要想进一步提高产量，就必须补充养分、水分等，甚至改变出菇方式。生产上常采用浸水、注水、喷营养液、墙式覆土以及畦床式覆土等方法进行后期增产管理。崔颂英等于 2006 年对平菇后期增产技术进行了系统的比较试验，分析数据表明，畦床式覆土出菇的后期增产措施效果好于其他方式。

1. 整地做畦

根据场地条件，挖深 15～20 cm、宽 1～1.2 m、长不限的畦床，畦与畦间留 50 cm 的人行道。床底喷杀虫药、洒石灰进行消毒处理。

2. 脱袋覆土

将出过 2～3 潮菇的菌袋脱掉塑料袋，脱袋后的菌筒紧密排入畦床中(水平横放的效果好于其他方式)，上盖 1～2 cm 厚的土(覆土的处理详见典型工作任务二学习情境七鸡腿菇栽培部分)，尤其缝隙处一定要填满，然后灌大水，使菌筒料面略显露(有些地方露料面，有些地方覆薄土)。常规管理，仍可收获 2～3 潮优质菇。但覆土地栽出菇，浇水时一定要小心，以防菇体沾泥，影响商品价值，为此可以在畦床表面铺干净的稻壳或稻草，以避免浇水时泥土喷溅到菇体表面。

生产实训

2-1-1:100 延米日光温室发酵料生产平菇，鲜品 9 月中旬上市

一、确定生产项目

与校企合作企业共同研究，结合企业目前生产运行的实际情况以及学生的后续学习确定学生的实训生产项目为平菇发酵料栽培生产。

二、下达生产任务

100 延米日光温室发酵料生产平菇，鲜品 9 月中旬上市。

三、制定生产计划

1. 时间数量(略)

2. 配方确定(略)

3. 用具、设备、设施准备(略)

4. 物料预算

物料种类	物料数量	单价	成本/元
玉米芯	19 125.00 kg	0.64 元/kg	12 240.00
麸皮	2 250.00 kg	1.30 元/kg	2 925.00
蔗糖	112.50 kg	4.00 元/kg	450.00
尿素	112.50 kg	2.00 元/kg	225.00
石灰	675.00 kg	0.24 元/kg	162.00
过磷酸钙	112.50 kg	1.50 元/kg	168.75
有机复合肥	112.50 kg	1.50 元/kg	168.75
复合维生素	4.50 kg	10.00 元/kg	45.00
杀菌剂	2.25 kg	20.00 元/kg	45.00
杀虫剂	2.25 kg	24.00 元/kg	54.00
低压聚乙烯筒袋	15 500 个	6.00 元/100 个	930.00
线绳	31 000 根	10.00 元/2 000 根	155.00
栽培种	7 500 瓶	1.00 元/瓶	7 500.00
其他			4 000.00

续表

物料种类	物料数量	单价	成本/元
成本合计			29 068.5
产量	25 000.00 kg		
毛利润		2.00 元/kg	50 000.00
纯利润			约 21 000.00

注:上表中,栽培容量以日光温室利用 8 m 有效跨度,垛底层 40 袋、高 8 层、垛宽及间距 1.5 m 为依据计算;200 个栽培袋约 1 kg;2 000 根线绳约 0.5 kg;栽培袋按照 1.5 kg 干料/袋计算;表中数据仅供教学中实训生产参考。

四、技能考核标准

考核评价项目	考核评价观测点	分值	学生自评	学生组长评价	企业导师评价	主、副带教师评价	平均分
技能考核(50分)	工艺流程掌握	3					
	生产计划制定	3					
	配方确定	3					
	物料预算	5					
	发酵料制作	5					
	装袋播种操作	4					
	发菌管理	3					
	出菇管理	4					
	后期增产管理	3					
	生产实训后期清理、入库等工作	2					
	播种准备工作	4					
	后期清理、入库等工作	4					
	培养检查工作	2					
	销售工作	5					

注:素质评价 30 分,略;专项评价 20 分,略。

技术图解

平菇发酵料袋栽

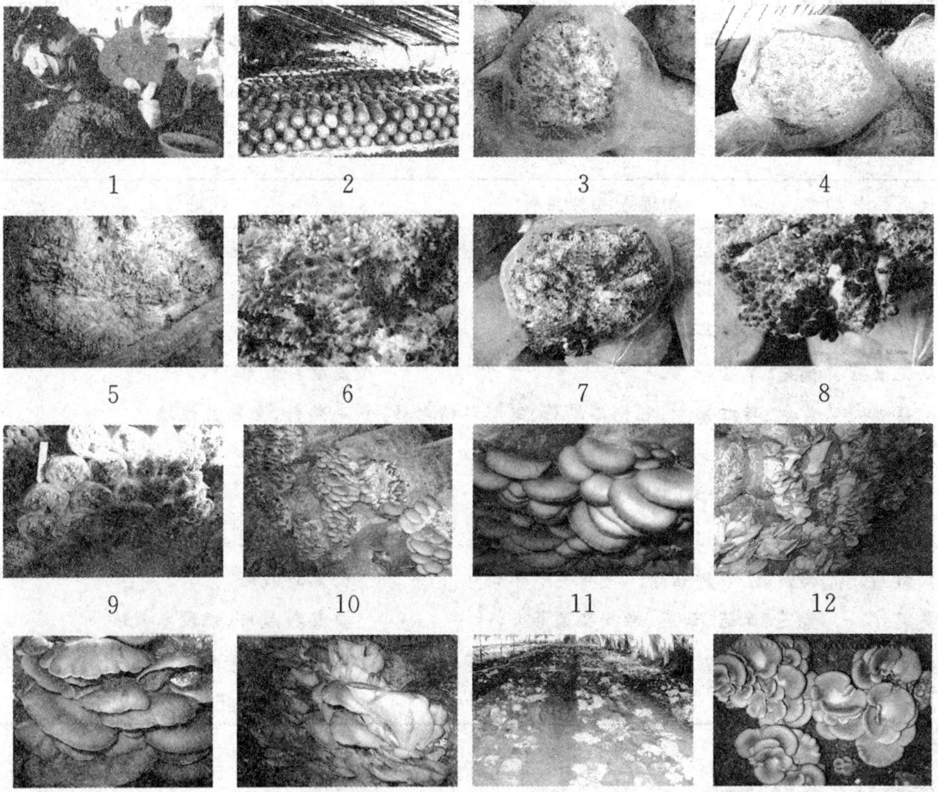

（以上图片均由崔颂英、杨俊达摄影并提供）

图 1:装袋;图 2:发菌;图 3～8:原基分化阶段;图 9～14:子实体生长阶段;图 15,图 16:覆土增产

拓展链接

食用菌栽培模式介绍

人类对食用菌的认识和利用已经有数千年的历史。资料表明,估计目前地球上的真菌约有150万种，其中14万种可以认为是具有食用和药用价值的大型真菌(Hawksworth,2001)，目前已知14 000种左右，可以直接食用或药用的约有3 000种(S. T. Chang,1993)，但是只有200个种类可以试验性栽培，100个种类经济性种植，大概60个种类商业化栽培，10多个种类在许多国家工业规模栽培。此外，约2 000种蕈菌具有药用功效。我国已知的大型真菌有1 701种(卯晓岚,2002)，经济真菌1 341种(卯晓岚,1995)，可以进行人工栽培的86种(卯晓岚,2000)，商业化栽培的约40种，大规模商业化栽培品种约20种。不少品种的栽培模式是相同的，见下表。

代表品种	相近或相似品种	栽培模式
平菇	榆黄蘑、纯白平菇、姬菇、袖珍菇、盖囊菇、鲍鱼菇、红平菇、虎奶菇等	发酵料、全熟料栽培
香菇	猴头菇、银耳等	全熟料栽培、段木栽培(数量缩减)
双孢蘑菇	褐菇、草菇等	发酵料栽培
滑菇	黄伞、砖红韧伞、毛柄库恩菇、尖鳞环锈伞等	半熟料、全熟料栽培
黑木耳	银耳、黄背毛木耳、白背毛木耳、榆耳、金耳、血耳等	全熟料栽培
鸡腿菇	大球盖菇、姬松茸、金福菇等	粪草腐生型，发酵料栽培
金针菇	杨树菇、茶树菇等	全熟料栽培
灵芝	紫芝、赤芝、云芝、桦褐孔菌等	全熟料栽培、短段木栽培
蛹虫草	冬虫夏草、黑柄炭角菌、鹿角炭角菌、多形炭角菌等	大米、小麦等培养基栽培，有些品种还在探索中

情境检测

辽宁省岫岩县无公害食用菌生产区域被确定为国家级农业标准化示范区，2000年，岫岩以近千万盘的滑子蘑种植量赢得全国滑菇第一县的殊荣。2009年，岫岩县食用菌种植量7 000余万盘(段)，其中滑子蘑3 000万盘，香菇4 000万段。目前岫岩县食用菌产业已形成南滑菇北香菇的生产格局，实现村村发展食用菌生产。2010年已接种食用菌1.5亿盘(袋)、预计产量达到15万t，全县为全力打造全国蘑菇第一县而努力。

但是随着岫岩县食用菌产业的迅猛发展，一个新的问题出现了，那就是：在发菌期，尤其是栽培经验少的农户，每年都有大量的污染料袋产生，弃之可惜，且污染环境。

请你结合平菇栽培技术的学习，结合当地除了硬杂木资源丰富，秸秆资源也很丰富的实际情况，为广大菇农设计一个利用废弃滑菇、香菇料袋生产平菇的方案。

学习情境二　香菇栽培

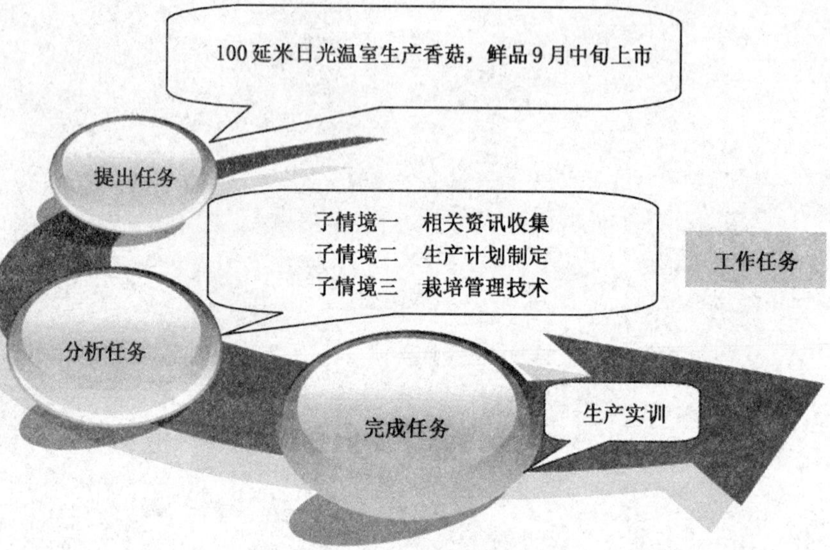

子情境一　相关资讯收集

香菇[*Lentinus edodes*（Berk.）*Sing*]又名香蕈、冬菇、香菌，属担子菌纲伞菌目侧耳科香菇属。香菇是著名的食药兼用菌，其香味浓郁，营养丰富，含有19种氨基酸，7种为人体所必需。所含麦角甾醇，可转变为维生素D，有增强人体抗疾病能力和预防感冒的功效；香菇多糖有抗肿瘤作用；腺嘌呤和胆碱可预防肝硬化和血管硬化；酪氨酸氧化酶有降低血压的功效；双链核糖核酸可诱导干扰素产生，有抗病毒作用。民间将香菇用于解毒，益气生肌和治风破血等。

中国是人工栽培香菇最早的国家，已有近千年的栽培历史，历经老法种菇（砍花法）、新法接种的漫长发展阶段。目前，国内外香菇栽培的模式主要有段木栽培和代用料栽培。但随着人类环境保护意识的增强，采用木屑栽培香菇的研究也因此而逐步展开。

1979 年福建古田彭兆旺等人首创塑料袋装木屑等代料栽培香菇新技术，此栽培法产量较高，经过同仁们不断地完善，获得了较为明显的经济效益，并在各地迅速推广。20 世纪 80 年代，辽宁省抚顺新宾县菇农和广大食用菌科技工作者在生产实践中逐渐探索出露地套种香菇的新模式，掀起了我国香菇栽培历史上的一次数量与质量的革命。世界香菇主产地区主要集中在亚洲东部的中国、日本、韩国。改革开放以来，我国的香菇产量一直居世界霸主地位，我国已经成为世界上名副其实的香菇生产第一大国。

香菇属于低温型变温结实性的食用菌。24～26℃的温度最适合菌丝的生长；低温条件下出菇，其中 15℃左右的温度最适合出菇，同时香菇出菇时需要变温刺激，一定温差有利于子实体的分化。香菇的栽培接种期必须以香菇发菌和出菇两个阶段的生理特点和生态要求确定，一是栽培接种期当地旬平均气温不超过 26℃；二是从接种日算起往后推 60～120 d 为脱袋期（根据菌种而定），当地旬平均气温不低于 12℃。我国各地以秋播为主，但通过采用调节温湿度、选择适宜的品种，春栽已经普及。在北方条件好的日光温室，一年四季都可栽培。这里主要介绍保护地代用料袋栽地畦式出菇和露地套种栽培技术（表 2-2-1 和表 2-2-2）。

表 2-2-1　香菇栽培季节与栽培模式

栽培季节	适宜模式
春栽 2 月下旬至 4 月上旬播种	代用料袋栽、露地套种栽培
秋栽 8 月中旬至 9 月下旬播种	代用料袋栽

表 2-2-2　香菇栽培季节与品种选择

栽培季节	品种选择
春栽	晚熟型：939、808、L-241、135、9608、庆科 20、9015 等
秋栽	早熟型：856、087、L26、Cr-04、L82-2、868（松香 2 号）、Cr-33、申香 1-10 等

香菇菌丝体阶段 C/N 以（25～40）∶1 为宜，在生殖生长阶段最适宜的 C/N 是 60∶1。可以根据当地的资源优势，因地制宜选用合适的配方。主、辅材料和种类配比可适当调整，有所不同。

表 2-2-3　香菇栽培料配方　　%

配方	木屑	棉籽壳	玉米芯	麸皮	石灰	红糖
一	85			13	1	
二	83			15		1

续表 2-2-3

配方	木屑	棉籽壳	玉米芯	麸皮	石灰	红糖
三	64	20		15		
四	40		40	18	1	
五	20		60	18		1
六	26	50		20	1	

注：上述配方中石膏 1%，配方六中玉米粉 2%，料∶水＝1∶(1.2～1.35)。

子情境二　生产计划制定

一、工艺流程

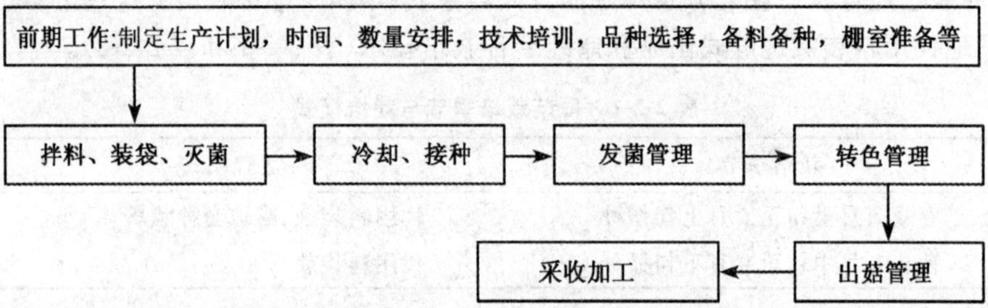

图 2-2-1　香菇棚内袋栽生产工艺流程

二、时间、数量

100 延米日光温室生产香菇，鲜品 9 月中旬上市，时间、数量见表 2-2-4。

表 2-2-4　香菇栽培的时间和数量

项目	装袋播种	出菇始期
时间	6 月 25 日	9 月 15 日
数量	2 万袋	15 000.00～20 000.00 kg

三、配方选择

选用表 2-2-3 配方二。

四、物料预算

物料预算见“生产实训 2-2-1”。

子情境三　栽培管理技术

一、准备工作

香菇代用料袋栽的准备工作主要包括棚室、主料、菌种以及其他辅料和用品、用具的准备。栽培袋内袋选用折径 15 cm×55 cm×0.05 mm(南方)或折径 17 cm×55 cm×0.05 mm(北方)的低压聚乙烯折角袋;外袋选用折径比内袋宽 1 cm,厚度 0.02 mm 的低压聚乙烯折角袋。打孔棒用铁制或木制均可,钻头必须圆滑稍尖。

培养料应新鲜、无霉变、无病虫害,不含对人体有害的农药残毒及重金属等。锯木屑以材料坚实的壳斗科、桦木科和金缕梅科的阔叶树较为理想,而含有松油、醇、醚等抑制菌丝生长的松、柏、杉等针叶树和含有芳香性杀菌物质的安息香科和樟科常绿树种则不适宜。但松木屑经高温堆积发酵或摊开晾晒的办法,除掉其特有的松脂气味,亦可用来栽培香菇。颗粒状的粗木屑优于细木屑,硬杂木屑优于软杂木屑,针叶树旧木屑优于新木屑。

二、培养料的配制

1. 配方

各地因地制宜地选择配方。

2. 拌料

拌料应做到“三均匀”,即原料与辅料混合均匀、干湿料搅拌均匀、酸碱度均匀。栽培料是香菇生长发育的物质基础,所以,栽培料的好坏直接影响到香菇生产的成败以及产量和品质的高低。拌料前先将拌料场地打扫干净,最好在水泥地面拌料。木屑主料应先过筛一次,以除去木刺等杂物。拌料时按配方比例,先将主料摊铺在场地上,而后将辅料如麸皮、玉米粉、石膏等先按配方比例混合均匀,再加入溶有糖、磷酸二氢钾等辅料的水充分搅拌均匀,不能有干的料粒。取广谱试纸一小段插入料中反应,1 min 后抽出对照,调节 pH 为 7.0～8.0。若偏酸,加入适量石灰,若偏碱,加入适量石膏粉。含水量要调至 55%左右,一般手握培养料,手指间有水但不下滴,松开手,指料结成团有裂纹即可。有条件的可以使用搅拌机拌料,先把各种干料装人搅拌机中,开机搅拌 5 min,然后打开供水开关,边供水边搅拌,将各种辅料加入料斗,搅拌均匀,调节好含水量和 pH。

三、装袋和灭菌

1. 装袋

拌好的培养料要及时装袋,装袋可采用人工装袋或机械装袋。用装袋机装袋最好 6 人一组,1 人往料斗里加料,1 人装袋,1 人递袋,另外 3 个人整理料袋扎口。装袋时注意将塑料袋套在出料筒上,一只手轻轻握住袋口,另一只手用力顶住袋底部,尽量把袋装饱满。扎口时将料袋用绳扎两圈后回折袋口再用绳扎紧,随后套好外袋扎活结。手工装袋,要边装料边抖动塑料袋,并用粗木棒把料压紧压实,装好袋后用手抓有木棒状感觉。

装袋过程要求轻拿轻放,切勿刺破菌袋造成杂菌污染。装袋要集中人力快装,一般要求从开始装袋到装锅灭菌的时间不能超过 6 h,否则料会变酸变臭。若有条件,最好有周转筐,装好一袋放入筐内一袋(注意从四周向中间装)。料袋放入筐中灭菌,既避免料袋间积压变形,又利于灭菌彻底。

2. 灭菌

灭菌的效果是香菇生产的关键,灭菌可用常压蒸汽灭菌和高压蒸汽灭菌两种方式。常压蒸汽灭菌可以使用常压灭菌灶,高压蒸汽灭菌使用卧式高压蒸汽灭菌锅。当前生产中常用"常压蒸汽包"来灭菌,既灵活方便又降低生产成本。具体方法是:在平地安放木排,下面插入蒸汽管道,在木排上铺垫透气材料,上面码放需要灭菌的料袋,上面用保温被盖严,四周与地面压牢、压严,从外形上看好像蒙古包,也称太空包。开始灭菌时,先留出离蒸汽管最远的一个角不压,用砖头或木棒撑起来,以便排出冷气,待排出的蒸汽达到 90℃时,再过 10 min,撤去支撑的砖头或木棒,并将此角压严。继续供汽,直到太空包鼓起来,待料袋中心温度升至 100℃开始计时,需要灭菌 16~20 h,也要遵循"攻头、控中、保尾"的原则。太空包灭菌最适合在大棚内就地灭菌,就地接种,减少搬运过程,在节省劳力的同时,降低料袋的破损率,提高成功率。

四、冷却接种

料袋出锅后,冷却 24~48 h,料温降到 28℃以下,用手摸无热感时即可接种。接种是香菇生产中最为关键的一环。在整个接种过程都必须严格按照无菌操作要求进行,做到严和快,以减少杂菌污染。接种一般在接种箱、接种室或接种帐中完成,但无论在何种场所接种,接种空间一定要经过严格的消毒处理。目前,由于接种帐成本低、效果好、操作空间宽敞，也可随时移到合适的地方（如培养室、大棚内）进行接种，在生产中已广泛应用。

生产中一般在接种的前1天晚上对接种帐进行熏蒸消毒，第二天早晨开始接种。消毒方法按常规操作。香菇的接种方法有很多，最为常用的是长袋侧面打穴接种法。香菇接种一般是先灭菌，再接种，并且边打穴边接种，这样操作迅速、接种效果好、污染率低。具体操作时，4人分为一组，统一戴乳胶手套，1人负责打开外袋和最后扎好外袋，1人负责擦袋消毒，1人负责打接种穴，另1人负责接种、套袋。具体的操作是：在料袋正面消过毒的袋面上，用接种打孔棒均匀地打3个接种穴，直径1.5 cm左右，深2～2.5 cm，接入菌种，再翻过相对的另一面，错开对面接种穴位置再打2个接种穴，同样接入菌种。打孔棒抽出时，操作者用手按住接种穴袋壁，以防筒袋与培养料脱离而透入空气，造成杂菌污染。打穴要与接种相配合，打一个穴，接一块菌种。接种动作要迅速熟练，种块必须压紧压实，不留间隙，让菌种微微凸起料面1～2 mm，以加速菌丝萌发封口，避免杂菌污染。接种期间，每隔30 min，用小喷雾器喷洒1次消毒药。

五、发菌管理

料袋接种后移到棚室内发菌。棚室在发菌使用前要清理环境卫生，进行消毒、杀虫处理，地面撒石灰。接种后的菌袋按“井”字形或三角形堆放，摆放层数视环境温度而定。发菌场所温度保持在22～26℃，覆盖草帘或遮阳网遮光。接种15 d左右菌丝直径长到4～6 cm时，解去外套袋扎口绳增加透气，20 d左右菌丝圈达到8 cm左右时脱去外套袋。发菌期间每隔7～10 d翻堆一次，使菌袋通风、散热。发现污染袋及时处理，污染轻的用300倍的克霉灵或400倍菌绝杀局部注射，污染严重的菌袋，需破袋重新拌匀，装袋使用。

六、转色管理

料袋一般要培养45～90 d菌丝才能长满袋。在此后的继续培养过程中，菌袋内壁菌丝体出现膨胀，有皱褶和隆起的瘤状物，且逐渐增加，占整个袋面的2/3，手捏菌袋瘤状物有弹性松软感，接种穴周围稍微有些棕褐色时，表明香菇菌丝生理成熟，可进入转色期管理。转色的深浅、菌膜的薄厚，直接影响到香菇原基的发生和发育，对香菇的产量和质量关系很大，因此，转色是香菇出菇管理最重要的环节。转色的方法很多，常采用的是脱袋转色法。

要准确把握脱袋时间，脱袋太早了不易转色，太晚了菌丝老化，常出现黄水，易造成杂菌污染，或者菌膜增厚，香菇原基分化困难。脱袋的宏观标准是：菌丝表面起蕾发泡，接种穴周围出现不规则小泡隆起；菌袋内长满浓白菌丝，接种穴和袋壁部分出现红褐色斑点；用手抓菌袋富有弹性感时，就表明菌丝已生理成熟，适于脱袋。脱袋时的气温要在15～25℃，最好是20℃。脱袋前要搭架，架宽1.7 m，长度视温室宽度而定，每隔17 cm拉一道16号铁丝，共拉10根，两头用50 cm的木桩固定铁丝，中间每隔3 m用横挡板支撑铁丝，将要脱袋转色的菌袋运到转色场地，用刀片划破菌袋，脱掉塑料袋。菌袋脱袋后，就改称菌筒、菌棒或菌柱。

脱袋后要及时起架排筒，排放方式是立式倾斜80°角放于搭好的铁丝架上，菌棒间距3～5 cm，边脱袋、边排放。脱袋后的菌筒要防止太阳晒和风吹，这时转色场地内的空气相对湿度最好控制在75%～80%，有黄水的菌筒可用清水冲洗净。脱袋、排筒要快，排满一畦，马上用竹片拱起畦顶，罩上塑料膜，保湿保温。

待全部菌筒排完后，转色场地的温度要控制在17～20℃，不要超过25℃。如果温度高，可向空间喷冷水降温。白天转色场所多加遮光物，夜间去掉遮光物，加强通风来降温。光线要暗些，开始3～5 d尽量不要揭开畦上的罩膜，这时畦内的相对湿度应在85%～90%，塑料膜上有凝结水珠，使菌丝在一个温暖潮湿的稳定环境中继续生长。应注意在此期间如果气温高、湿度过大，每天要在早、晚气温低时揭开畦的罩膜通风20 min。在揭开畦的罩膜通风时，转色场地不要同时通风，二者的通风时间要错开。在立排菌筒5～7 d，菌筒表面长满浓白的绒毛状气生菌丝时，要加强揭膜通风的次数，每天2～3次，每次20～30 min，增加氧气、散射光照射，拉大菌筒表面的干湿差，限制菌丝生长，促其转色。当7～8 d开始转色时，可加大通风，每次通风1 h。结合通风，每天向菌筒表面轻喷水1～2次，喷水后要晾1 h再盖膜。连续喷水2 d，至10～12 d转色完毕。在生产实践中，由于播种季节不同，转色场地的气候条件特别是温度条件不同，转色的快慢不大一样，具体操作要根据菌筒表面菌丝生长情况灵活掌握。一般情况下，栽培香菇在温暖潮湿的南方多采用脱袋转色出菇，而在寒冷干燥的北方既可采用脱袋转色出菇也可采用转色脱袋出菇，还可采用袋内转色割袋出菇的方法。

转色过程中常见的不正常现象及处理办法归纳如下。

1.转色太浅或不转色

造成这种现象的原因是温湿度不适宜。如果脱袋时菌筒受阳光照射或干风吹袭，造成菌筒表面偏干，可向菌筒喷水，恢复菌筒表面的潮湿度，盖好罩膜，减少通风次数和缩短通风时间，可每天通风1～2次，每次通风10～20 min。如果空间空气相对湿度太低或者温度低于12℃或高于28℃时，就要及时采取增湿和控温措施，使畦内湿度在85%～90%，温度掌握在15～25℃。

2. 菌丝徒长不倒伏

菌筒表面的菌丝一直生长，不倒伏，造成这种现象的原因是：缺氧；温度虽适宜，但湿度偏大；培养料含氮量过高等。这就需要延长通风时间，并让光线照射到菌筒上，加大菌筒表面的干湿差，迫使菌丝倒伏。如仍没有效果，可用3%的石灰水喷洒菌筒，晾至菌筒表面手摸不粘时再盖膜，恢复正常管理。

3. 菌柱失水不转色

当菌筒排场后，若重量比原来明显减轻，用手触其菌筒，有刺感，出现这种现象，说明菌筒失水干燥，造成不能转色。失水过多的原因是，菇床保湿性差；地面干燥或通风次数太多。解决的办法是提高空气相对湿度及菌筒表面的潮湿度，使罩膜内空气相对湿度控制在85%～90%。

4. 瘤状物脱落不转色

出现这种现象的主要原因是脱袋时受到外力损伤或高温（28℃）的影响，也可能是因为脱袋早、菌龄不足、菌丝尚未成熟，适应不了变化的环境。解决办法是严格地控制温度在15～25℃，空气相对湿度为85%～90%，促使菌筒表面重新长出新的菌丝，再促其转色。

5. 污染袋不转色

发现菌筒出现杂菌污染时，可用Ⅱ型克霉灵1∶500倍液喷洒菌筒，每天1次，连喷3 d。每次喷完后，稍晾再罩膜，进菌筒转色。

七、出菇管理

香菇菌筒转色后，菌丝体完全成熟，并积累了丰富的营养，在一定条件的刺激下，子实体原基分化进入出菇期。

香菇属于变温结实性的菌类，一定的温差、散射光和新鲜的空气有利于子实体原基的分化。这个时期一般都揭去畦上罩膜，出菇室的温度最好控制在10～22℃，昼夜之间能有5～10℃的温差。如果自然温差小，还可借助于白天和夜间通风的机会人为地拉大温差。空气相对湿度维持90%左右。条件适宜时，3～4 d菌筒表面褐色的菌膜就会出现白色的裂纹，不久就会长出菇蕾。此期间要防止空间湿度过低或菌筒缺水，以免影响子实体原基的形成。

菇蕾分化出以后，进入生长发育期。不同温度类型的香菇菌株子实体生长发育的温度是不同的。多数菌株在8～25℃的温度范围内子实体都能生长发育，最适温度在15～20℃，恒温条件下子实体生长发育很好。要求空气相对湿度85%～90%。随着子实体不断长大，呼吸加强，二氧化碳积累加快，要加强通风，保持空气清新，还要有一定的散射光。不同出菇季节管理各有侧重。

1. 秋季管理

北方秋季秋高气爽，气候干燥，温度变化大，菌筒刚开始出菇，水分充足，营养丰富，菌丝健壮，管理的重点是控温保湿。早秋气温高，出菇温室要加盖遮光物，并通风和喷水降温；晚秋气温低时，白天要增加光照升温，如果光线强影响出菇，可在温室内半空中挂遮阳网，晚上加保温帘。空间相对湿度低时，喷水主要是空间喷雾，增加空气相对湿度。子实体8成熟，即可采收。整个一潮菇全部采收完后，要大通风一次，晴天气候干燥时，可通风2 h；阴天或者湿度大时可通风4 h，使菌筒表面干燥，然后停止喷水5～7 d，让菌丝充分复壮生长，待采菇留下的凹点菌丝发白，就给菌筒补水。补水方法是先用10号铁丝在菌筒两头的中央各扎一孔，深达菌筒长度的1/2，再在菌筒侧面等距离扎3个孔，然后将菌筒排放在浸水池中，菌筒上放木板，用石头块压住木板，加入清水浸泡2 h左右，以水浸透菌筒(菌筒重量略低于出菇前的重量)为宜。补水后，将菌筒重新排放在畦里，重复前面的催蕾出菇的管理方法，准备出第二潮菇。第二潮菇采收后，还是停水、补水，重复前面的管理，一般出4潮菇。有时拌料水分偏大，当第二潮菇采收后，再浸泡菌筒补水。浸水时间可适当长些。

2. 冬季管理

北方的冬季气温低，子实体生长慢，产量低，但菇肉厚，品质好。这个季节管理的重点是保温增温，白天增加光照，夜间加盖草帘，有条件的可生火加温，中午通风，尽量保持温室内的气温在7℃以上。可向空间喷水调节湿度，少往菌筒上直接喷水。如果温度低不能出菇，就把温室的相对湿度控制在70％～75％，养菌保菌越冬。

3. 春季管理

北方春季的气候干燥、多风。这时的菌筒经过秋冬的出菇，失水多，水分不足，菌丝生长也没有秋季旺盛，管理的重点是给菌筒补水。浸泡时间2～4 h，经常向墙面和空间喷水，空气相对湿度保持在85％～90％。早春要注意保温增温，通风要适当，可在喷水后进行通风，要控制通风时间，不要造成温度、湿度下降。

八、采收加工

香菇采收的标准是菌膜已破，菌盖尚未完成伸展，少许内卷，形成“铜锣边”，此时为最适采收期。香菇采收后，除直接销售外，最常用的保鲜措施是冷藏保鲜；常用的加工方法是干制和罐藏。

生产实训

2-2-1:100 延米日光温室生产香菇,鲜品 9 月中旬上市

一、确定生产项目

与校企合作企业共同研究,结合企业目前生产运行的实际情况以及学生的后续学习,确定学生的实训生产项目为香菇全熟料袋栽生产。

二、下达生产任务

100 延米日光温室生产香菇,鲜品 9 月中旬上市。

三、制定生产计划

1. 时间数量(略)

2. 配方确定(略)

3. 用具、设备、设施准备(略)

4. 物料预算

物料种类	物料数量	单价	成本/元
木屑	33 200 kg	0.40 元/kg	13 280.00
麸皮	6 000 kg	1.30 元/kg	7 280.00
红糖	400 kg	4.00 元/kg	1 600.00
石膏	400 kg	0.50 元/kg	200.00
杀菌剂	2.5 kg	50.00 元/kg	125.00
内袋	20 500 个	15.00 元/200 个	1 537.50
外袋	20 500 个	15.00 元/600 个	512.50
扎口绳	20 kg(塑料包装绳)	4.00 元/kg	80.00
栽培种	1 000 袋(17 cm×33 cm)	1.80 元/袋	1 800.00
煤	4.0 t	1 000.00 元/t	4 000.00
其他(人工费、消毒药品等)			5 000.00
成本合计			35 415.00
产量	20 000 kg		
毛利润		3.50 元/kg	70 000.00
纯利润			约 34 000

注:栽培袋按照 2.0 kg 干料/袋装计算;表中数据仅供教学生产实训参考。

四、技能考核标准

考核评价项目	考核评价观测点	分值	学生自评	学生组长评价	企业导师评价	主、副带教师评价	平均分
技能考核(50分)	工艺流程掌握	3					
	生产计划制定	3					
	配方确定	3					
	物料预算	5					
	料袋制作	5					
	灭菌操作	4					
	接种操作	3					
	发菌管理	4					
	出菇管理	3					
	生产实训后期清理、入库等工作	2					
	播种准备工作	4					
	后期清理、入库等工作	4					
	培养检查工作	2					
	销售工作	5					

注：素质评价30分，略；专项评价20分，略。

技术图解

香菇全熟料袋栽

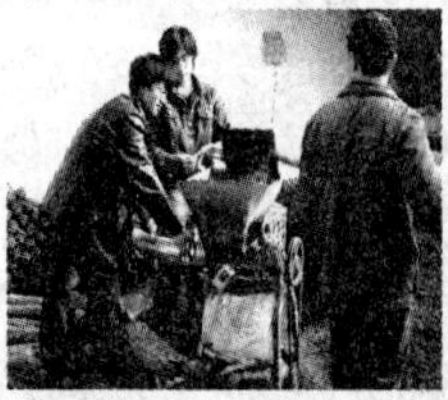

1

2

3

4

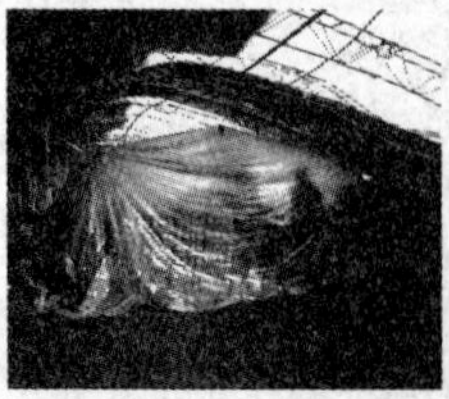

5

6

7

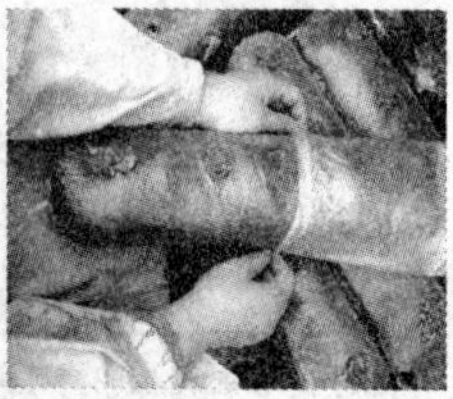

8

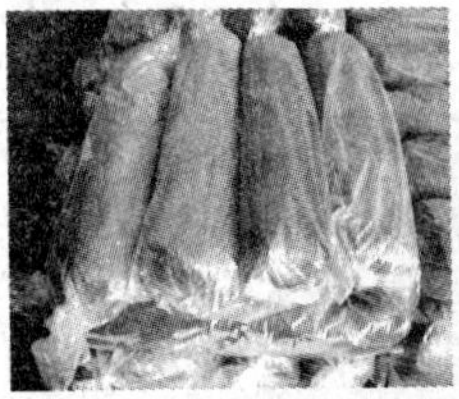
9

10

11

12

13

14

15
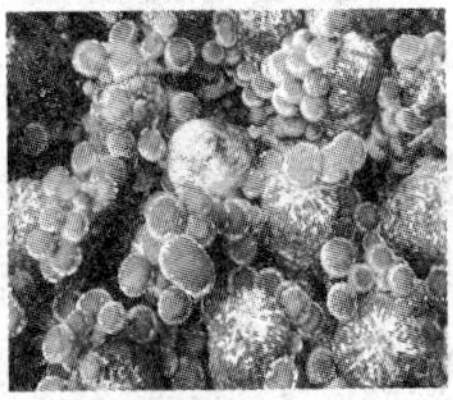
16

（以上图片均由崔颂英、杨俊达摄影并提供）

图1,图2:装袋;图3,图4:灭菌;图5～8:接种;图9～11:发菌;图12～16:出菇

拓展链接

露地套种香菇技术

露地套种香菇是辽宁省抚顺市新宾县菇农和广大食用菌科技工作者历时10年在生产实践中逐渐摸索和总结出来的，是广大劳动人民智慧的结晶，也掀起了我国800多年香菇栽培历史上的一次数量与质量的革命。其特点是：对土质要求不严，栽培地域广阔；可与高秆作物套种；种植方法简单，管理方便；成本低、效益高，当年投资当年见效；子实体干物质多，商品率高；生长周期长，培养料可得以充分利用。另外，种菇后的废弃物还可以直接还田，增加了土壤肥力，促进地力良性循环，生态效益明显。近几年，从黑龙江的牡丹江至伊春，辽宁的新宾至丹东，吉林露水河至敦化白山地区，都成功地进行了大规模开发，成为农民脱贫致富的支柱产业，市场前景看好。近年来L867、L087、土育04号等都较为理想。

露地套种香菇技术组图

1

2

3

4

5

6

7

8

（以上图片均由崔颂英、杨俊达摄影并提供）

图1～4：下畦播种；图5，图6：撤土起拱；图7：出菇；图8：干制

情境检测

作为辽宁省抚顺市传统农业产业项目的食用菌，自20世纪80年代中期，首次由新宾满族自治县红升乡农民种植以来，高额的回报收益使食用菌种植在该市广大农村地区逐步兴起并迅速得到推广。截至目前抚顺市食用菌栽培已达到8 731万标准袋，总产量6万t，年产值高达4.5亿元。全市涌现出一批食用菌生产专业乡村，吸引了诸多从事香菇加工、销售企业落户抚顺，食用菌产业已经成为该市高效农业设施产业。市政府确立今后3年为该市食用菌种植产业重点发展年，2010年，全市将重点建设千亩以上食用菌生产乡镇9个，50万袋以上生产基地135个，其中以清原、新宾、抚顺县为主要产区。

但是今年夏季的一次洪水灾害，却给新宾以及清原、抚顺3个食用菌种植区造成了巨大的损失。据统计，清原受灾小区33处，全冲毁10处，损失2 851万元，其中冲走菌棒518万，损失1 755万元，冲毁暖棚80座，损失400万元，冲毁冷棚357座，损失357万元，冲毁设备设施价值339万元。

请你结合所学制种技术以及香菇栽培技术，为该地区设计一个灾后自救生产的方案。

学习情境三 双孢蘑菇栽培

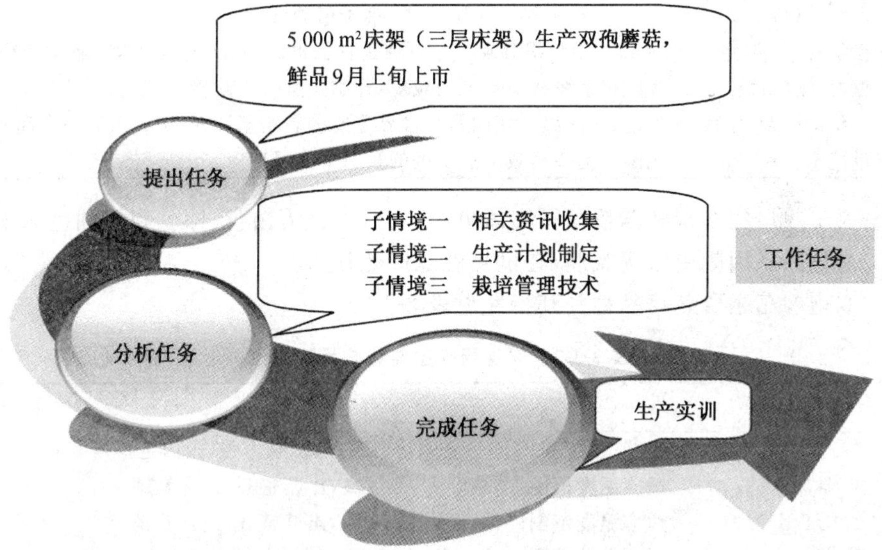

子情境一 相关资讯收集

双孢蘑菇(*Agaricus bisporus*)俗称白蘑菇、洋蘑菇、蘑菇，是目前世界上栽培历史最悠久、栽培面积最大、消费人群最广的菇种之一。其菌肉肥嫩，含有甘露糖、海藻糖及各种氨基酸类物质，味道鲜美，营养丰富。据测定，每 100 g 干菇中含粗蛋白 23.9～34.8 g、粗脂肪 1.7～8.0 g、碳水化合物 1.3～62.5 g、粗纤维 8.0～10.4 g、灰分 7.7～12.0 g，含有 18 种氨基酸，其中 8 种为人体必需氨基酸。含有大量酪氨酸，具有降低血压、降低胆固醇、防治动脉硬化等作用。

双孢蘑菇栽培发展历史见表 2-3-1。

目前，全世界有 100 多个国家和地区栽培双孢蘑菇，美国、英国、荷兰、法国和意大利是世界栽培技术最先进的国家，美国、中国等国是栽培大国。双孢蘑菇栽培之所以成为全世界有魅力的产业，主要是可以采用各种规模或方式进行栽培，从家庭自产自销的简易栽培到作为出口产业的工厂化生产均可。目前主要有室内床架栽培、塑料大棚栽培、室外小拱棚栽培及山洞和人防工程栽培等，这里主要介绍室内床架栽培。

表 2-3-1 双孢蘑菇栽培发展历史

栽培时期	栽培情况
17 世纪中期	双孢蘑菇的人工栽培始于法国
19 世纪末(1893 年)	Gostentin 和 Matruchot 发明孢子培养法
20 世纪初(1902 年)	Dugger 用组织分离法培育纯菌种获得成功，从法国向世界各地传播
20 世纪 30 年代	我国在上海和福州等大城市，开始少量人工栽培
20 世纪 70～80 年代	福建、浙江成为我国乃至世界重要的栽培基地，我国进入第一个高峰
20 世纪末	我国双孢蘑菇栽培业发展的第二个高峰期

人工栽培的双孢蘑菇依据子实体色泽划分，可分为白色、棕色和奶油色 3 个品系。白色品系因颇受市场欢迎，在世界各地广泛栽培。

双孢蘑菇主要栽培品种及其特性见表 2-3-2。

表 2-3-2 双孢蘑菇主要栽培品种介绍

品种名称	品种特性
As2796	出菇适温 10～25℃，菇体洁白圆正，抗杂力强，国内主要当家品种
蘑菇 176	适应温度范围广，菇形大，产量高，出菇整齐，适合鲜销
浙农 1 号	适应温度范围广，菇形大，产量高，出菇整齐，适合鲜销
新登 96	适宜出菇温度 10～25℃，抗高温，菇圆正，耐储运，夏季栽培
F56、F60、F62	抗杂力强，转潮快，后劲足，菇体洁白圆正，质密，商品率高

双孢蘑菇是草腐生菌类，在人工栽培条件下，主要以禾本科植物秸秆和牲畜粪便为碳氮营养源。双孢蘑菇菌丝体阶段 C/N 为(15∶1)～(20∶1)，子实体生长阶段 C/N 为(30∶1)～(40∶1)。发酵前培养料 C/N 以(30∶1)～(33∶1)为宜。可以根据当地的资源优势，因地制宜选用合适的配方(表 2-3-3)。

表 2-3-3 双孢蘑菇栽培料配方(按 100 m^2 计) kg

配方	牛粪(干)	稻草(干)	玉米芯	鸡粪	过磷酸钙	石膏	尿素
一	550	400	1 280	240	5	10	
二	660	1 280				60	
三		1 000		100		20	10
四		1 000			25		10

注：上述配方中料∶水＝1∶1.3，其中配方一添加饼肥 25 kg，配方四添加硫酸铵 15 kg。

子情境二　生产计划制定

一、工艺流程

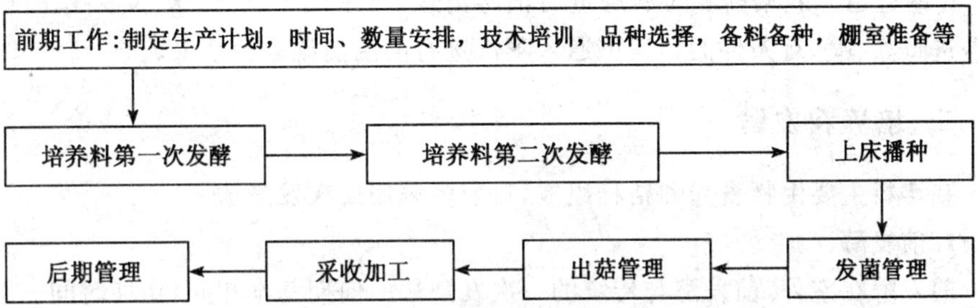

图 2-3-1　双孢蘑菇室内床架栽培生产工艺流程

二、时间、数量

5 000 m^2(三层床架)生产双孢蘑菇,鲜品 9 月上旬上市,时间、数量见表 2-3-4。

表 2-3-4　双孢蘑菇栽培的时间和数量

项目	建堆发酵	播种	出菇期
时间	7 月上旬	8 月上旬	9 月上旬
数量	5 000 m^2 的床料	5 000 袋菌种	40 000～50 000 kg

三、确定配方

选用表 2-3-3 配方二。

四、物料预算

见“生产实训 2-3-1”。

子情境三　栽培管理技术

一、准备工作

进行双孢蘑菇室内床架栽培,准备工作主要有菇房准备、床架准备、原料准备、菌种准备等几个方面。用牛粪、猪粪、羊粪、鸡鸭粪等，尤其是使用牛粪栽培双孢蘑菇，质量很好，产量也高，但必须晒干后捣碎使用，湿牛粪不易发热，堆肥质量不高。简易房屋均可作为菇房，菇房一般坐北朝南，长 7～8 m，宽 5～6 m，不宜过大，每间菇房可放 6 个 3 层床架，每层之间高为 60～70 cm，底层距地 20 cm 以上，顶层距房顶要大于 1 m，菇床宽 1.3～1.4 m，床与床之间和床与房壁之间要留 70～80 cm 的过道。栽培前要对菇房进行消毒清理，可采用石灰浆、波尔多液、石硫合剂等进行涂、喷，有条件的菇房可通入蒸汽进行高温高湿杀菌杀虫。

二、培养料发酵

栽培料主要由牲畜粪和秸秆组成，目前多采用二次发酵法。

1. 前发酵

前发酵在室外，前发酵与传统的一次发酵法的前期基本相同，建堆时间一般在播种期前 30 d 左右。按栽培料配方比例加料，分层堆置。堆置时，先在最下层铺 15 cm 长的稻、麦草，厚约 10 cm，然后再在稻、麦草上铺一层已发酵过的粪，厚 2～3 cm。以后，加一层稻、麦草，铺一层粪，浇一遍水，最后覆盖一层稻、麦草。堆高 1.5～1.8 m，宽 1.5～2.5 cm，长度可根据场地条件而定，一般 5～8 m。为使堆中温度均匀，使好氧微生物充分发酵，最好在堆的中间埋一通气孔道。如此堆置后(夏、秋季节)一般 4～5 d，堆内温度可达 55℃以上，7～10 d 后可达 75℃左右，这时可进行第一次翻堆。翻堆是为了使整堆材料内外、上下倒换，使其发酵均匀彻底，不含生料。第一次翻堆后 5～6 d，可进行第二次翻堆。以后每隔 3～4 d 翻一次堆，一般翻堆 4～5 次即可完成前发酵。水分的调节要在第一次至第三次翻堆时完成，原则是“一湿二润三看”，即建堆和第一次翻堆时要加足水分，第二次翻堆时适当加些水分，第三次翻堆时，依据料的干湿情况决定是否加水，此时料的湿度控制在 70%左右。如果配方中加化肥，则必须在建堆时就加入，在第二次翻堆时要加入石膏，第三次翻堆时加石灰调节 pH 为 7.5，以后的翻堆一般不再添加任何物质。

2. 后发酵

在堆制 15 d 左右完成前发酵，然后在菇房的床架上进行后发酵。在料温未降时，迅速将前发酵好的堆料集中移入菇房的中层床架上，然后用炉子或蒸汽加温进行后发酵，使菇房温度达到 60℃以上，但不要超过 70℃，保持 6～8 h，杀死培养料和菇房的病虫害，然后降温到 50～52℃，维持 5～6 d 以促进料内有益菌大量生长，使培养料继续分解转化，并产生大量有益代谢物。这是后发酵的主要阶段。控温结束后，停止加热，使房温和料温逐渐降低，当料温降到 30℃以下时，后发酵就结束。这时料呈棕褐色、松软，用手轻拉草秆就断，可以准备分料到其他床上播种，准备播种。料的厚度为 15～20 cm。后发酵可分 3 个阶段：升温阶段、保温阶段和降温阶段。后发酵的目的是改变培养料理化性质，增加其养分，彻底杀虫灭菌。

三、播种

播种时料温必须低于 28℃。播种方法用撒播法：先将播种量的 1/2(750 mL 的标准菌种每瓶播 0.3 m^2)撒在料面上，翻入料内 6～8 cm 深处，整平料面，再将剩余的一半菌种均匀地撒在料面上，并立即用已发酵完毕的培养料覆盖保湿。用木板轻压料面，使菌种和培养料紧密结合。此法床面封面快，杂菌不易发生。

四、发菌管理

发菌初期以保湿为主，微通风为辅，播种 1～3 d 内，使料温保持在 22～25℃，空气相对湿度 85%～90%；中期菌丝已基本封盖料面，此时应逐渐加大通风量，以使料面湿度适当降低，防止杂菌滋生，促使菌丝向料内生长；发菌后期用木扦在料面上打孔到料底，孔间相距 20 cm，并加强通风。发菌中后期由于通风量大，如果料面太干，应增大空气湿度，经过约 20 d 的管理，菌丝就基本"吃透"培养料。

五、覆土管理

双孢蘑菇在整个栽培过程中与其他食用菌最大的一个不同点是必须覆土。不覆土则不出菇或很少出菇。

1. 覆土的作用

①覆土层在料面可以形成一个温湿度较为稳定的小气候，有利于菇蕾的形成。

②覆土改变了料面和土层中二氧化碳和氧气的分压(比例)，促进双孢蘑菇菌丝扭结成子实体原基。

③覆土改变了营养条件，使其由营养生长转向生殖生长。

④覆土对料表菌丝的物理机械性刺激作用，可促进子实体形成。

2. 覆土前的准备

覆土前应该采取一次全面的"搔菌"措施，即用手将料面轻轻搔动、拉平，再用木板将培养料轻轻拍平。这样料面的菌丝受到"破坏"，断裂成更多的菌丝段。覆土调水以后，断裂的菌丝段纷纷恢复生长，结果往料面和土层中生长的绒毛菌更多、更旺盛。另外，覆土前要对菌床进行彻底检查处理，挖除所有杂菌并用药物处理。

3. 覆土及覆土后管理

覆土的材料可就地取材，河泥、泥炭土、黏土、沙土等都可以。材料使用前要晒干打碎，除去石头杂物后过筛。土粒中带有虫卵、杂菌，因此，在覆土前应将筛好的粗细土粒进行蒸汽灭菌（70～75℃维持 3～5 h）。覆土分两次，先覆粗土粒，用木板拍平适当喷雾状水，使土粒保持一定湿度（60%左右）；隔 5～7 d，可见菌丝爬上土粒，再覆细土，补匀、喷水，总厚度 3～4 cm。也可以采用一次覆土法，即将大小土粒一次覆盖后，细喷、勤喷水，3～4 d 内调足覆土层的水分。覆土后，前期菇房温度控制在 22～25℃，空气相对湿度 80%～90%，经过 7～10 d 的生长，菌丝可达距覆土表面 1 cm 左右。此期间要观察土层的水分变化，如果太干可以喷重水，喷水后通风 0.5 h；如果不太干可以喷轻水，加大通风量，使菌丝定位在此层土层中，同时降低菇房温度，控制在 14～16℃，刺激菌丝扭结，经过 5～7 d 后就可见到子实体原基出现，进入出菇管理。

六、出菇管理

当菇床上出现子实体原基后，要减少通风量，同时停止喷水，菇房相对湿度保持在 85%以上，温度在 16℃以下，这样子实体原基经过 4～6 d 的生长就可达到黄豆粒大小。这时要逐渐增加通风换气，但不能让空气直接吹到床面，同时随着菇的长大和数量的增加，逐渐增加喷水，使覆土保持最大含水量。喷水时注意气温低时中午喷，气温高时早、晚喷，喷水要做到轻、勤、匀，水雾要细，以免死菇，阴雨天不喷或少喷，喷水后要及时通风换气 0.5 h，让落在菇盖上的水分蒸发，以免影响菇的商品外观或发生病害。双孢蘑菇属厌光型菌类，菌丝体和子实体能在完全黑暗的条件下生长很好。7 d 左右子实体逐渐进入采收阶段。

七、采收加工

采菇前不要喷水，以免手捏部分变色，必须依据市场的需求标准采摘。采收完一茬后，要清除料面上的死菇及残留物，并把采菇留下的孔洞用粗细土补平，喷一次重水，调整覆土的 pH，提高温度，喷施 1%葡萄糖、0.5%尿素、1%过磷酸钙，促使菌丝恢复生长，按发菌期的管理方法管理，经过 4～7 d 的间歇期后，就可以降低温度，喷出菇水增大湿度，诱导下潮菇产生。双孢蘑菇适于鲜销、盐渍或加工成罐头等出售。

生产实训

2-3-1：5 000 m^2 床架（三层床架）生产双孢蘑菇，鲜品9月上旬上市

一、确定生产项目

与校企合作企业共同研究，结合企业目前生产运行的实际情况以及学生的后续学习，确定学生的实训生产项目为双孢蘑菇床架式栽培生产。

二、下达生产任务

5 000 m^2 床架（三层床架）生产双孢蘑菇，鲜品9月上旬上市。

三、制定生产计划

1. 时间数量（略）

2. 配方确定（略）

3. 用具、设备、设施准备（略）

4. 物料预算

物料种类	物料数量	单价/（元/kg）	成本/元
干牛粪	33 000 kg	0.50	16 500.00
干稻草	64 000 kg	0.24	15 360.00
石膏	3 000 kg	0.50	1 500.00
栽培种	5 000 袋	3.50	26 250.00
其他			2 000.00
成本合计			61 610.00
产量	40 000.00		
毛利润		3.50	140 000.00
纯利润			约 78 000

注：投料量按照 20 kg/m^2 计算；表中数据仅供教学实训参考。

四、技能考核标准

考核评价项目	考核评价观测点	分值	学生自评	学生组长评价	企业导师评价	主、副带教师评价	平均分
技能考核（50分）	工艺流程掌握	3					
	生产计划制定	3					
	配方确定	3					
	物料预算	4					
	培养料前发酵制作	5					
	培养料后发酵制作	4					
	料床播种	3					
	发菌管理	3					
	覆土、出菇管理	5					
	生产实训后期清理、入库等工作	2					
	播种准备工作	4					
	后期清理、入库等工作	4					
	培养检查工作	2					
	销售工作	5					

注：素质评价30分，略；专项评价20分，略。

技术图解

双孢蘑菇栽培

1

2

3

4

5

6

7

8

9

10

11

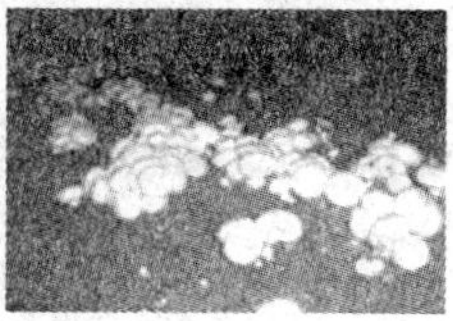
12

（以上图片均由崔颂英、杨俊达摄影并提供）

图 1，图 2：菇房；图 3，图 4：原料；图 5，图 6：床架；

图 7，图 8：菌床；图 9：覆土原料；图 10：菌床覆土；图 11，图 12：出菇

拓展链接

双孢蘑菇工厂化栽培

工厂化栽培双孢蘑菇已有 100 多年的历史，1894 年在美国的宾夕法尼亚州出现了第一个商业化、床架式栽培的菇厂，第二次世界大战后，工厂化栽培双孢蘑菇逐渐发展起来，到 20 世纪 60 年代，在欧美工厂化栽培已成为主流。到 20 世纪 80 年代，欧美双孢蘑菇研究机构和大型生产公司的菇厂已实现全电脑控制的菇房，菇房中的温度、湿度、通气、光照等双孢蘑菇生长发育的重要生态因子都由电脑按照双孢蘑菇的生长需要实行全自动控制，为其提供最为理想的生长条件。堆肥的二次发酵过程也实现了电脑调控。现代化的双孢蘑菇栽培是集现代电子技术、机械及自动化技术和现代生物技术为一体的高科技产业。现代化的双孢蘑菇产业模式是一个集中和分散相结合的现代化产业模式，有人称为“卫星模式”。这种模式的特点是把双孢蘑菇产业划分为制种—堆肥—栽培—销售 4 个环节，依据各环节的性质和特点，依次实行集中、相对集中、分散和集中的模式组织生产和经营。把技术要求高、设备要求精细的制种环节实行高度的集中生产；把技术要求较高、设备投资要求较大、规模化效益明显的堆肥环节实行相对集中生产；把技术要求一般、规模可大可小的栽培出菇环节实行分散生产；销售主要由大百货零售连锁集团经营，遵循就近上市的原则。整个产业分工精细，专业化程度高。生产实行了机械化，自动化，电脑控制化，形成了一个现代化的工业化生产的产业模式，经济效益非常显著。

情境检测

国际上最早实现工厂化周年生产的是双孢蘑菇，已有60年的发展历史。1947年，荷兰在控制温度、湿度和通风的条件下进行工厂化生产，由此开辟了草腐菌工业化生产的先河。而后美国、德国、意大利等国相继实现了双孢蘑菇的机械化和工厂化生产。近年来，东欧的波兰等国也在迅猛发展。

我国内地的食用菌工厂化生产走过了一条曲折的道路。自20世纪80年代开始，从美国、意大利等国家先后引进了9条大型的双孢蘑菇工业化生产线，但是由于技术、市场和管理等问题，除了山东九发能够成功运作外，其余都被迫停产，生产一度处于低潮。

请你根据双孢蘑菇的生产特性并结合我国的国情，谈谈你对我国发展双孢蘑菇工厂化生产的想法。

学习情境四　滑菇栽培

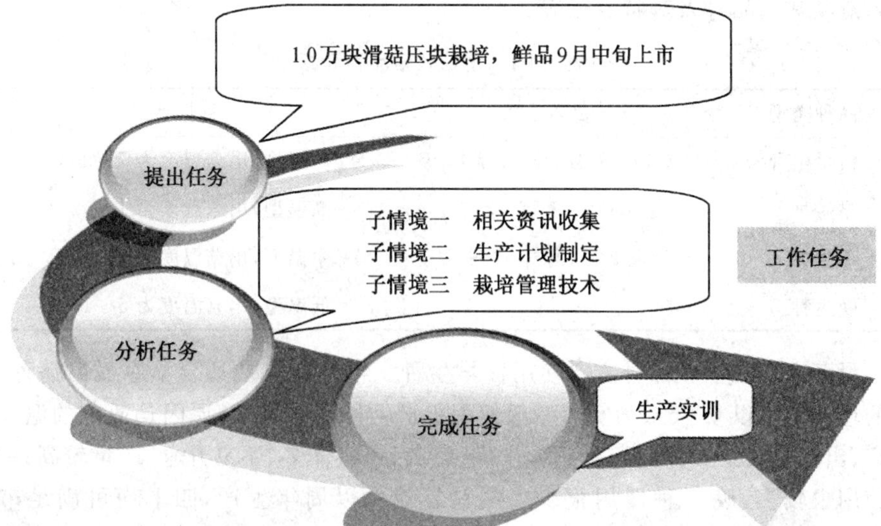

子情境一　相关资讯收集

滑菇[*Pholiota nameko* (T. Ito)]，又称滑子蘑、光滑环锈伞、光帽鳞伞、珍珠磨等。因其菌盖表面附着一层黏液，食用时滑润可口而得名。其质嫩味美，营养丰富，据分析：每 100 g 滑菇干物质中含粗蛋白 20.8 g，脂肪 4.2 g，碳水化合物 66.7 g，灰分 8.3 g。子实体热水提取物多糖体对小白鼠肉瘤 180 的抑制率为 86%；子实体的沸水提取物成分 A 对小白鼠肉瘤 180 的抑制率为 60%；子实体的 NaOH 提取物成分 B 对小白鼠肉瘤 180 的抑制率为 90%，对艾氏腹水癌的抑制率为 70%。它还可预防葡萄球菌、大肠杆菌、肺炎杆菌、结核杆菌的感染。

滑菇人工栽培始于日本，20 世纪 70 年代我国引种栽培。滑菇属低温结实型菌类，具有朵形小、丛状结菇、生长旺盛、耐寒性强等特点，适于我国北方地区栽培。尤其辽宁地区，自然条件优越，适合滑菇栽培，经济利益十分可观，颇受广大菇农的欢迎。辽宁省岫岩县自20世纪70年代末开始进行较大规模试种以来，逐渐在吉林、黑龙江、河北等地大面积推广，产量逐年增加，2005年我国滑菇年产20万t。目前滑菇在国内外需求呈上升趋势，我国生产的滑菇产品盐渍后主要出口日本，近几年来随着深加工能力的增强，产品已销往东南亚、欧洲一些国家，发展前景非常广阔。近几年，随着滑菇栽培数量的逐年增长，栽培品种和栽培方法也在不断变化，这里主要介绍半熟料块栽技术。

滑菇栽培品种及其特点见表2-4-1。

表2-4-1 滑菇栽培品种介绍

品种类型	品种名称	种性特点
极早生种	CTE、西羽、C3-1、森15等	广温型，出菇温度为7～20℃
早生种	澳羽3号、澳羽3-2等	高温型，出菇温度为10～20℃
中生种	澳羽2号、河村67等	中温型，出菇温度为8～16℃
晚生种	—	低温型，出菇温度为5～12℃

滑菇主产区主栽品种主要使用极早生种。半熟料块栽适合早春低温播种，播种的环境温度以0～5℃为宜。一般使用极早生种和早生种，原因是适应的温度范围广、出菇早、出菇时间长，且菇体丰满、整齐、子实体多、不易开伞、产量较高；中生种使用也较多，晚生种使用很少。熟料袋栽可以周年生产，四季均可满足市场需求。

栽培滑菇的配方很多，可根据各地资源状况灵活选用，请参照表2-4-2。

表2-4-2 滑菇栽培料配方 %

配方	玉米芯	豆秸粉	木屑	麸皮	稻糠	石膏
一			84	15		1
二			80	10	9	1
三	40		44	15		1
四	49	20	20	10		1

注：配方料∶水=1∶(1.1～1.2)。

子情境二　生产计划制定

一、工艺流程

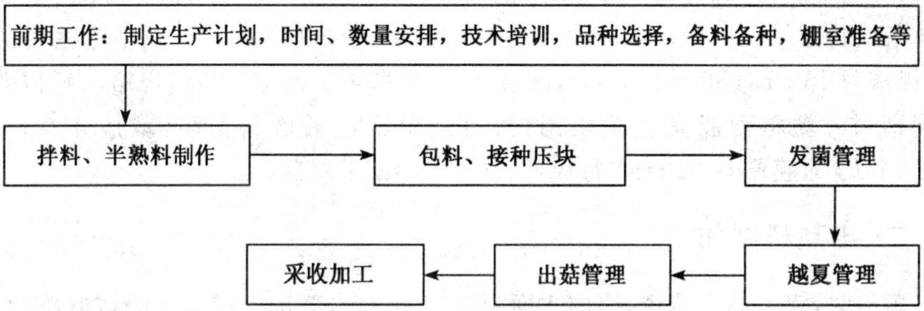

图 2-4-1　滑菇半熟料块栽工艺流程

二、时间、数量

1.0 万块滑菇压块生产，鲜品 9 月中旬上市，时间、数量见表 2-4-3。

表 2-4-3　滑菇栽培的时间与数量

项目	压块播种	出菇始期
时间	2 月 20 日至 3 月 10 日	9 月 20 日
数量	10 000 块	约 10 000 kg

三、确定配方

选用表 2-4-2 配方一。

四、物料预算

见“生产实训 2-4-1”。

子情境三　栽培管理技术

一、准备工作

滑菇半熟料块栽的准备工作包括搭建菇棚、备种、备料以及其他需要提前进行的相关准备工作。小规模生产，可以在房前屋后的空地上搭建简易菇棚。滑菇生产主要原料是阔叶树木屑，在木屑资源贫乏地区，可用粉碎后的玉米芯、豆秸与木屑混合使用。所有的培养料都应在生产前备足。菌种的准备要计算好时间，选择好适宜的品种，以保证栽培时使用优质的适龄菌种。另外还要准备托帘、木框、压料板、活动托板、塑料薄膜及相关的消毒药品、劳动工具等。托帘是承托菌块的秸秆帘，可用玉米秆或高粱秆制作。帘的规格为 60 cm×38 cm，将秸秆用两根紫穗槐树条或竹签串在一起。生产多少菌块就准备多少托帘。木框是制作菌块的模子，规格为 55 cm×35 cm×8 cm，准备 2～3 个即可。活动托板的规格与托帘大小相同即可。塑料薄膜是包菌块用的，可选用聚乙烯塑料薄膜，裁成 120 cm×120 cm 大小，膜厚 0.02 mm，每块包料约 2.5 kg 干料。

二、半熟料制作

蒸料时，锅上放上蒸帘，锅内水面距蒸帘 20 cm，蒸帘上铺编织袋或麻袋片，用旺火把水烧开，先撒上一层约 5 cm 厚的料，随着蒸汽的上升，哪里冒蒸汽就往哪里撒料，即见汽撒料，一直撒到离锅筒上口 10 cm 处为止。撒料时要“勤撒、少撒、匀撒”，不可一次撒料过多，造成上汽不均匀，产生“夹生料”。最后将出锅装料用的编织袋铺在料面上，然后用较厚的塑料薄膜把锅筒包盖，外边用绳捆绑结实。上大汽后，塑料鼓起，呈馒头状，这时开始计时(锅内料温为 100℃)，保持 2～3 h，蒸料过程中的要求是“锅底火旺，锅内汽足，见汽撒料，一气呵成”。停火后再焖 2 h 后出锅，出锅时将消毒处理后的培养料趁热装入编织袋内(一般蒸料的时候直接将编织袋铺在料面上与培养料同时消毒)，扎好袋口放在清洁的室内冷凉，当料温降到 26℃以下可播种。

半熟料制作一方面可以起到软化培养料的作用，另一方面可以降解繁杂有机物质便于菌丝吸收利用，同时也起到杀死部分杂菌和害虫的作用，从而控制病虫害发生。但由于这种培养料的处理方式只是一种消毒的过程，不能将杂菌全部杀灭，只适合早春低温季节播种栽培。

三、出锅压块

培养料经过蒸制之后，要趁热出锅、压块。在托帘上依次放上活动托板、木框，再将浸泡消毒后的薄膜铺在木框模具内，趁热快速将蒸好的料铺在塑料膜上，用压料板压平，特别注意框内四角要压实，以防塌边，用薄膜将菌砖块包紧，随即抽出活动托板、撤下木框，用托帘盛托料块，运送到冷却室中码放，待冷却后接种。

四、冷却接种

待冷却室内压好的料块温度降到25℃以下时，进行接种。接种前将接种场所进行消毒。在接种室内，将菌种瓶打开，挖弃瓶内表面一层老菌丝，把菌块掏出，放在消过毒的盆中，掰成玉米粒大小备用。掀开栽培块包裹薄膜，迅速将菌种均匀撒在培养料表面，随即覆盖上薄膜，稍压以排出里面的空气，并使菌种紧贴培养料。最后，稍加压平，并将接缝处的薄膜卷紧。接种量为10%左右，要以布满整个栽培块料面为宜，以使菌丝恢复后能尽早封住料面，减少污染。

压块和接种时掀膜的时间是接种成败的关键。一般以3～5人相互配合为宜，做到动作准确迅速，同时要尽量减少挖出的菌种在空间滞留的时间，随挖随接。

五、发菌管理

接种压块后，进行合理码放，以利菌种定植。可以将菌块搬到室外堆垛发菌，也可以搬到菇棚内堆垛发菌，还可以直接搬到菇棚内上架发菌。室外堆垛发菌有利于保温，因早春的棚外温度可能比棚内温度高，有利于菌种恢复生长。另外，菌块堆放在一起，可利用发菌产生的热量来维持发菌温度。菌块的堆放要易于管理，地面用木杆或砖垫起，每5～7块垛成一垛，垛与垛之间要留出10 cm的空隙，便于空气流通，上面及四周盖上较厚的稻草帘，既有利于保温又能通气和防止阳光直射。

接种后1个月左右培养料表面可长满菌丝，并开始向料内穿透，此时需要通风和散热。因此，菌块在棚外可堆放到4月末左右，就要搬入菇棚上架散开摆放。堆放时间过长、块与块之间压得过实、氧气不足，会影响菌丝生长。

菌块搬入菇棚上架后，管理的重点仍旧是发菌管理。发菌前期外界气温低，管理以保温为主。发菌场所要保持清洁，空气湿度不宜过大，60%左右即可，不宜经常通风，尽量勿使菌块结冰。为了减少堆内温差，需要2周左右倒垛一次，同时检查发菌情况。在温度适宜条件下，10 d左右菌块上的白色菌丝开始向料内生长，经1个月左右培养料表面可长满白色菌丝，这时要及时散堆，加强通风换气，降低温度，防止“烧堆”。2个月左右菌丝穿透整个培养料。发菌管理后期滑菇菌丝已经布满菌块，表面逐渐开始出现水珠和黄褐色分泌物，这时要适当增加散色光，并加强通风换气，促进菌丝转色，形成蜡质层。蜡质层的好坏对产量影响很大。正常的蜡质层有橘黄色和红褐色之分，厚度为0.5～0.8 mm，蜡质层对块内菌丝起保护作用，既能防止水分蒸发，又能防止外部害虫、杂菌的侵入。菌块表面形成蜡质层后，表明菌丝体达到生理成熟，此时正值高温季节，进入越夏管理。

六、越夏管理

滑菇菌丝培养结束后能否安全越夏是生产成败的关键。越夏的措施主要是通风、降温、避光、防病虫4个环节。管理中要求通风良好并有适量的空气对流；料温要控制在26℃以下；菇棚加强遮光，防止直射光照射；密切注意病虫害的发生。

七、出菇管理

秋季温度降至20℃以下时，打开料包的塑料膜，将菌块表面的蜡质层划破进行搔菌处理，刺激菌块进入出菇期。划料面时用有刃的金属工具每隔4 cm划一道，菌块划痕深度以划破蜡质层深入培养料0.2～0.5 cm为宜。对于较厚的锈红色蜡质层划面要深，较薄发白的蜡质层要轻划，菌块表面未形成蜡质层的可不划。蜡质层划好后，管理的重点是水分管理，因此，应抓住几个水分管理的关键环节：划面7～10 d内喷水要轻，保持培养料表面湿润即可；气温下降至20℃以下，每天早、午、晚及夜间各喷一次水，喷水量要大，使菌块含水量增加到70%左右，空气相对湿度为90%～95%；当菌块出现小米粒状的菇蕾时就不要再往菌块上喷水，以免菇蕾窒息死亡，但要将空气相对湿度调节到90%～95%。在正常情况下，打包划面喷水后30 d左右，菌丝即可开始纽结，菌块表面出现白色原基，逐渐形成黄色的幼菇，8～10 d后即可采收。

八、采收加工

滑菇子实体生长到8成熟即可采收，此时菌膜即将开裂，菌盖橙红色而呈半球形，菇柄粗而坚实，菇表面油润光滑，质地鲜嫩。采收后从基部逐个掰开，用不锈钢刀切去多余的菌柄，同时按照速冻、制罐、盐渍、直接鲜销的分级标准进行分级。目前，滑菇加工的方法主要有盐渍、速冻、制罐和干制等几种。滑菇每次采收后，要控制2 d不喷水。

生产实训

2-4-1:1.0万块滑菇压块栽培，鲜品9月中旬上市

一、确定生产项目

与校企合作企业共同研究，结合企业目前生产运行的实际情况以及学生的后续学习，确定学生的实训生产项目为滑菇半熟料压块式栽培生产。

二、下达生产任务

1.0 万块滑菇压块栽培，鲜品 9 月中旬上市。

三、制定生产计划

1. 时间数量（略）

2. 配方确定（略）

3. 用具、设备、设施准备（略）

4. 物料预算

物料种类	物料数量	单价	成本/元
木屑	21 000 kg	0.40 元/kg	8 400.00
麸皮	3 750 kg	1.30 元/kg	4 875.00
石膏	250 kg	0.50 元/kg	125.00
低压聚乙烯薄膜	15 kg	15.00 元/kg	225.00
托帘	10 000 个	0.10 元/个	1 000.00
栽培种	5 375 kg	2.50 元/kg	13 437.50
煤	1 t	1 000.00 元/t	1 000.00
其他			500.00
成本合计			29 562.50
产量	10 000 kg		
毛利润		10.00 元/kg	10 万
纯利润			约 7 万

注：栽培块按照 2.5 kg 干料/块计算；上表中数据仅供教学生产实训参考。

四、技能考核标准

考核评价项目	考核评价观测点	分值	学生自评	学生组长评价	企业导师评价	校内评价	平均分
技能考核（50 分）	工艺流程掌握	3					
	生产计划制定	3					
	配方确定	3					
	物料预算	4					
	半熟料制作	5					
	出锅压块	4					
	播种	3					
	发菌管理、越夏管理	3					
	出菇管理	5					
	生产实训后期清理、入库等工作	2					
	播种准备工作	4					
	后期清理、入库等工作	4					
	培养检查工作	2					
	销售工作	5					

注：素质评价 30 分，略；专项评价 20 分，略。

技术图解

滑菇压块栽培

1

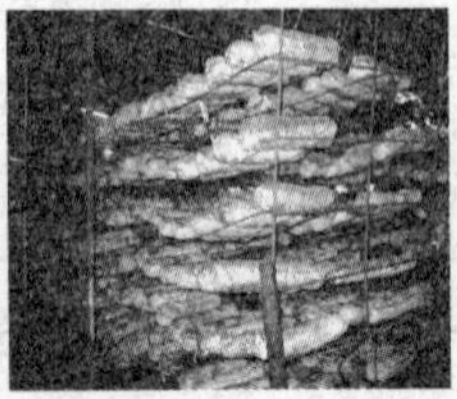
2

3

4

5

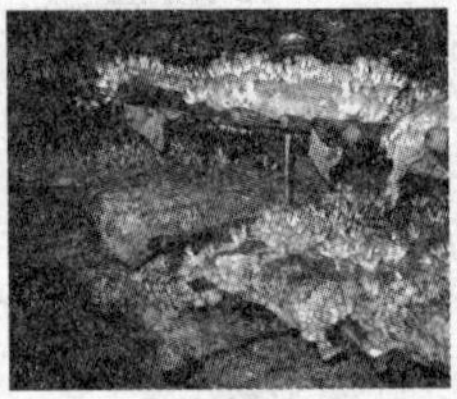
6

7

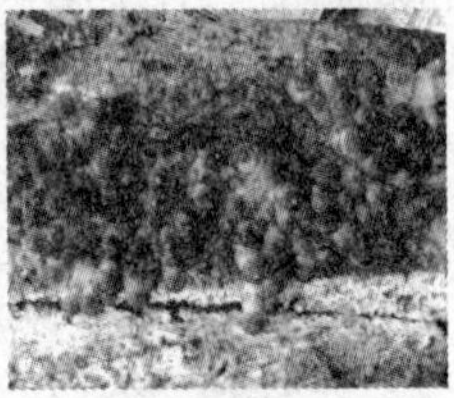
8

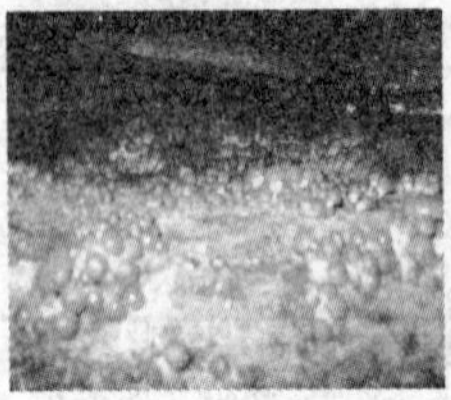
9

10

11

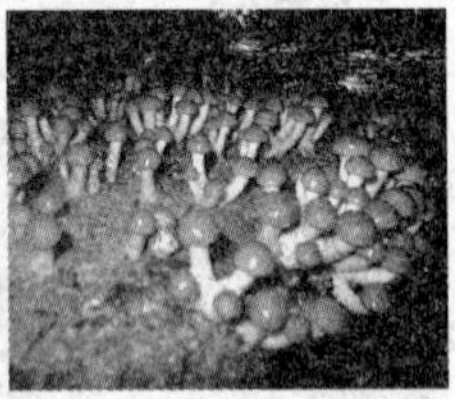
12

13

14

15

16

(以上图片均由崔颂英、杨俊达摄影并提供)

图 1:出菇棚;图 2,图 3:袋栽;图 4~6:压块栽培;

图 7~13:子实体生长过程;图 14~16:采收加工

拓展链接

野生黄伞驯化栽培技术

野生黄伞子实体中等大，单生或少丛生。菌盖直径 3～12 cm，初扁半球形，边缘常内卷，后渐平展，谷黄色，具黏液，有褐色近平伏的鳞片，中央较密。菌肉白色或淡黄色。菌褶黄色至锈褐色，直生至近弯生，稍密，不等长。菌柄长 5 cm，粗 0.5～3 cm，圆形，与盖同色，有褐色反卷的鳞片，黏或稍黏，下部常弯曲，纤维质，内实。菌环淡黄色，膜质，生于菌柄基部，易脱落。孢子锈色、平滑、椭圆形或长椭圆形，(7.5～9.5) μm×(5～6.3) μm 。褶侧囊体无色或淡褐色，棒状，不凸越子实层。驯化栽培的黄伞 Pa-1，在形态上有很大变化，子实体丛生性极强，菌盖较野生状态时略小，直径 4～6 cm，且菌盖黏液多，色泽橙黄艳丽，盖顶鳞片呈白色颗粒状，环形分布，美丽异常。采用特殊管理方法，出菇时提高浓度，可获得柄细长、盖小的商品菇。崔颂英等 2000 年对野生黄伞进行了驯化栽培，命名为 Pa-1。黄伞 Pa-1 食用口感较好，细嫩脆嫩，爽滑可口；耳朵形优美、大小适中、色泽艳丽可人；除鲜销外，还可干制，水发后食用韧性略增，口感增强；加之其多糖提取物对小白鼠肉瘤和艾氏腹水癌的抑制率达 80%～90%，药用价值很高；另其栽培工艺简单，可以顺季栽培也可以反季节栽培，生物转化率达 100%～120%。因此 Pa-1 颇具推广普及价值和市场竞争力，是食用菌栽培的又一支新秀。

野生黄伞驯化栽培

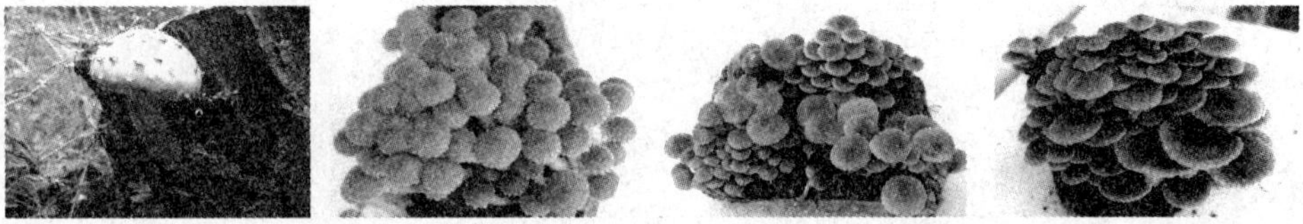

1　　2　　3　　4

(以上图片均由崔颂英、杨俊达摄影、提供)

图 1：驯化栽培前的野生黄伞 Pa-1；图 2～4：驯化栽培后的野生黄伞 Pa-1

情境检测

我国食用菌栽培多是一家一户的栽培方式，主要利用自然条件发菌，通过遮阴或保温等简单措施调控温度、湿度、光照和通风等条件，如果遇到异常气候，发菌期间就会发生大量污染现象。尤其近几年早春异常气候发生频繁，给半熟料栽培滑菇的农户造成巨大的经济损失。据不完全统计，吉林省从 2006 年到 2009 年的 3 年间，半熟料盘栽滑菇污染造成直接经济损失达 720 多万元，间接经济损失达 2 000 多万元。

请你根据所学知识指导菇农从几个方面确保滑菇顺利优质发菌。

学习情境五　黑木耳栽培

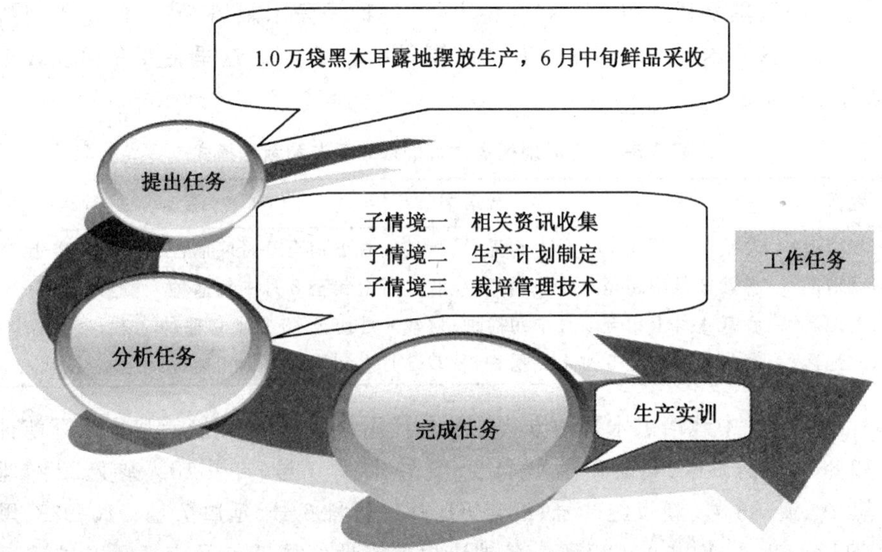

子情境一　相关资讯收集

黑木耳[*Aurcularia auricular*(L. ex Hook.) Underw]又称木耳、光木耳、云耳、黑菜、木蛾、耳子、川耳、细木耳等，隶属于担子菌纲木耳目木耳科木耳属。黑木耳是一种质地脆，滑嫩爽口，营养丰富的食药真菌。每100 g干品中含蛋白质10.6 g、脂肪0.2 g、碳水化合物65.5 g、粗纤维7.0 g、钙0.375 g、磷0.201 g、铁0.185 g，此外，还含有维生素B_1 0.15 mg、维生素B_2 0.55 mg、烟酸2.7 mg，其中人体所必需的8种氨基酸全部具备。具有滋润强壮，清肺益气，补血活血，抗癌，抗凝血，防治缺铁性贫血，镇静止痛，治疗痔疮出血、血管硬化、冠心病和清涤胃肠等独特的医疗保健作用。

黑木耳是始于我国的第一个人工栽培的菌类，已有1 400多年的历史。20世纪50年代前，靠自然接种法生产黑木耳，20世纪50年代后广泛应用人工接种段木栽培方法，20 世纪 70 年代末至今采用代用料栽培黑木耳方法。2000 年我国黑木耳鲜耳总产量为 23.3 万 t，2007 年为 144.1 万 t(合计干耳 14 万 t)，在我国各种食用菌中总产量位居第四，仅次于平菇、香菇、双孢菇，占世界总产量的 96%以上。我国黑木耳不但产量高，而且片大、肉厚、色黑、品质好，因此产品远销日本、东南亚和欧美一些国家。

黑木耳是一种中温型的胶质菌，适宜春、秋栽培，在条件适宜的地方每年可栽培 2 季。我国黑木耳栽培主要有 2 种方式，一种是段木栽培，另一种是代用料栽培。不同地区黑木耳的栽培季节和栽培模式见表 2-5-1。这里主要介绍袋栽露地摆放栽培技术。

表 2-5-1　不同地区黑木耳的栽培季节和栽培模式

地区	栽培季节	栽培模式
长江以南	春栽 2 月下旬至 4 月上旬播种；秋栽 8 月下旬至 9 月底播种	熟料袋栽、露地袋栽适合春栽；熟料袋栽适合秋栽
华北地区	春栽 3 月中旬至 4 月底播种；秋栽 7 月上旬至 8 月中旬播种	
西南地区	春栽 4 月上旬至 5 月中旬播种；秋栽 9 月初至 10 月上旬播种	
东北地区	春栽 4 月初至 5 月上旬播种；秋栽 7 月上旬至 8 月中旬播种	

目前，生产中栽培黑木耳的方式主要是代用料栽培，代用料栽培黑木耳菌种很多，如 888、冀诱 1 号、冀杂 3 号、沪耳 1～3 号、陕耳 1 号、吉黑 182、杂交 22、丰收 2 号、黑 29、亚 A8 号、新世纪 2 号、汇丰 F1、981、新科 6 号、延边 7 号、916、938、黑木耳 9211、Au8、Au139、Au022 等。各地应根据当地气候特点及市场需求选用适宜菌种。

黑木耳主要品种及特点见表 2-5-2。

表 2-5-2　黑木耳主要品种特点

品种名称	品种特点
Au022	子实体簇生呈菊花状，耳片大且肥厚、色泽深、品质好、产量高
黑 29	片大色黑、弹性好、耐高温、抗杂性强、高产晚熟
沪耳 3 号	朵形较大，色泽较深。出耳整齐，抗杂菌能力强
888	子实体菊花形，色深、肉厚、朵大。品质好，产量高
冀诱 1 号	耳片大菊花状，黑色、高产优质
新科 6 号	单片，片圆形，耳质肥厚，色黑，早熟，质优高产
916	耳片大，似碗状，肥厚，抗流耳，出耳稍慢，单生为主，产量高

黑木耳在菌丝体阶段适宜的 C/N 为(25∶1)～(35∶1)，在生殖生长阶段适宜的 C/N 为 40∶1。可以根据当地的资源优势，因地制宜选用合适的配方。主、辅

材料和种类配比可适当调整，有所不同(表 2-5-3)。

表 2-5-3　黑木耳露地生产栽培料配方　%

配方	木屑	棉籽壳	玉米芯	麸皮	豆饼粉	石膏
一	86.5			10	2	1
二		90		8.5		1
三	56.5		30	10	2	1
四	38.5		49	10	2	

注：上述配方中生石灰 0.5%，料：水=1：1.3。

子情境二　生产计划制定

一、工艺流程

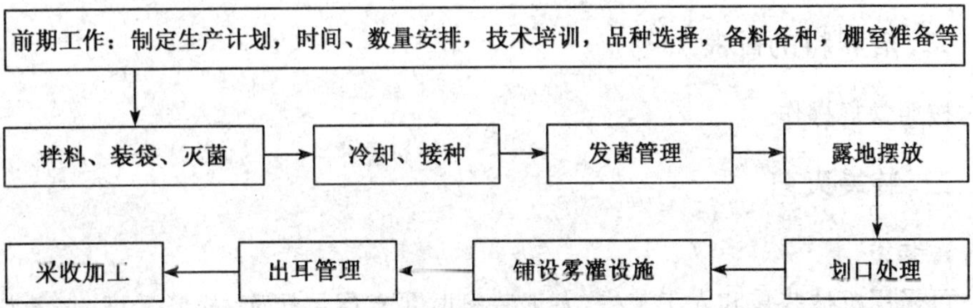

图 2-5-1　袋栽露地摆放栽培工艺流程

二、时间、数量

1.0 万袋黑木耳露地摆放生产，6 月中旬鲜品采收，时间、数量见表 2-5-4。

表 2-5-4　黑木耳露地生产栽培的时间与数量

项目	栽培袋接种	出耳始期
时间	4 月 1 日	6 月 15 日
数量	1.0 万袋	400～500 kg(干品)

三、配方选择

露地摆放袋栽选用表 2-5-3 配方一 。

四、物料预算

见“生产实训 2-5-1”。

子情境三　栽培管理技术

一、准备工作

黑木耳代用料袋栽的准备工作主要包括棚室、主料、菌种以及其他辅料和用品、用具的准备。栽培袋选用厚度 0.045 cm、17 cm×33 cm 折角袋或 16.5 cm×33 cm 折角低压聚乙烯袋。打孔棒用木制或者塑料棒，钻头必须圆滑稍尖。

培养料应新鲜、无霉变、无病虫害，以阔叶硬杂木为主。如果木屑过细，可适当添加农作物秸秆（粉碎）调节粗细度。以颗粒状木屑 80%加细锯末 20%为宜。麦麸、米糠要求新鲜、无霉变，麦麸以大片为好。

二、培养料的配制

按照常规操作。

三、装袋灭菌

1. 装袋

可采用机械装袋和人工装袋，人工装料时要求层层压实，松紧适度，培养料不能有明显空隙或局部向外凸出现象，手触料袋有弹性。当料装至袋深 2/3 时，将料面压平，中间用圆木棒在培养料中打孔，孔径约 2 cm，深度约为料深的 3/4，然后用湿布清除袋表面及袋口部位的培养料，套环加盖（塞棉塞）。机械装袋最好采用卧式装袋机装料，封袋口可将菌料上面的塑料袋顶入中间的孔中，然后用棉塞将孔堵严，或将塑料棒插入中间的孔中，倒置筐中灭菌。

2. 灭菌

采用常压灭菌方式，温度 100℃，一般每锅装 1 500～2 000 个料袋，需保持 100℃灭菌 8～10 h（随着每锅料袋或料瓶数量的增加，蒸锅灭菌时间也随之延长），停止加温，再继续焖 6 h 后即可打开常压锅门。此时已达到灭菌目的。

四、冷却接种

接种是黑木耳生产中最关键的一项工作。经过灭菌的料袋，待料温降到 30℃

以下进行接种，首先将冷却后的菌袋放入接种箱或接种室内(生产上通常是接种箱和接种帐)，然后用菇保1号对菌袋、接种箱或接种室内进行熏蒸消毒30 min。然后工作人员进入接菌场所接种，接种量为2%～5%。接种方式可采用多种方式，如酒精灯、离子风机、无菌操作台、电炉子、大瓦数电灯泡等，可根据习惯和现有的条件，因地制宜地选择。袋料小孔栽培生产黑木耳，在无菌条件下将菌种放入中间孔中，然后用消毒后的棉塞将孔口堵严。制菌的关键技术在于将上部剩余的菌袋整齐、均匀地插入中间的孔中，严防打折、起皱、不均匀等造成袋口松散，以避免接菌、发菌时杂菌污染。小孔袋料栽培养菌时要立袋、单层或双层摆放，这样袋料不易变形和分离。其他同常规。

五、发菌管理

培养场所应事先打扫干净并消毒，创造适宜发菌的环境条件。

1. 温、湿度

培养场所温度要先高后低。菌丝萌发时，温度以25～28℃为宜。10 d后，温度降至22～24℃，不超过25℃。场所内空气相对湿度控制在55%～65%。后期如雨水多，在培养场地撒些石灰，以降低空气相对湿度。

2. 光线

在菌丝体生长阶段暗光培养，菌丝发满袋后增加光照3～5 d刺激原基形成。

3. 空气

黑木耳是好气型菌类，在生长发育过程中，要始终保持场所内空气新鲜，每天通风换气1～2次，每次30 min左右，促进菌丝生长。

4. 检查污染

在菌丝培养过程中，料袋污染要及时检查、隔离或清除。一般经过30～40 d菌丝长满袋，之后通过增光、降温、通风刺激原基分化，经2～3 d，袋壁上有部分耳芽出现，即可进行开孔催耳，然后进行出耳管理。

六、出耳管理

1. 露地摆放

春季在当地气温稳定在13℃，菌袋发满后，就可以将菌袋划口后移至室外摆放。

①菌袋划口摆放。选择山间的平地，摆放菌袋的地面全部铺上薄膜，菌袋间隔8～10 cm，折角端贴薄膜摆放。为了管理和采收方便，人为地将菌袋摆放成宽1.2 m、长不限的单元。在菌袋摆放地面前，菌丝长到距袋底1 cm左右时要进行

划口处理，用消过毒的刀片划口。划口呈“V”字形，深 0.5 cm 左右，角斜线长 1.5～2.5 cm，夹角 45°～60°，每袋划 12 个口，交错排列。口的深浅至关重要，过浅子实体小，长得慢；过深子实体形成晚，且耳根粗。划口时应注意：没有木耳菌丝部位不划；袋料分离严重处不划；菌丝细弱处不划；原基过多处不划；雨天、大风天不划。目前在东北地区也采用袋料小孔栽培生产黑木耳，用划口机划口，每袋划80～120 个口，甚至更多。

②铺设雾灌设施。安装时，主管连接水源，与菌袋摆放的横向一致；带微喷孔的支管直接伸入菌袋间，与菌袋摆放的纵向一致。一般每个摆放单元安装一根直接进行微喷的支管，几个单元设置一个分控水阀，或者生长一致的同一管理区域设置一个分控水阀。

2. 出耳管理

露天摆放菌袋，是在自然环境中全日光照射下进行出耳管理。因此，这种方式，一方面，充分利用了山区夏季得天独厚的自然条件为黑木耳创造了适宜的生长条件；另一方面，湿度的调控是管理的要点。为此，利用好雾灌设施，掌握好雾灌技术，白天坚持雾灌降温增湿是出耳期间的管理重点。

①雾灌的基本原则。原基形成期少喷、细喷、勤喷，防止原基干缩；耳芽分化期较原基形成期增加雾灌的时间和流量；耳片伸展期要连续喷灌，尤其是中午炎热、干燥时间，不能停歇。坚持白天持续雾灌，7 d 左右耳片生长达到采收标准。

②雾灌时间把握。应在 0.5～2 h 之间。雾灌时间的长短与天气干湿、温度高低、耳基含水量等条件密切相关。天气干燥、温度高、耳基含水量低，雾灌时间可适当延长，反之，雾灌时间可适当缩短。耳基前期吸水速度较快，水的利用率高，每次雾灌不得少于 0.5 h；两次灌水间隔 0.5 h 左右；中后期，灌水间隔可拉长到 1～1.5 h。

七、采收加工

大孔栽培方法，当耳片充分展开，边缘内卷时，应及时采收。采收办法可以用小刀尖从耳根处挖出整朵木耳，或用手拧下整朵耳片，采收应在晴天进行，耳片采收后要及时修整，并放在带网眼的帘上晒干或烘干。小孔栽培生产黑木耳，木耳长至 3～4 cm 时要及时采摘。孔径选择合适时，木耳一碰即掉，不用割根、撕片。晴天，1 d 即可晒干，省时、省工、省晒台。

八、后期管理

采收后，耳场内及其周围要全面喷洒消毒液和杀虫液一次。清理菌袋表面的耳基和小耳等，停水 2～4 d，减少光照，使菌丝恢复生长。第二潮新耳芽出现前仍不要往袋洞口上喷水，但棚内湿度控制在 85%～90%。耳芽出现后一切管理同第一潮耳，一般可出 2～3 潮耳。

生产实训

2-5-1：1.0 万袋黑木耳露地摆放生产，6 月中旬鲜品采收

一、确定生产项目

与校企合作企业共同研究，结合企业目前生产运行的实际情况以及学生的后续学习，确定学生的实训生产项目为黑木耳露地摆放栽培生产。

二、下达生产任务

1.0 万袋黑木耳露地摆放生产，6 月中旬鲜品采收。

三、制定生产计划

1. 时间数量(略)

2. 配方确定(略)

3. 用具、设备、设施准备(略)

4. 物料预算

物料种类	物料数量	单价	成本/元
木屑	4 325 kg	0.40 元/kg	1 730.00
麸皮	500 kg	1.30 元/kg	650.00
豆饼粉	100 kg	2.40 元/kg	240.00
石膏	50 kg	0.50 元/kg	25.00
生石灰	25 kg	0.12 元/kg	3.00
低压聚乙烯筒袋	10 000 个	6.00 元/100 个	600.00
扎口绳(塑料包装绳)	20 kg	4.00 元/kg	80.00
栽培种	350 袋(17 cm×33 cm)	2.00 元/袋	700.00
煤	2.0 t	1 000.00 元/t	2 000.00
其他(人工费、消毒药品等)			2 000.00
成本合计			约 8 028.00
产量	475 kg(干品)		
毛利润		50 元/kg(干品)	23 750.00
纯利润			15 722.00

注：栽培袋按照 0.5 kg 干料/袋装计算；表中数据仅供教学生产实训参考。

四、技能考核标准

考核评价项目	考核评价观测点	分值	学生自评	学生组长评价	企业导师评价	主、副带教师评价	平均分
技能考核（50分）	工艺流程掌握	3					
	生产计划制定	3					
	配方确定	3					
	物料预算	4					
	培养料配制、装袋	5					
	料袋灭菌	4					
	冷却接种	3					
	发菌管理	3					
	出耳管理	5					
	生产实训后期清理、入库等工作	2					
	接种准备工作	4					
	后期清理、入库等工作	4					
	培养检查工作	2					
	销售工作	5					

注：素质评价30分，略；专项评价20分，略。

技术图解

黑木耳栽培

1

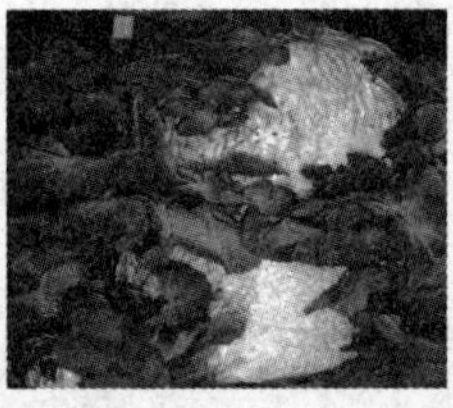
2

3

4

5

6

7

8

9

10

11

12

(以上图片均由崔颂英、杨俊达摄影并提供)

图 1,图 2:棚内袋栽出耳阶段;图 3～10:露地栽培出耳阶段;图 11,图 12:干制

拓展链接

白背毛木耳栽培

白背毛木耳是目前国际市场上需求日益增长的食用菌之一。它质脆爽滑,含有丰富的蛋白质和钙、磷、铁等矿物质和多种维生素。其背面的绒毛中含有丰富的多糖,是抗肿瘤活性最强的六种药用菌之一,具有较高的药用价值。此外,白背毛木耳还具有滋阴强壮,清肺益气,补血活血,止血止痛等功用,是纺织和矿山作业者很好的保健食品,白背毛木耳是按出口商品要求从毛木耳品种中选育出来的。

1. 培养料准备及配制

生产前,必须提前备好杂木屑,提前准备的时间越长越好,一般每 5 000 袋需准备杂木屑 2 700～3 000 kg 。将备好的杂木屑堆积于室外任其雨淋日晒,而且要外加喷灌清水,让杂木屑中有害成分随水流掉,质地不纯的杂木屑,特别是混有松、杉、柏等,更应大量喷灌清水,并翻堆,将经上述处理的木屑在使用前半个月晒干备用。如没晒场,可仍旧堆放在室外,但使用前 1 星期应停喷灌清水,以免直接取用时水分过多。

配料:杂木屑 2 700 kg,米糠 450 kg,碳酸钙 50 kg,石灰粉 12 kg。先将材料按比例称取,混合均匀,然后边加水边拌和,使料含水量为 60%～65%,即用手握料能成团且手掌有一定湿润；若指缝间滴水，则水分过多；无水迹，则水分不足。从堆场上取来的湿木屑，一般不需要加水，将配料加入后拌匀即可，拌好后如太干再适当加水。以上配料中木屑可用部分棉籽壳或蔗渣代替。加入棉籽壳可增加营养成分；加入蔗渣可提高培养料的含水保湿能力，有利提高产量。配料中的米糠用麦麸代替也可，两者各半混用最好。

2.装袋与灭菌

拌好的料先堆放 1～2 h，充分吸水后再装袋。边拌料边装袋易造成水分不足。如果场地允许，也可发酵 3～5 d，再装袋。但发酵过程中，每天至少翻堆一次，以免引起厌气发酵。发酵料的好处是：灭菌更彻底，不易感染杂菌，菌丝吃料生长更好。

手工装袋，多采用 17 cm×33 cm 聚丙烯袋，一般每袋装湿料 1.1～1.2 kg，装袋后套上套环，塞好棉塞。如用冲压式装袋机，采用 17 cm×37 cm 聚丙烯袋，每袋装湿料 1.4～1.5 kg。每次拌的料，应一次性装完。如当天没装完的料应用薄膜盖严，防止失水，期间要翻堆 1～2 次。下次装料时必须检查水分是否适当，若不足，应补充水分。

装完袋应及时灭菌，以免料发酸变质。常压灭菌 8～10 h 后取出，自然冷却后接种。

3.接种发菌

可用接种箱接种。每瓶菌种一般可接 20～25 袋。接种后若日平均温度在 25℃左右，栽培袋可直接上架排叠发菌；气温在 20℃以下，不能直接上架，而应先保温发菌，待菌丝长满袋才上架。

4.出耳管理

待菌丝长满袋或将近长满袋时，即可将袋口割掉，让其长耳。但割袋出耳还应视季节进行，日平均气温在 20℃左右，是白背毛木耳适宜出耳期。

袋口割后，应保持适宜温度，以促进原基的形成。原基形成后，应注意保持温度和空气新鲜。耳片生长期间，应注意做好保湿工作，喷水一般要求少量多次，轻喷勤喷。耳片小少喷，耳片大多喷；晴天多喷，阴天少喷，雨天停喷。在保温的同时，还要适当通风。需通风时，一般将耳棚内层膜掀高即可，外层遮阳网不必掀开，如果是阴雨湿闷的天气，可连同遮阳网一起掀开通风。适当的散射光很重要，光线适宜，耳片色泽较黑，背面绒毛多而长；偏暗的环境，耳片色泽偏红，背面绒毛少而短。温度偏高，早、晚通风；若温度偏低，宜中午前后通风。

从原基形成经 30 d 左右即可采收。采收前 7～10 d，应减少喷水，使毛色转白。当毛色已转白，耳片边缘已开始弯曲，即可采摘。一般从原基形成到采收，时间越长，木耳品质越好；时间越短，品质越差。原因是气温偏高，木耳生长速度快，长成的木耳比较红薄。采收时应轻轻将耳片连同耳基一起采下，采下的耳及时把耳蒂剪干净，摊于晒场晒干。

白背毛木耳栽培

1　2　3　4

（以上图片均由崔颂英、杨俊达摄影、提供）

图 1，图 2：堆垛式栽培；图 3，图 4：子实体

情境检测

随着食用菌产业商品化程度的提高，2010 年，黑龙江省牡丹江市食用菌专业化生产水平也“水涨船高”，全市乡（镇）级食用菌标准化生产基地达到 45 个，百万袋（块）以上生产专业村 273 个，标准化示范园区 34 个，无公害食用菌生产规模达到 18 亿袋（块），占全市总生产规模的 70%以上。在提高食用菌产业质量效益上，今年，牡丹江市大面积推广了黑木耳小孔栽培和秋耳栽培技术，这两项黑木耳的栽培量已分别占牡丹江市黑木耳栽培总量的 1/3 和 1/10，价格比普通黑木耳提高近 1 倍，拉动牡丹江市农民人均增收 1 800 元以上。

请你根据所学知识谈谈如何实现黑木耳的规模化、产业化生产。

学习情境六　金针菇栽培

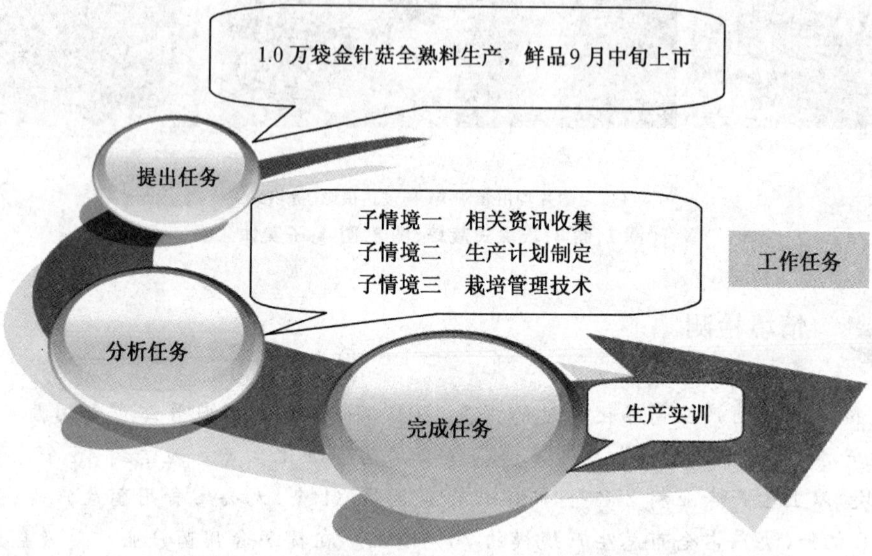

子情境一　相关资讯收集

金针菇[*Flammulina velutipes* (Fr.)Sing.]，又名毛柄金钱菌、构菌、朴菇、冬菇等。属于担子菌纲伞菌目口蘑科金钱菌属。野生金针菇多生于杨、柳、槐、构、榆、桑、槭、柿、椴的枯枝或树桩上。金针菇味道鲜美，营养丰富，据测定，每100 g鲜菇中含蛋白质2.72 g，脂肪0.13 g，糖类5.45 g，粗纤维达1.77 g，铁0.22 mg，钙0.097 mg，磷1.48 mg，钠0.22 mg，镁0.31 mg，钾3.7 mg和多种维生素。金针菇的氨基酸含量非常丰富，每100 g干菇中所含氨基酸的总量达20.9 g，其中人体所必需的8种氨基酸含量为氨基酸总量的44.5%，高于一般菇类，尤其是赖氨酸和精氨酸的含量特别高，分别达1.02 g和1.23 g。故称金针菇为“增智菇”。金针菇还含有碱性蛋白物质，对癌症有一定的防治作用。金针菇性寒，能利肝、益肠胃，经常食用可以预防和治疗肝脏疾病和消化道溃疡病。金针菇栽培发展历史见

表 2-6-1。

表 2-6-1　金针菇栽培发展历史

栽培时期	栽培情况
唐代、明代	我国对金针菇的栽培开始有了详细的介绍
1928 年	日本森木彦三郎发明了金针菇瓶栽法
19 世纪 30 年代	我国的裘维蕃等人开始金针菇的瓶栽试验
1960 年	日本开始了工厂化瓶栽金针菇
1964 年至今	福建三明真菌研究所开始在全国各地采集和分离野生金针菇菌株，选出较为优质的罐藏菌株和高产的鲜售菌株，并把菌种和栽培技术及时推广到全国许多省市，现已在我国广泛栽培

金针菇的栽培有很多方法。原始的栽培法是段木栽培，但产量低，颜色深，易开伞，菌盖大，朵形差，商品价值低，不受消费者欢迎。因此，目前多采用棉籽皮、锯末、稻草粉、酒糟等进行代用料栽培；栽培方式主要有室内或保护地袋栽、床栽以及工厂化瓶式栽培。这里主要介绍金针菇室内代用料袋栽技术。

金针菇耐冷怕热，属低温结实性菇类。菌丝生长的最适温度为 22～25℃，菌丝在干燥的情况下可耐－20℃甚至更低的温度；子实体形成的最适温度为 8～12℃。人工栽培应以当地自然气温选择栽培时间。南方以晚秋，北方以中秋季节接种，可以充分利用自然温度，发菌培养菌丝体。待菌丝生理成熟后，天气渐冷，气温下降，正适合子实体生长发育的低温气候。其具体的播种时间，因品种、栽培方式、栽培环境的不同而异。人工栽培时，如果栽培场所有温湿度控制设备，则可以进行金针菇的周年工厂化生产。

目前国内栽培金针菇的品种已有近百种。根据子实体的色泽可分为黄色种、浅色种和白色种（表 2-6-2）。目前，国际市场以白色品种更受消费者欢迎，销路好、价格高。

表 2-6-2　金针菇主要栽培品种介绍

品系	品种名称	品种特性
白色种	2001	出菇适温 2～17℃，出菇齐、柄挺直、基部不黏，国内主栽品种
	F21	出菇适温 2～16℃，出菇齐、柄挺直、菇质优，浙江当家品种
	金白 1 号	出菇适温 2～22℃，耐高温、上市早、菌盖小、菇质优、产量高

续表 2-6-2

品系	品种名称	品种特性
浅色种	杂交 19	出菇适温 4～18℃，柄粗壮，出菇早，传统当家品种
	2102	出菇适温 3～25℃，耐高温、上市早、菌盖小、浅乳黄色、售价高
	913	出菇适温 2～15℃，耐低温、柄长、挺直、菌盖小、整齐一致、浅乳黄色，在冬季和春节前后上市最具优势
黄色种	三明 1 号	出菇适温 5～18℃，出菇早、菇质优、抗性强

菌丝体生长阶段适宜的 C/N 为 20∶1，子实体发育阶段 C/N 以(30～35)∶1 为好，可以根据当地的资源优势，因地制宜选用合适的配方(表 2-6-3)。

表 2-6-3 金针菇栽培料配方 %

配方	棉籽壳	玉米芯	甘蔗渣	麦麸	玉米粉	杂木屑	蔗糖	石灰	石膏
一	89			10			1		1
二				25		73		1	1
三		73		25			1		1
四	44			10		44	1		1
五			73	25			1		1

注：上述配方中含水量 60%～65%，pH 6.0～6.5。

子情境二 生产计划制定

一、工艺流程

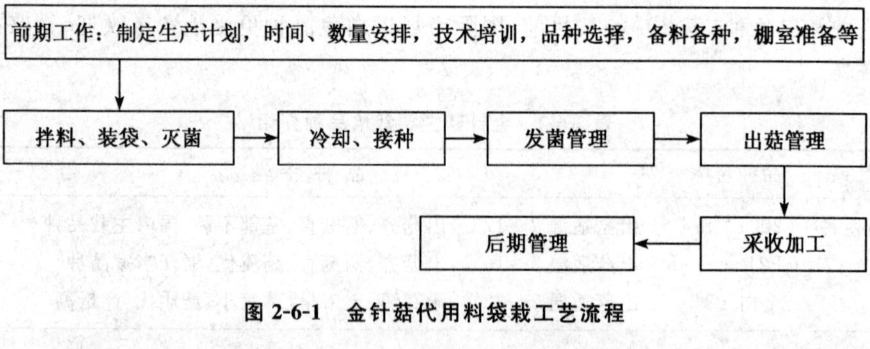

图 2-6-1 金针菇代用料袋栽工艺流程

二、时间、数量

1.0 万袋金针菇全熟料生产，鲜品 9 月中旬上市，时间、数量见表 2-6-4。

表 2-6-4　金针菇栽培的时间和数量

项目	装袋播种	出菇始期
时间	8 月 1 日	9 月 10 日
数量	4 万袋	约 6 000 kg

三、配方选择

选择表 2-6-3 配方二。

四、物料预算

详细的物料预算见“生产实训 2-6-1”。

子情境三　栽培管理技术

一、准备工作

秋季进行的金针菇代用料袋栽，准备工作主要有棚室准备、原料准备、菌种准备等几个方面。

二、装袋灭菌

(一)装袋

制好的培养料，经闷堆 1～2 h，待料吸足水分后立即装袋。可以手工装袋也可以使用装袋机装袋。手工装袋的方法是，取规格为长 35 cm×折径 17 cm×厚 0.005 cm 的高压聚丙烯或低压聚乙烯筒袋，先用线绳把一头扎好，接着用手将培养料装入筒袋内，边装边轻轻压实，用力要均匀，使袋壁周边无空隙，装料于袋口仅余 7 cm 左右时扎好，一般每袋装干料 300～350 g。装袋机装袋，需购置专用装袋机，装袋时，将扎口的塑膜筒套在装袋机的搅龙套上，一手轻抓套筒出口处，一手托住塑料袋末端，并轻轻揉袋，让料自然、均匀、稍紧实地进入袋内，装袋机装料比较紧实均匀，效率较高，4～6 人配合，1 h 可装 500 袋，较人工装袋效率提高几倍。

(二)灭菌

料袋装好后立即进行灭菌。一般采用常压蒸汽灭菌，料温达到 100℃以后，维持 10～12 h 即可。

三、冷却接种

料袋灭菌后，移入无菌室或无菌箱内，待料温降到28℃以下时接种。菌种应选用生活力旺盛、健壮、无杂菌污染的适期菌种。接种的具体操作与塑料袋栽培种接种操作相同，接种量以5%为宜。接种后的菌袋移入培养室的床架上进行发菌培养。

四、发菌管理

(一)温度管理

金针菇菌丝生长的最适温度为23℃左右，但在发菌过程中，由于菌丝呼吸作用产生的热量，料温要比气温高2～4℃，所以气温控制在19～21℃为宜。温度偏高时，菌丝生长弱，而且容易感染杂菌；温度过低，菌丝生长慢，且易在未发满菌丝时就出菇。为使菌丝受温一致，每隔6～8 d，将床架上下层及里外放置的菌袋调换一次位置。

(二)湿度管理

发菌期间，菌丝生长繁殖所需的水分，来自培养料中，金针菇发菌阶段适宜的空气相对湿度只要保持在60%～65%即可，尽量不要超过80%，这主要是从减少污染、防止病害的角度来考虑的。

(三)通气管理

发菌期间，菌丝需氧量较少，一般保持正常温度条件下，无需特殊的通气措施，但在低温季节发菌时，往往只注重保温，而忽视了培养室内废气的排出，致使室内二氧化碳浓度过高，从而影响菌丝的正常、健壮、快速的生长发育。一般情况下，使室内二氧化碳浓度维持在0.1%左右即可。可每天通风1次，每次20 min左右。

(四)光照管理

与其他品种的食用菌相同，金针菇发菌期间也不需要光照，因此，可使之黑暗发菌。一般25～30 d即可长满料袋。此阶段要求挑出杂菌，并将发菌未满袋的菌袋排在一起继续发菌。长满袋后立即转入出菇管理。

五、出菇管理

(一)催蕾

1. 再生法

将发菌结束的栽培袋搬出菇室，不必搔菌，可直接诱导原基分化。菇房温度控制在13～14℃，给予弱光照和通风。当鱼子般菇蕾布满料面时，打开袋口，向外折起卷至离料面 2～3 cm 处，加强通风，使针尖菇逐渐失水枯萎变深黄色或浅褐色，然后再从干枯的菌柄上形成新的菇蕾丛。但要注意风量不可太大，切忌对流风，针尖菇若剧烈枯萎容易致死，再生效果差，最好是微风吹干，一般需要 2 d，气温低的地区需 3～4 d。要注意这个阶段栽培房内的空气相对湿度不可太高，若超过 90%，仅仅针尖菇的尖端部分萎缩，一旦停止吹风，又开始继续恢复生长，无法提高产量。原基枯萎的空气相对湿度以 75%～80%为宜，同时要掌握好原基枯萎的程度，这是再生法成功与否的关键。适宜枯萎程度的简单判断方法是：菌柄没有完全发软，用手触摸菌柄，有轻微的硬实感即可。菇蕾枯萎后，在栽培袋上面覆盖湿布，喷水增加空气湿度，使接近枯萎的菌柄吸湿恢复，利用菌柄具有再生侧枝能力的特性，一般 2 d 后，在栽培袋的原枯萎菌柄上又重新形成新的整齐、密集的菇蕾。

2. 搔菌法

所谓搔菌就是用搔菌机（或手工）去除老菌种块和菌皮，菌丝受搔菌的机械刺激和低温刺激就可形成原基，这是促使菌丝发生原基的重要措施，通过搔菌可使子实体从培养基表面整齐发生。搔菌时不伤及料面，只把老菌种扒掉，此法出菇早，朵数多。搔菌后应及时进行降温和增湿的催蕾处理，此阶段温度应控制在 13～14℃，给予足够低温刺激，促使原基形成。开始 3 d 内，应保持 90%～95%的空气相对湿度，以使菌丝恢复生长。此后由于呼吸转旺，CO_2 含量升高，在菌丝恢复生长后应逐步加大通风，同时要防止料面干燥，用增湿器或喷水进行增湿。7 d 左右，便可看到鱼子般的菇蕾，10 d 左右便可看到子实体雏形，催蕾结束。

（二）出菇管理

1. 温度

子实体原基形成后，要严格控制温度，室内温度最好控制在 10～12℃。温度低于 8℃时，子实体生长缓慢，温度高于 19℃时，子实体生长迅速，极易开伞形成劣质菇。控制温度是通过揭盖草苫和通风换气进行的。

2. 湿度

子实体生长期间湿度应控制在 80%～90%。每天要向空间和四壁喷雾状水 2～3 次，并保持地面经常有水，切勿向菇体上喷水，以免子实体颜色变深，导致烂菇。

3. 光线

弱光或阴暗条件是提高金针菇商品价值的措施之一，如果光线强，易生长出质地老化，菌柄较短的劣质菇。若温室内需揭开草苫升温时，可在出菇袋上盖布帘、报纸等遮光。若菇房内经常改变光照方向，则出现子实体菌柄弯曲或扭曲，且子实体个体多，幼菇弱小，发育不良。为了防止子实体的菌柄弯曲倒伏，提高产量品质，此时可采用窗户遮光或在袋口上套硬纸筒的方法。硬纸筒高约 10 cm，上口大、下口小，是用扇形硬纸卷成的。硬纸筒用橡皮筋固定在袋口上。实践证明，用一定的光照可诱导菌柄向光伸长，可在床架的上方装灯，提供光照。

4. 通风

出菇期要控制菇房的通风换气，使其积累一定浓度的二氧化碳（0.1%～0.5%），以利于菌柄伸长和抑制菌盖开伞。一般每天一次，每次 10～20 min。冬季可 2～3 d 通风一次，每次 20 min。当温室内通风不良，二氧化碳浓度过高时，可出现子实体纤细，顶部尖细，中下部稍粗而且东倒西歪。若继续缺氧会停止生长，甚至死亡。

六、采收加工

当菌柄长 13～14 cm、整齐、菌盖直径小于 1 cm、边缘内卷、没有畸变、菌柄菌盖不呈吸水状、菌柄根分清圆且粗、颜色纯正、菇体结实、含水量不过多时为采收期。采收前几天要检查菌盖含水量，如果含有很多水分，采收前 2 d 要通风促进水分蒸发。二潮菇后，为提高产量和品质，可将菌柱脱出调头装袋，也可封闭原出菇袋口，打开另一头出菇。每一次采收之后，除去原来表层的老菌块，整平料面，3～4 d 后，再按上述同样方法管理，经过 15 d 左右，可长出下一茬菇。金针菇的生物学转化率可达 85%以上。采收后的金针菇可以采取保鲜措施分级包装上市鲜销，也可以采取干制、盐渍、速冻、制罐等技术进行加工处理。

生产实训

2-6-1：1.0 万袋金针菇全熟料生产，鲜品 9 月中旬上市

一、确定生产项目

与校企合作企业共同研究，结合企业目前生产运行的实际情况以及学生的后续学习确定学生的实训生产项目为金针菇床架式栽培生产。

二、下达生产任务

1.0 万袋金针菇全熟料生产，鲜品 9 月中旬上市。

三、制定生产计划

1. 时间数量（略）

2. 配方确定（略）

3. 用具、设备、设施准备（略）

4. 物料预算

物料种类	物料数量	单价	成本/元
木屑	4 380 kg	0.40 元/kg	1 752.00
麦麸	1 500 kg	1.30 元/kg	1 950.00
石灰	60 kg	0.12 元/kg	7.20
石膏	60 kg	0.50 元/kg	30.00
低压聚乙烯筒袋	4.2 万个	6.00 元/100 个	2 520.00
扎口绳(塑料包装绳)	20 kg	4.00 元/kg	80.00
栽培种	1 350 袋(17 cm×33 cm)	2.00 元/袋	2 700.00
煤	4 t	1 000.00 元/t	4 000.00
其他(人工费、消毒药品等)			5 000.00
成本合计			18 039.20
产量	6 000 kg		
毛利润		6.00 元/kg	36 000.00
纯利润			约 18 000.00

注：栽培袋按照 0.15 kg 干料/袋计算；表中数据仅供教学生产实训参考。

四、技能考核标准

考核评价项目	考核评价观测点	分值	学生自评	学生组长评价	企业导师评价	主、副带教师评价	平均分
技能考核(50分)	工艺流程掌握	3					
	生产计划制定	3					
	配方确定	3					
	物料预算	4					
	培养料拌制、装袋	5					
	料袋灭菌	4					
	冷却、接种	3					
	发菌管理	3					
	播菌、出菇管理	5					
	生产实训后期清理、入库等工作	2					
	接种准备工作	4					
	后期清理、入库等工作	4					
	培养检查工作	2					
	销售工作	5					

注：素质评价 30 分，略；专项评价 20 分，略。

技术图解

金针菇工厂化栽培

1

2

3

4

5

6

7

8

9

10

11

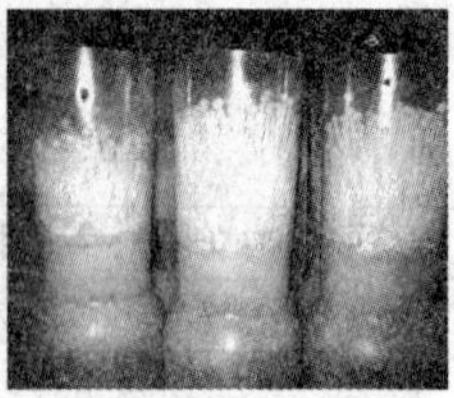
12

13

14

15

16

(以上图片均由崔颂英、杨俊达摄影并提供)

图 1:筛分机;图 2:拌料机;图 3:装瓶机;图 4:灭菌锅;图 5:冷却室;图 6、图 7:发菌室

图 8:搔菌机;图 9:床架;图 11～14:出菇采收;图 15:成品包装;图 16:挖瓶机

拓展链接

杏鲍菇工厂化栽培

一、菇房设计

1.发菌室、催蕾室和育菇室

菇房宽3.5 m，长9 m，高3.5 m。各室的门统一开向缓冲室，缓冲室宽度2 m，它是进出各菇房的公共通道，墙体铺贴阻燃、防潮聚乙烯发泡隔热层，有利于降低能量消耗。菇架双列纵向排列，四周及中间留有过道，便于操作和空气循环。发菌室菇床7层，层距0.35 m；催蕾室和育菇室菇床5层，层距0.45 m，底层菇床距离地面均为0.25 m。

2. 制冷、光照和通风设备

各室配备1台5HP的压缩冷凝制冷机组，对应配套1台40 m^2 的吊顶冷风机；或2室配备1台8凹的压缩冷凝制冷机组，对应配套2台40 m^2 的吊顶冷风机。催蕾室与育菇室的天花板上及纵向二垛墙各安装2盏40 W日光灯。各室安装1台45 W轴流电风扇，新鲜空气经由缓冲室打入菇房，废气从菇房另一排气口经缓冲室隔层排出。

二、栽培管理技术

1.催蕾培养结束的菌袋移入催蕾室菇床上，去掉棉塞和套环，表面覆盖农用地膜进行催蕾。催蕾室设定12～15℃，白天灯照9 h，光强在100～200 lx。调节室内空间湿度85%左右，CO_2 浓度1 000 mg/kg以内。催蕾时每天掀开地膜2次，每次15 min。催蕾7 d后原基开始形成，每天应检查菌袋原基发生情况，10 d左右菇蕾形成后进入出菇管理阶段。

2.育菇现蕾后将菌袋移入育菇室培育，离料面3 cm高以上塑料袋剪去。育菇室内设定温度15～18℃，每天灯照9 h，光强200～500 lx。空气湿度85%～90%，提高湿度应在缓冲室调节或进行菇房空间喷雾。室内通风换气量控制在 CO_2 浓度2 000 mg/kg以内。当菇蕾长到花生米大小时，用小刀疏去畸形和部分过密菇蕾。每袋产量与成菇朵数趋正相关，应根据目标市场的消费要求决定每袋应留菇蕾数。

情境检测

1964年，福建三明真菌研究所开始金针菇的品种培育工作，选育出了三明1号，在全国大面积推广培植成为当家品种。在20世纪80年代末期以前，我国培植的金针菇品种主要是黄色品种。1928年，日本京都的森本彦三郎生产出了菌盖，菌柄都是白色的金针菇。此后我国从日本引进了纯白色品种。

近年来，白金针菇工厂化栽培在各地迅速发展，据生产的先进程度可分为两类：一是以塑料瓶为栽培容器的瓶栽，其机械化、自动化程度高，栽培条件完全可控，以日本和中国台湾为代表；二是以塑料袋为容器的袋栽，生产过程具有一定程度的机械化，但自动化程度低，以控制温度为主，以福建省为代表。

中国内地有很多菇农看到了白金针菇的广阔市场，纷纷投入生产，但不是很清楚其与黄色品种有哪些异同，请你指出白色金针菇与黄色金针菇在生物学特性以及栽培管理上有哪些异同。

学习情境七　鸡腿菇栽培

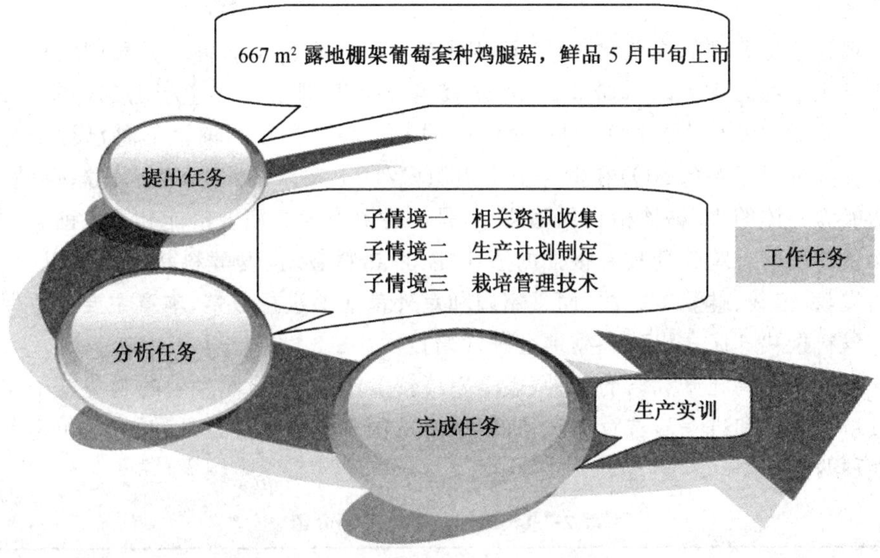

子情境一　相关资讯收集

鸡腿菇[*Coprinus comatus*（Mull. Fr.）Gray]也叫鸡腿蘑、刺蘑菇，学名毛头鬼伞，是一种形似鸡腿、食药兼用的大型伞菌。鸡腿菇肉质肥厚细嫩，滑脆爽口，味道鲜美，营养丰富。据分析，每 100 g 干菇中含粗蛋白 25.4 g，脂肪 3.3 g，总糖 58.8 g，纤维 7.3 g，灰分 12.5 g。同时，鸡腿菇也是药用菌，味甘滑、性平、有益脾胃、清心安神、治痔等功效。经常食用能助消化，增加食欲和治疗痔疮。它还含有治疗糖尿病的有效成分。其热水提取物对小白鼠肉瘤 S-180 和艾氏腹水癌的抑制率分别为 100%和 90%。

从 20 世纪 60 年代开始，德国、英国和捷克等国家的食用菌研究人员，就已进行鸡腿菇的驯化栽培等方面的研究工作。我国鸡腿菇的人工栽培始于 20 世纪 80 年代，先后经多家科研院所对我国北方产的鸡腿菇进行调查、采集、分离菌种和栽培等科研试验工作，总结出了一套完整的菌种生产和栽培技术措施，到 20 世纪 90 年代开始在全国范围内推广，并很快形成商业化生产。2005 年中国食用菌总产量 1 334 万 t，总产值 585 亿元。按品种区分，鸡腿菇以年产 28 万 t 居平菇、香菇、双孢菇、毛木耳、黑木耳、金针菇、姬菇之后，列第 8 位。鸡腿菇在我国已经成为超过传统栽培品种草菇(2005 年国内产量 27 万 t，列第 9 位)、滑菇(2005 年国内产量 20 万 t，列第 10 位)、银耳(2005 年国内产量 18 万 t，列第 12 位)的主要食用菌栽培品种之一。

鸡腿菇是典型的粪草腐生型，而且具有不覆土不出菇的特点。我国农作物秸秆年累积量约为 3.7 亿 t，如果 1% 用来栽培鸡腿菇，那么可以生产出 370 多万 t 优质鸡腿菇(2005 年我国平菇产量 370 万 t，居世界第一)。目前该品种已被定为符合联合国粮农组织(FAO)和世界卫生组织(WHO)要求的集"天然、营养、保健"三种功能为一体的 16 种珍稀食用菌之一，是一种具有较高商业潜能和开发前景的优质珍稀食用菌。鸡腿菇具有很强的适应能力，熟料栽培、发酵料栽培都可以，可以采用袋栽、箱栽、畦栽等方法，而且室内和室外都能够进行栽培，本章主要介绍保护地发酵料袋栽畦床式出菇和露地套种栽培技术。

目前我国鸡腿菇栽培的品种(表 2-7-1)较多，大多是自然发生的鸡腿菇子实体经过组织分离和进一步选育而获得的，也有从国外引进的优良品种，分为单生种和丛生种两类。

表 2-7-1 鸡腿菇栽培品种介绍

品种类型	品种名称	种性特点
丛生	Cc173	丛生、适温广、抗性强，适于鲜销
	昆研 C-901	中温型品种，丛生，适于鲜销
单生	Cc168	引进种，单生、个大、不易开伞，适于制罐
	Cc100	引进种，单生，个体大产量高，适于制罐和鲜销
丛生或单生	唐研 1 号	适温广、出菇早、丛生或单生
	特大型 EC05	抗杂抗衰老，适于鲜销和制成盐渍品

除此之外，各地科研和生产单位都选育出一些优良菌株。例如 1998 年 4 月崔颂英等于辽宁熊岳镇温泉村某菜园地采集到丛生性极强的野生鸡腿菇，后经子实体组织分离的方法分离纯菌种，经过 2 年 3 个周期的栽培试验，选育出优良品种 Cc-1，已在辽宁各地进行试种，效果良好。其他的还有单生品种 Cc123、Cc155，丛生品种 Cc-3、Cc-8、Cc91-1、Cc9601、Cf-10 等。

自然环境条件下，鸡腿菇出菇季节为 9～10 月份和 3～6 月份，冬季和夏季不出菇或出菇少，并且长出的菇质量差。因此，保护地发酵料袋栽畦床式出菇一般安排在3～6月份和9～12月份出菇为宜；露地套种栽培如露地葡萄套种鸡腿菇安排在4～11月份。如果栽培场所有温湿度控制设备，可以一年四季出菇。

菌丝体生长阶段适宜的C/N为20∶1，子实体发育阶段C/N以40∶1为好，可以根据当地的资源优势，因地制宜选用合适的配方（表2-7-2）。

表2-7-2　鸡腿菇栽培料配方　%

配方	棉籽壳	玉米芯	麸皮	玉米粉	尿素	石灰	石膏	过磷酸钙
一	80		14	2		3	1	
二	38	46	12		0.5	3		0.5
三		84	10	2		2	1	1
四	88		6	2	0.5	3		0.5

注：上述配方中料∶水＝1∶1.3，pH7.5～8。

子情境二　生产计划制定

一、工艺流程

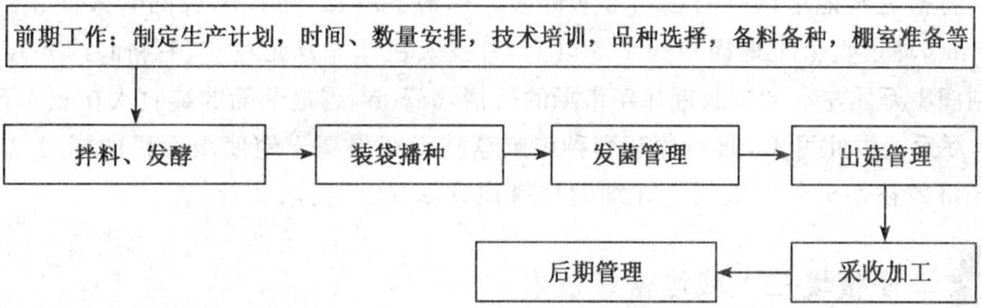

图2-7-1　鸡腿菇发酵料袋栽工艺流程

二、时间、数量

100延长米日光温室，鲜品9月25日上市，时间、数量见表2-7-3。

表2-7-3　鸡腿菇温室栽培的时间和数量

项目	装袋播种	脱袋覆土	出菇始期
时间	8月15日	9月5日	9月25日
数量	1.0万袋	60～70畦	12 500 kg

667 m² 露地棚架葡萄套种鸡腿菇，鲜品 5 月中旬上市，生产时间数量见表2-7-4。

表 2-7-4　露地棚架葡萄套种鸡腿菇栽培的时间和数量

项目	装袋播种	脱袋覆土	出菇始期
时间	3 月 20 日	4 月 20 日	5 月 25 日
数量	3 500 袋	150 m^2	4 000 kg

三、配方选择

日光温室覆土地栽选用表 2-7-2 配方二。

露地棚架葡萄套种选用表 2-7-2 配方三。

四、物料预算

鸡腿菇的生产成本与平菇相近，但因为脱袋覆土和采收后的清理加工劳动量比较大，所以人工费较平菇栽培高，100 延米日光温室 1.0 万袋栽培数量的成本约为 2 万元，产出约 12 500 kg 鲜菇，销售单价按照 5.00 元/kg 计算，毛利润 6.25 万元，纯利润约 4 万元。

将搭建露地小拱棚的费用考虑进去。一般 667 m² 可以套种的有效面积约为 150 m²，即占整个土地面积的 1/5 以上，总投入在 0.5 万元左右，毛利润约 2 万元，纯利润 1 万元左右。按照近几年市场的行情，667 m² 露地葡萄的纯收入在 0.4 万～0.8 万元。由此可见，露地葡萄套种鸡腿菇技术在提高土地使用面积的同时，带来的经济效益是十分可观的。详细的物料预算见“生产实训 2-7-1”。

子情境三　栽培管理技术

一、棚内脱袋覆土地栽技术

1. 准备工作

秋季进行的鸡腿菇保护地发酵料袋栽畦床式出菇栽培，准备工作主要有棚室准备、原料准备、菌种准备等几个方面，可以参照“学习情境三”中的相关内容。需要注意的是栽培种在使用的时候除了常规的标准要求外，要注意慎用菌丝粗壮有明显菌索、菌丝颜色变黄的菌种袋，这种菌种疑为总状炭角菌（*Xylaria pedunculata* Fr.）感染，必要时可以进行镜检。

2. 发酵料制作及装袋播种

参照"学习情境三"中的相关内容。

3. 发菌管理

参照"学习情境三"相关内容。另外，在发菌期间，要认真检查菌种生长情况，及时检出感染杂菌的栽培料袋，采取销毁或单独培养的措施，以保证菌袋的质量。一般培养 20 d 左右菌丝就可长满袋。需要强调的是，在检查发菌情况时，也要向检查栽培种一样，高度重视总状炭角菌感染的菌袋，对疑似感染的菌袋采取前期单独培养，后期单独出菇的隔离管理措施。

4. 整地做畦

日光温室内做畦，畦床南北走向，畦宽 1.2 m，深 20～30 cm。跨度 8 m 的日光温室一般去除底角和纵向过道，可以利用的长度为 7 m 左右，因此畦长依棚的跨度酌情确定。畦与畦之间要留 40 cm 的过道。畦床做好后，先在畦底及畦床四周撒一薄层石灰粉进行消毒、驱虫。

5. 脱袋覆土

鸡腿菇的栽培特点是覆土才能出菇，不覆土不出菇。覆土材料要求土质疏松，腐殖质含量丰富，沙壤质，含水量适中，即手握成团，触之即散的程度，土粒直径 0.5～2 cm 为宜。覆土材料加入 2%的生石灰调 pH 至 8 左右，再加入 0.1%多菌灵，经闷堆消毒、杀虫后使用。处理好的覆土材料应及时使用，不宜长时间存放。若一时用不完，应放在消过毒的房间内，存放时间不超过 5 d。菌袋菌丝长满 10 d 后，剥去菌袋的薄膜，将菌棒从中部断开，断端朝下竖直排放在畦内，菌棒和菌棒之间有 1～2 cm 的空隙，用覆土填满。当所有菌袋排放完后，上面覆土 3～5 cm，覆土后浇一次重水，水渗透后，将菌床表面缝隙或露菌料处再用土覆盖好。2～3 d 后待覆土中的水分稍蒸发，土壤比较透气时，盖上黑色塑料薄膜保温保湿，促使菌棒内的菌丝快速向覆土层中生长。一般 10～15 d 后，菌丝可长至土层表面，露出白色绒毛状菌丝，大部分土壤出现裂纹，局部有菇蕾出现，此时要进行二次覆土。二次覆土是保证鸡腿菇高产的重要环节，覆土层以 2 cm 厚为宜，并以喷壶浇水至土壤湿透。

6. 出菇管理

二次覆土后不再覆盖塑料薄膜，7～10 d 后第一茬鸡腿菇如雨后春笋破土而出。

出菇期间子实体分化温度以 10～20℃最适宜，生长温度以 16～24℃最适宜。若低于 10℃或高于 30℃，子实体均不易形成。在适温范围内，温度偏低，虽然子实体生长缓慢，但菇体肥大，结构紧密，质量好，保鲜期长；若温度偏高，子实体生长快，但柄长，盖小而薄，容易开伞。

子实体生长时期空气湿度可控制在85%～90%，湿度过低，子实体生长缓慢，菇体瘦小，菌盖表面干裂；若空气湿度长期在95%以上，容易发生病虫害，尤其易患斑点病。湿度的控制主要靠喷水和通风来调节，喷水时要注意，菇蕾禁喷，空间勤喷；幼菇酌喷，保持湿润；成菇轻喷。

与其他喜光的品种相比，子实体形成和生长发育对光线不敏感，在微弱的光照下，生长正常，菇体洁白，表面光滑，不易起鳞片。相反，光线过强，子实体菌盖上起鳞片，鳞片变为褐色，质量下降。因此，在出菇期间，要减少光照，使其处于黑暗或弱光下生长。

由于子实体生长速度很快，要结合湿度管理加大通风换气。若通气不良，则生长迟缓，容易形成盖小柄长的畸形菇。

7. 采收加工

鸡腿菇露出土层后，环境条件适宜，生长速度极快，一般3～5 d可采收。采收标准是手捏菌盖稍有蓬松感，切不可采收过晚，以免菌盖老化变黑自溶，失去商品价值，不可挽回。采收时因子实体柄基部带泥土，因此要使用报纸等将采收后的子实体分层摆放，以免人为造成菇体粘泥，给后续加工带来不便。采收后的鸡腿菇要及时削去泥土，刮干净鳞片，可以采取保鲜措施分级包装上市鲜销。也可以采取干制、盐渍、速冻、制罐等技术进行加工处理。

8. 后期管理

第一茬菇采收后，为了防止总状炭角菌感染，也为了提高产量、保证质量，一般将覆土全部铲除，重新覆土。这样操作虽然劳动量大，但是效果好，尤其是对总状炭角菌的预防很见效。15 d左右可采收第二茬菇。但第三茬以后鸡腿菇的产量、菇质均明显下降，因此，鸡腿菇栽培一般只采收3茬。

二、露地套种技术

鸡腿菇露地套种的栽培方式充分利用了绿色植物生长后创造的保湿、透气、通风、遮阳的小环境，为鸡腿菇提供了更接近于自然的生态条件，能够生产出质量更好的鸡腿菇，而且实现了一地两收，充分利用了土地资源，提高了单位面积产值，经济效益十分显著。另外，种菇后的菌糠还可以直接还田、还林，增加了土壤肥力，促进地力良好循环，生态效益明显。

葡萄是世界上落叶果树栽植面积最多的树种，栽培形式灵活多样，能够充分利用空间，大田露地篱架栽培是主要的栽培形式之一，但是大田露地篱架栽培葡萄出于栽培管理的需求，葡萄架下一般有宽4 m左右的空闲地，果农在栽培管理过程中一般是闲置这块空闲地，或栽种少量低矮作物。而葡萄架下却为鸡腿菇的生长创造了适宜的生长条件，结合葡萄的栽培管理，再适当采取必要的措施，就可以实现在葡萄架下套种鸡腿菇，获得理想的经济效益。崔颂英等于 2003—2005 年承担“露地葡萄套种鸡腿菇”科技扶贫项目，取得了明显的经济效益，这里以辽宁南部地区为例介绍这项技术。

葡萄每年随四季变化，呈现出春季萌芽生枝、夏季枝叶繁茂，秋季果实累累，冬季落叶冬眠的年生理变化规律。通常人们把葡萄年周期活动分为树液流动期、萌芽和新梢生长期、开花坐果期、浆果生长期、浆果成熟期 5 个候期。露地葡萄套种鸡腿菇的栽培技术，以葡萄生产为主，以鸡腿菇生产为辅，因此葡萄生产工艺按照常规操作进行，鸡腿菇栽培也按照常规进行，只是要将套种的管理和葡萄的生产管理有机衔接，并采取必要的保温、保湿、光照、通风等措施，做到保证葡萄正常生产，鸡腿菇套种合理适时。

1. 准备工作

葡萄生产按部就班进行就可以了。菌袋制作把握好时间，以便与葡萄生产和环境条件紧密衔接，确保利用最佳自然条件。整地做畦和搭建露地小拱棚的用品及相关的消毒药品等要提前准备。

2. 发酵料制作、装袋播种及发菌管理

参照“学习情境三”相关内容。

3. 整地作畦及脱袋覆土

葡萄架下畦床的走向与葡萄架的纵向一致，畦床的制作参照“棚内脱袋覆土地栽技术”。需要强调的是，为了防止出菇期间雨量充沛造成畦床被淹，一般采取制作高畦的措施。脱袋覆土请参照“棚内脱袋覆土地栽技术”。

4. 搭建拱棚

将 2.0 m 长的竹坯十字花行插入畦床两侧内壁，十字交叉的顶部再加一条竹坯，绑缚在交叉的竹坯上，起到加固的作用。拱架上铺一层薄膜两端离地 20 cm，利于通风换气。薄膜上铺草帘，起到遮光、保湿的作用，覆盖的草帘可以使用旧草帘，但最好将草帘剪断成 1 m 左右的小块，以便于后期管理。

5. 出菇管理

出菇期间，白天温度高、湿度低，可以适当将背风侧的草帘用砖块支起，加大通风和降温，夜晚将草帘的另一侧也支起来，加大通风和降温。秋季管理的重点是保水、保湿，可以结合潮间灌水增加水分和湿度，另外由于秋季风大，白天可以将草帘全部盖上，晚上再适当支起来进行通风。其他管理参照“棚内脱袋覆土地栽技术”。

6. 菌肥回田

葡萄在生产上都实行密植，根系在定植沟中交叉密集，土壤中的营养满足不了多年生长和结果的需求，所以，每年应该轮换进行深翻施肥，一般深翻 0.5～0.6 m，每亩施有机肥 2～3 t，或混入部分秸秆等有机质改良土壤。

10 月末，葡萄采收已经结束，鸡腿菇的采收也已经进入尾声。这时，可以结合葡萄的秋、冬季管理，直接将打碎菌糠翻入定植沟中，作为有机肥料使用。也可以将菌糠取出集中堆放，用专用的微生物制剂处理（详细内容将在“典型工作任务四”中学习），进行充分的发酵腐解，第二年春季结合葡萄春季施肥、灌水管理，作为有机肥施入定植沟中，这样效果比直接翻入好。菌肥是很好的缓释有机肥料，回田后既改善了土壤的通透性，调节了土壤的酸碱度，补充了土壤的养分，同时又很好地调节了因长期生产单一品种而造成的微生物菌群失调。因此，下一周期的葡萄生产既减少了化肥投用量，又在一定程度减轻了病虫害的发生，可谓一举多得。

生产实训

2-7-1：667 m^2 露地棚架葡萄套种鸡腿菇，鲜品 5 月中旬上市

一、确定生产项目

与校企合作企业共同研究，结合企业目前生产运行的实际情况以及学生的后续学习，确定学生的实训生产项目为鸡腿菇露地套种栽培生产。

二、下达生产任务

667 m^2 露地棚架葡萄套种鸡腿菇，鲜品 5 月中旬上市。

三、制定生产计划

1. 时间数量（略）

2. 配方确定（略）

3. 用具、设备、设施准备（略）

4. 物料预算

物料种类	物料数量	单价	成本/元
玉米芯	4 410 kg	0.64 元/kg	2 822.40
麸皮	525 kg	1.30 元/kg	682.50
玉米粉	105 kg	3 元/kg	315.00
石灰	105 kg	0.12 元/kg	12.60

续表

物料种类	物料数量	单价	成本/元
石膏	52.5 kg	0.50 元/kg	26.25
过磷酸钙	52.5 kg	1.50 元/kg	78.75
栽培种	880 袋(17 cm×33 cm)	2 元/袋	1 760.00
搭建拱棚材料、用工及其他			1 000.00
成本合计			6 697.50
产量	4 000 kg		
毛利润		5 元/kg	20 000.00
纯利润			13 000.00

注:栽培袋按照 1.5 kg 干料/袋装计算;表中数据仅供教学生产实训参考。

四、技能考核标准

考核评价项目	考核评价观测点	分值	学生自评	学生组长评价	企业导师评价	主、副带教师评价	平均分
技能考核(50 分)	工艺流程掌握	3					
	生产计划制定	3					
	配方确定	3					
	物料预算	4					
	发酵料制作	5					
	装袋播种	4					
	发菌管理	3					
	脱袋覆土	3					
	出菇管理	5					
	生产实训后期清理、入库等工作	2					
	播种、覆土准备工作	4					
	后期清理、入库等工作	4					
	培养检查工作	2					
	销售工作	5					

注:素质评价 30 分,略;专项评价 20 分,略。

技术图解

鸡腿菇栽培

1

2

3

4

5

6

7

8

9

10

11

12

13

14

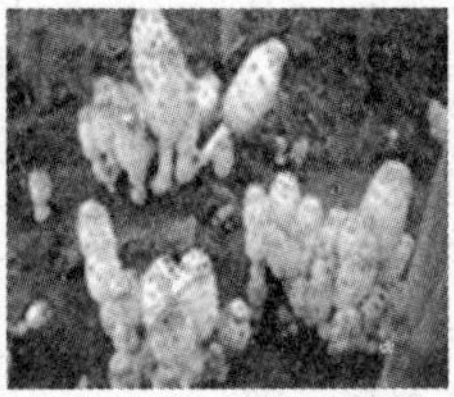
15

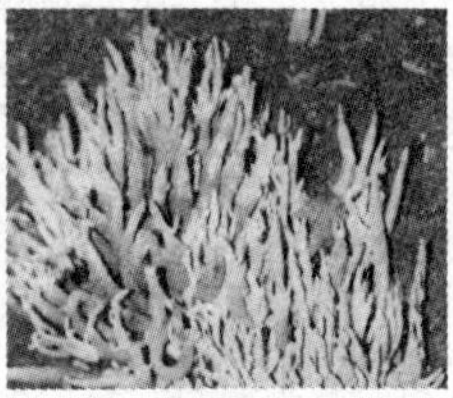
16

(图 14～15 为网络图片;其他图片均由崔颂英、杨俊达摄影并提供)

图 1～9:露地棚架葡萄套种鸡腿菇;图 10,图 11:日光温室地畦栽培;图 12,图 13:保护地果树套种鸡腿菇;图 14,图 15:玉米地套种鸡腿菇;图 16:鸡腿菇栽培期间杂菌——总状炭角菌

拓展链接

鸡腿菇总状炭角菌病的致病机理及综合防治技术

近年，由于总状炭角菌（*Xylaria pedunculata* Fr.）（卯晓岚，2000）的危害，造成鸡腿菇栽培减产甚至绝收，导致广大栽培户损失惨重，进而缩减栽培规模甚至放弃这个栽培品种，对鸡腿菇生产造成致命的打击。崔颂英对鸡腿菇总状炭角菌病的致病机理及综合防治技术进行了详细的研究，2006年，《鸡腿菇总状炭角菌病的致病机理及标准化综合防治技术研究》通过硕士论文答辩，论文摘要如下：

一、鸡腿菇与总状炭角菌的生存关系

从微观形态观察来看，总状炭角菌菌丝侵染鸡腿菇菌丝后进入和缠绕鸡腿菇菌丝，通过进入鸡腿菇菌丝对其造成损害，同时还通过与鸡腿菇菌丝争夺营养和生长空间对其造成进一步的危害。鸡腿菇与总状炭角菌的生存关系可以认为是兼性寄生的关系，即以腐生为主，兼具寄生能力。鸡腿菇对总状炭角菌的侵染具有专一性。

二、总状炭角菌的侵染途径

总状炭角菌的子囊孢子存在于环境中，其对鸡腿菇的危害是致命的。病原菌通过土壤、菌种、喷水、空气传播等途径进入覆土层致病。鸡腿菇的病状基本相同，表现为细弱、生活力下降甚至消失。总状炭角菌的病征表现为出现粗壮菌索。

三、总状炭角菌的致病机理

总状炭角菌侵染鸡腿菇后，病原菌的菌丝一部分进入鸡腿菇菌丝内，造成对菌丝的直接伤害。同时大部分病原菌的菌丝缠绕在鸡腿菇的菌丝外面，也在一定程度上阻碍了鸡腿菇菌丝对营养的吸收，造成鸡腿菇菌丝受害后萎缩。鸡腿菇菌丝促进总状炭角菌菌丝分泌羧甲基纤维素酶，从而增强了对培养基质的分解能力，最终造成了总状炭角菌菌丝与鸡腿菇菌丝争夺养料和生长空间，使鸡腿菇菌丝受害后萎缩、消失，后期鸡腿菇子实体不再发生。

四、总状炭角菌的防治措施

总状炭角菌的防治中必须坚持“以防为主，防重于治”的原则，采取生态防治、物理防治、生物防治和化学防治相结合的综合防治措施，确保鸡腿菇生产达到高产、优质、高效和安全的目的。通过综合防治取得了一定的防治效果，但是目前鸡腿菇总状炭角菌病还无法根治，需要进一步深入研究。

鸡腿菇总状炭角菌病

1 2 3 4

5 6 7 8

（以上图片均由崔颂英、杨俊达摄影并提供）

图1、图2：总状炭角菌纯菌丝体；图3、图4：总状炭角菌子座；图5：总状炭角菌病感染鸡腿菇；图6：保护地全熟料栽培鸡腿菇出现总状炭角菌；图7：保护地发酵料栽培鸡腿菇出现总装炭角菌；图8：露地套种鸡腿菇出现总装炭角菌

情境检测

据中国食用菌商务网市场部对全国2009年食用菌主产地产业发展情况调查显示：现全国以食用菌为主要产业的主产县（含县级市、区）已达634个，较2008年增加80个；全国生产加工企业近3 000个，其中工厂化生产企业已达300个，较2008年新增136个。2009年全国食用菌生产总量达2 000万t，较2008年1 834万t增幅为9%；全国食用菌工厂化生产日总量达1 200 t以上，全年约44万t，约占全国总产量的2.2%。从以上数字可以看出，工厂化生产企业的增幅较大，但是产量份额却与企业数量的增幅不成正比，因此我们可以得出这样的结论：我国工厂化生产食用菌已经进入快速发展时期，但是生产线却没有满负荷运转，还有巨大的投料空间。由此我们也在思考一个问题：工厂化生产的废弃菌袋如何处理？尤其是工厂化生产的菌袋一般都是只采收一茬菇，菌袋的营养还有相当一部分没有消耗。请你结合鸡腿菇栽培技术的学习，设计一个利用工厂化金针菇生产的废弃菌袋生产鸡腿菇的方案。

学习情境八　猴头栽培

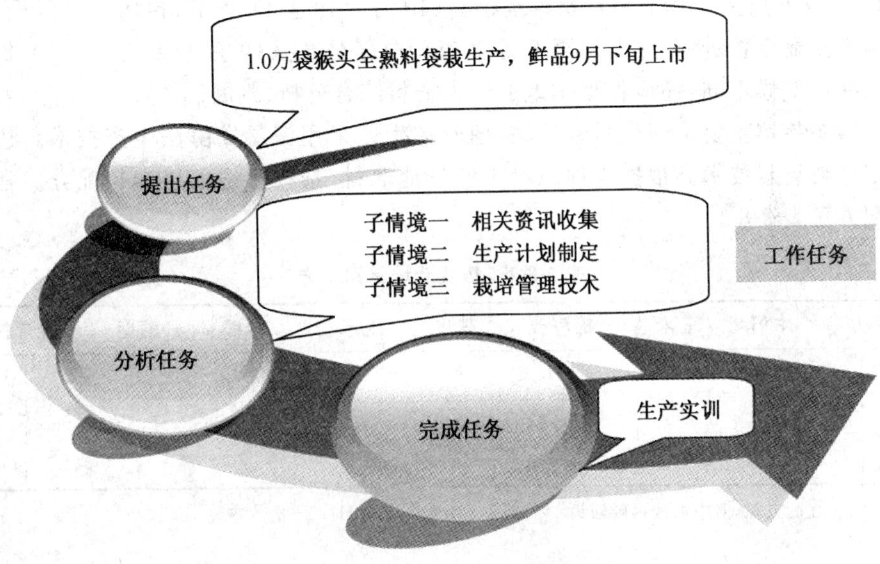

子情境一　相关资讯收集

猴头(*Hydnum erinaceus* Bull. ex Fr.)隶属于非褶菌目猴头菌科，俗称猴头菇、刺猬菌、山伏菌、猴头、猴头蘑、猬菌、对口蘑、对脸蘑、花菜菌等。菌丝细胞壁薄，具横隔，有锁状联合。子实体肉质、块状、头状，似猴子的头而得名，一般直径为5～20 cm，新鲜时白色，肉质松软细嫩。干燥时淡黄色至黄褐色，无柄，基部狭窄，除基部外，均密布菌刺覆盖整个子实体，菌刺的长短和生长条件有密切关系。子实层着生于菌刺表面，孢子印白色，担孢子透明无色，球形或近球形，直径(5.5～7.5) μm ×(5～6) μm，表面平滑。

猴头是我国著名的食用兼药用菌。鲜嫩的猴头经特殊烹调，色鲜味美，为一种名贵菜肴，与熊掌、燕窝、鱼翅列为中国四大名菜，素有“山珍猴头，海味燕窝”之称。猴头有较高的营养价值，每100 g干品中含蛋白质26.3 g，脂肪4.2 g，碳水化合物

44.9 g，粗纤维 6.4 g，磷 856 mg，铁 18 mg，钙 2 mg，还有维生素、胡萝卜素等。猴头还具有较高的药用价值，其性平、味甘，有利五脏、助消化的功能。

栽培猴头的品种很多，目前我国常见的猴头栽培品种有常山 99 号、猴头 11 号、猴头 88 号、高猴 1 号、猴头农大 2 号、猴杰 1 号、猴杰 2 号、猴头 8905、夏头 1 号等。

猴头属中低温型菌类，子实体最适宜生长温度为 15～18℃，栽培季节一般在春、秋两季。我国南北气温差异较大，南方气温适宜猴头发育的季节大致为春分至小满（3 月下旬至 5 月下旬）、寒露至小雪（10 月上旬至 11 月下旬）两个时段内，北方则为立夏至芒种（5 月上旬至 6 月上旬）、白露至寒露（9 月上旬至 10 月上旬）。各地的小气候不同，还应根据本地的气象资料综合分析、判断。

猴头栽培主要采用代料栽培法，菌丝体生产采用深层发酵法生产技术。这里介绍代料袋栽技术。根据当地原料来源就地取材，选择合适的培养料配方。常见的配方见表 2-8-1。

表 2-8-1 猴头栽培常用配方

配方	木屑	玉米芯	棉籽壳	麸皮	玉米粉	米糠	蔗糖	石膏粉
一	78			10		10	1	1
二		76		12		10	1	1
三	18		55	10	5	10		1
四			87	5		5	1	1

注：上述配方三、四中加入过磷酸钙 1%；料∶水＝1∶1.3，pH7.5～8。

子情境二 生产计划制定

一、工艺流程

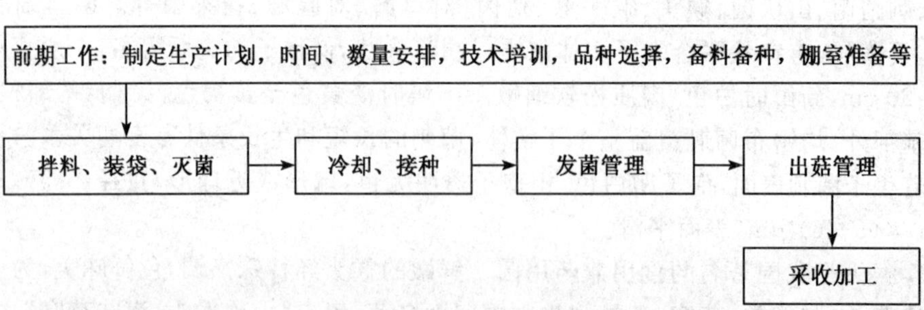

图 2-8-1 猴头袋栽工艺流程

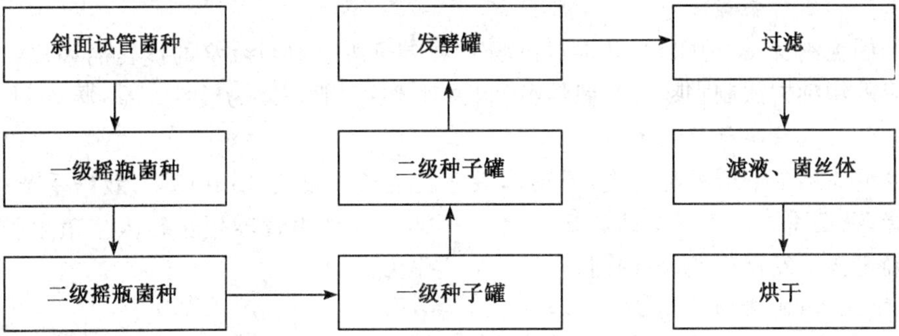

图 2-8-2　液体发酵法生产猴头菌丝体工艺流程

二、时间、数量

1.0 万袋猴头全熟料袋栽生产，鲜品 9 月下旬上市，时间、数量见表 2-8-2。

表 2-8-2　猴头栽培的时间和数量

项目	装袋播种	出菇日期
时间	8 月 15～20 日	9 月 25～30 日
数量	1 万袋	600 kg(干品)

三、确定配方

猴头菌丝体阶段 C/N 为 25∶1，子实体生长阶段 C/N 为(35～45)∶1。可以根据当地的资源优势，因地制宜选用合适的配方。这里以表 2-8-1 配方二为例。

四、物料预算

详细的物料预算见“生产实训 2-8-1”。液体发酵法略。

子情境三　栽培管理技术

一、袋栽技术

在福建、浙江等地，生产上采用长袋子、细袋子，采取侧面打孔接种的方法，子实体侧面出菇。袋子的规格一般为折径(12～15) cm×长 55 cm×厚 0.045 mm。一般采用装袋机装袋，工作效率高。

(一)菌种制备

因地制宜,就地取材,并根据市场需求选择适于本地栽培的优良品种,然后按常规的制种方法制备原种和栽培种,制种时要注意调 pH 为酸性。

(二)栽培季节的确定

猴头属中偏低温型菌类,子实体最适宜生长温度为 15～18℃,栽培季节一般在春、秋两季。由于猴头菌丝要经过 25～30 d 才能由营养生长转入生殖生长,因此确定猴头发育后期,再向前推 25～30 d 作为播种期。

(三)场地选择

猴头的代料栽培场地一般分室内层架床栽和室内培菌野外荫棚畦床栽培两种,包括发菌室、出菇房和人工荫棚 3 个场所。

1. 发菌室

菌丝培育的场所要求清洁、干燥、无杂菌。选择适合的房间,提前做好消毒灭菌工作。

2. 出菇房

猴头子实体发育的场所,为了提高空间的利用率,在出菇房内设置床架,每个床架 6～7 层,高 2.8 m,宽 90～130 cm,层间距 30 cm。

3. 人工荫棚

猴头室外栽培出菇的场所,一般选择冬闲田或林地。要求在水源方便、利于排水的地方搭建荫棚,光照以"七分阴、三分阳"为宜。荫棚周围的环境应喷敌敌畏等杀虫剂或石灰粉,以防害虫的入侵,林地荫棚还应撒呋喃丹等药物,预防白蚁。

(四)拌料

在配制培养料时,要求主料和辅料混合干拌,将蔗糖、过磷酸钙、尿素等先溶于水,再倒入干料中反复拌匀。培养料的含水量应根据料的不同,严格掌握在55%～65%,水宁少勿多。料中的水分大小还与扎瓶口的材料有关,如用牛皮纸或双层报纸封口,则拌料时水分应稍增加,而用塑料薄膜封口,则水分不宜过多。调 pH 为 5.4～5.8,常采用 0.2%的柠檬酸调酸,切忌在配料中加入石灰,不能使培养料的 pH 偏碱,否则不利于猴头的生长,也不能加多菌灵、克霉灵等消毒剂,因其会抑制猴头菌丝生长。

(五)装袋、灭菌、接种

参照"香菇生产"。

(六)发菌

接种后将料袋移入发菌室,避光黑暗培养。室内温度掌握在 20～25℃范围内,空气相对湿度 60%～65%为宜。早春气温低,应注意室内升温,秋季则要降温防止“烧菌”。在发菌期间要经常进行翻堆、检杂、通风换气。一般经 25～30 d，菌丝长满菌瓶，即可进行催蕾出菇。

（七）催蕾

此阶段是猴头由营养生长转向生殖生长的关键时期，所以要人为创造良好的温、光、气、湿等条件，满足猴头子实体发育的需要，尽可能使菌袋或菌瓶现蕾整齐一致。将长满菌丝的菌瓶转到菇房或室外荫棚，从菌瓶的瓶口处松开薄膜，进行催蕾出菇。此时温度应降至 15～18℃，通过空间喷雾、地面洒水及空中挂湿草帘等方法加大湿度，加强通风，并增加散射光照，2 d 后又遮阳。这样人为造成温、光、气、湿等条件的改变，促使菌丝转向生殖生长，几天后从瓶口处出现白色突起物的菌蕾。

（八）出菇

现蕾后要及时将薄膜揭去，采用层架立式出菇或卧式堆叠墙式出菇，瓶栽则将上下两层的菌瓶瓶口交叉放置，有利于扩大子实体生长空间，防止子实体互相粘连。出菇房的适宜温度应在 15～20℃，空气相对湿度保持在 85%～90%，不能直接对子实体喷水，以防伤水、烂菇。室内或菇棚要求空气新鲜，但不能有强风，否则子实体表面会出现干燥现象。通风不良或湿度过大，易形成畸形子实体。随着子实体从小长大，光照强度可控制在 200～500 lx，这样子实体生长健壮，圆整，色泽洁白，商品价值提高。光照过强，子实体色泽微黄至黄褐，从而品质下降。

（九）采收

当猴头子实体七八分成熟，球块已基本长大，菌刺长到 0.5～1 cm，尚未大量释放孢子时，即为采收最佳期。此时子实体洁白，味清香、纯正，品质好，产量高。采收时用小刀齐瓶口或袋口切下，或用手轻轻旋下，并避免碰伤菌刺。若当子实体的菌刺长到 1 cm 以上时采收，则味苦，风味差，往往是子实体过熟的标志。

猴头的苦味来自孢子和菇脚，采收后的子实体应及时切去有苦味的菇脚，浸泡于 20%的盐水中，鲜食、制罐、晒干或烘干。

采收后，应立即对料面进行清理和搔菌，即用小刀或小耙子清除料表面残余的子实体基部、老化的菌丝、出过的废料、有虫卵的部分，并防止病虫害的发生。覆盖瓶口，停止喷水 1～2 d，加强通风换气，然后再喷水保湿，使空气相对湿度保持在 70%左右，在出菇房或菇棚进行“养菌”。约 1 周后，可再次催蕾，进入下一潮菇的管理。瓶栽一般可以收两潮菇，袋栽一般可出 3～4 潮菇，后两潮若用覆土处理，可提高产量。

此外，猴头栽培还可采用常明昌（1996）抹泥墙的方法，即把发好菌的小袋脱袋，用稀泥将小菌筒砌出菌墙的方法出菇。该方法栽培猴头能充分利用土壤中的矿质营养元素和有益微生物，并能保持培养料中的水分不易蒸发，从而促进了子实体的生长发育，培养出适于干制和鲜销的巨型猴头(0.5～4.1 kg)。1996 年用此法培养出世界最大的巨型猴头，体长 46 cm，重达 4.1 kg。该方法还适用于小袋两头出菇法第一潮菇采收后的第二、三潮菇的后期管理，能大大提高后期产量。

二、深层发酵技术

猴头菌丝体可进行固体培养，也可在液体培养基中进行液体发酵培养。液体发酵培养菌丝体生长速度较快，可得到除去培养基后的纯净菌丝。发酵培养要在发酵罐中进行，所得菌丝和培养基主要作药品和饮料用。

(一)培养过程

1. 摇瓶培养

①一级摇瓶培养基。麸皮 5 g，葡萄糖 2 g，蛋白胨 0.2 g，磷酸二氢钾 0.1 g，硫酸镁 0.05 g，pH 自然；马铃薯 20 g，葡萄糖 2 g，磷酸二氢钾 0.1 g，硫酸镁 0.05 g。两种培养基任选一种，装入 500 mL 三角瓶中，装量 100～120 mL，瓶口用 8 层纱布包扎，0.1 MPa 灭菌 45 min，冷却后接种。

②接种培养。在接种箱或接种室中以无菌操作法接种；方法是用接种刀将斜面菌种割成小块，每块为 1 粒稻谷样大小，然后接入三角瓶液体培养基中，再放于摇床上振荡培养。摇动瓶子的目的是使培养基中能不断补充空气以利菌丝生长。摇床有往复式和旋转式等数种。温度 24～26℃，5～7 d 后培养液中充满浅白色菌球，发酵液在短时放置后呈透明状，培养基 pH4.5，这表明菌种已长好，可作为二级摇瓶培养种子用。

二级摇瓶培养方法和一级摇瓶培养方法相同。但瓶子较大，2 500～5 000 mL，用一级摇瓶培养所得菌种接种于二级摇瓶培养基内，接种量 10%，发酵条件与一级摇瓶培养相同。

2. 种子罐培养

种子罐培养分一级种子罐和二级种子罐两个过程。二级种子罐培养方法和一级种子罐完全相同。进行二级种子罐培养的目的是为了扩大菌种数量。

①培养基。葡萄糖 2%，淀粉 1%，豆饼粉 1%(颗粒大小不超过 20 目)，酵母膏 0.1%，磷酸二氢钾 0.1%，硫酸镁 0.05%。种子罐培养液装量 70%，蒸汽压力 0.12 MPa，45 min 灭菌，培养液的温度降至 25℃左右时接种。

②发酵培养。一级种子罐大小 60～100 L，灭菌后按无菌操作方法接入二级摇瓶菌种，接种量 3%～5%，然后 24～26℃，通气搅拌培养。通气量(1∶1)(V/V·min)，罐压 0.5×10^5 Pa，培养 7 d 左右。当培养液(发酵液)中充满菌球，培养液

变成透明即可用于二级种子罐的菌种。

二级种子罐体积 400～500 L，培养基与一级种子罐相同，接种量 10%，发酵 5 d 左右，发酵条件和发酵终点与一级种子罐相同。发酵结束即可用于发酵罐接种用。

3. 发酵罐培养

发酵罐培养与种子罐培养的基本原理、方法相似，其目的是为了获得较多的发酵物。因发酵培养目的是要得到大量的菌丝体产品，所以发酵罐体积要大，一般有 5 000 L、1.5 万 L、30 万 L 等各种规格。

①培养基。蔗糖 3%，黄豆粉或黄豆饼粉 1.5%，玉米粉 1.5%，蛋白胨 0.1%，磷酸二氢钾 0.1%，硫酸镁 0.05%，pH5.0～6.5，蒸汽压力 0.12 MPa，灭菌 1.5 h。

②发酵。条件与种子罐培养相同，接种量 10%，发酵周期 5 d 左右，至发酵液呈黄棕色，充满菌球，菌球干重达 1%～1.2%，静止后发酵液透明，显微镜下观察菌球开始自溶，pH4.5 以下，残糖量为 0.2%左右时即可终止发酵。

（二）发酵物处理

终止发酵后放出发酵液，过滤，然后分别将滤液和菌丝体烘干、备用。

固体发酵的菌丝制药时，菌丝体无法从培养基中分离出来。所以，菌丝体是和培养基一起投入锅中煎煮的。因此，固体发酵菌丝体所用的培养基必须对人体无毒、副反应。上海中药三厂生产猴头菇菌片所用的培养基是甘蔗渣加麸皮；老山药厂生产猴头菇菌片采用的培养基原料是红薯提取淀粉后的残渣加麸皮。这两种原料都是可以食用、无毒的。

生产实训

2-8-1：1.0 万袋猴头全熟料袋栽生产，鲜品 9 月下旬上市

一、确定生产项目

与校企合作企业共同研究，结合企业目前生产运行的实际情况以及学生的后续学习确定学生的实训生产项目为猴头床架式栽培生产。

二、下达生产任务

1.0 万袋猴头全熟料袋栽生产，鲜品 9 月下旬上市。

三、制定生产计划

1. 时间数量（略）

2. 配方确定（略）

3. 用具、设备、设施准备（略）

4. 物料预算

物料种类	物料数量	单价	成本/元
玉米芯	4 560 kg	0.64 元/kg	2 918.40
麸皮	720 kg	1.30 元/kg	936.00
米糠	600 kg	1.8 元/kg	1 080.00
蔗糖	60 kg	4.0 元/kg	240.00
石膏粉	60 kg	0.50 元/kg	30.00
栽培袋[长(25～30) cm×宽 12 cm]	1 万个	6.00 元/100 个	600.00
扎口绳(塑料包装绳)	10 kg	4.00 元/kg	40.00
栽培种	1 000 瓶	4 元/瓶	4 000.00
煤	2 t	1 000.00 元/t	2 000.00
用工及其他			2 000.00
成本合计			13 844.40
产量	600 kg(干品)		
毛利润		8 元/kg	48 000.00
纯利润			约 32 000.00

注:栽培袋按照 0.6 kg 干料/袋装计算;表中数据仅供教学生产实训参考。

四、技能考核标准

考核评价项目	考核评价观测点	分值	学生自评	学生组长评价	企业导师评价	校内导师评价	平均分
技能考核(50 分)	工艺流程掌握	3					
	生产计划制定	3					
	配方确定	3					
	物料预算	4					
	拌料、装袋	5					
	料袋灭菌	4					
	冷却、接种	3					
	发菌管理	3					
	出菇管理	5					
	生产实训后期清理、入库等工作	2					
	播种准备工作	4					
	后期清理、入库等工作	4					
	培养检查工作	2					
	销售工作	5					

注:素质评价 30 分,略;专项评价 20 分,略。

技术图解

猴头全熟料袋栽

1

2

3

4

5

6

7

8

9

10

11

12

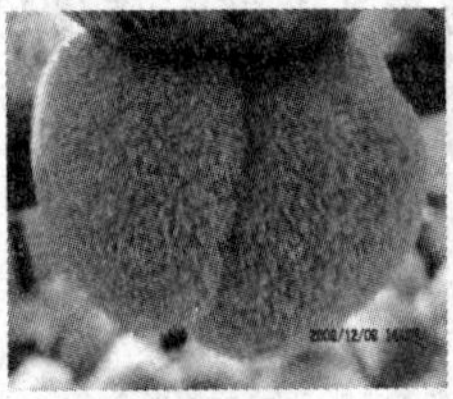
13

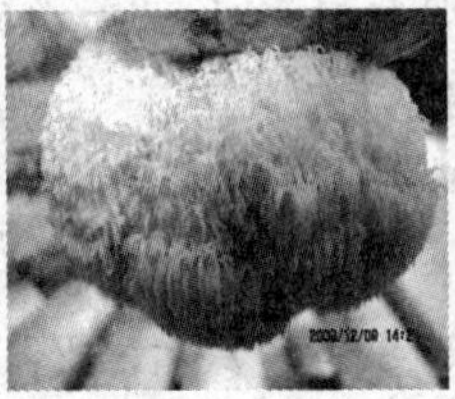
14

15

16

(以上图片均由崔颂英、杨俊达摄影并提供)

图 1:出菇设施;图 2:出菇床架;图 3:拌料;图 4:灭菌;图 5:灭菌后的料袋

图 6:接种室;图 7:发菌;图 8～14:子实体生长阶段;图 15,图 16:采收加工

拓展链接

猴头产品开发

一、猴头制剂

1. 提取

猴头子实体粉碎成花生仁大小，称重量后置于锅中，加 10～12 倍子实体重量的水，煮沸 1.5 h 左右，过滤取汁。重复上述操作，两次滤液合并。冷却后沉淀取上清液，上清液减压浓缩(60℃左右)，浓缩至比重 1∶1.35 左右，得到猴头流浸膏。以流浸膏为原料，再进一步加工成猴头片或猴头胶囊。

2. 压片

取一定量 1∶1.35 比重的猴头流浸膏加 4～5 倍量重的淀粉，拌和后压片、包糖衣即成。

3. 猴头胶囊

取一定量的 1∶1.35 比重的猴头流浸膏，加 2 倍重量的淀粉，60℃减压烘干，磨粉(过 80 目筛孔)，制粒装胶囊后装瓶密封保存。

二、猴头发酵酒

猴头发酵酒可单独用猴头制作，也可添加其他成分，如黄芪、当归、红枣、枸杞等和酒配制而成。方法是：用糯米煮成糯米饭，按传统方法酿成甜酒，到酒精度达 4°，糖度 15°左右时，取出，放于白布袋中压滤，得到甜酒汁。黄芪、当归、枸杞、红枣、猴头等洗净，红枣去核、切碎，称量后加入到 50°～55°白酒中浸泡，容器密封 30 d 后开启，用棉白布过滤，得浸出液。调配时取出一定量的猴头和药材酒浸滤液，混合均匀，如口味不好可加蜂蜜等物调整，密封保存 3～4 个月，然后用白棉布过滤，得透明的猴头等酒浸液，装入瓶中，即可销售或食用。

三、猴头露

猴头加水(干猴头加 12 倍水，鲜猴头加 8 倍水)，煮沸 2 h，过滤取第一次汁液，再加 10 倍水，煮沸 2 h，过滤取第二次汁液，两次汁液合并，沉淀 8 h 以上，取上清液，然后加提取液 9.5%重量的白砂糖(蔗糖)和 0.5%的柠檬酸，充分搅拌至全部溶解，即成猴头露。

猴头露制成后应立即装于玻璃瓶或软包装塑料袋内，每瓶或每袋的容积为 200 mL。灭菌 0.5 h，软包装也可用紫外线灭菌。

情境检测

猴头和燕窝、鱼翅、鲍鱼并称为中国四大山珍海味。原来大多属于野生，一直是宫廷菜的一种，民间很难见到。此外，干的猴头菇在食用时发苦的特性，使许多人不会食用。家住黑龙江省海林市光荣村的老刘，原本是做木匠活的，1993 年听朋友说种猴头很赚钱，就借钱投入了生产，曾因猴头稀有、无人认得且无人会食用，使老刘陷入过困境，几经周折，现在也算苦尽甘来，赚了不少钱。但是 2010 年夏天，老刘望着一棚棚光秃的猴头发愁，往年种出的猴头个个都是毛茸茸的，活像满头毛发的猴子的脑袋，而今年长出的猴头竟然都是秃子，菇体倒是长得肥肥大大，香味也正常，但表面皱缩粗糙，没有刺毛，不知是何原因。请你根据猴头菇的生长特性帮助老刘找出原因并指导其如何挽救损失。

学习情境九　灵芝栽培

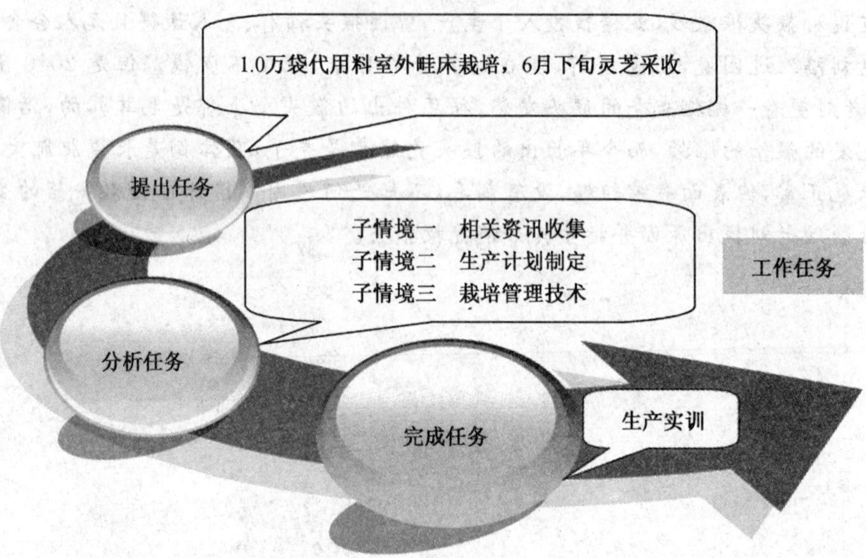

子情境一　相关资讯收集

灵芝是一种药用真菌，在分类学上属于非褶菌目灵芝菌科灵芝属。全世界灵芝科真菌有100种以上，我国是世界上灵芝科真菌种类最丰富的国家之一。通常所称的灵芝是狭义上的灵芝（*Ganoderma lucidum*），俗称灵芝草、仙草、红芝、赤芝、丹芝、木灵芝、菌灵芝、万年蕈等。

我国最早的灵芝栽培方法，记载于王充的《论衡》一书中（距今已有1 900余年）。不过，当时的栽培方法是借灵芝孢子的自然接种。1964年，广东微生物研究所在全世界最早实现了灵芝人工栽培。此后，灵芝人工栽培技术逐渐发展起来，尤其是近20多年来，发展迅速。据中国食用菌协会统计，2007年我国灵芝年产量已经超过11万t，主产区在浙江、福建、湖南、云南、江西、河北等省。

灵芝尽管品种繁多，但是药用价值和功效基本相同。中国古代将灵芝作为可起死回生的仙草，并有不少神奇的传说。现代医学研究的成果揭开了灵芝神秘的面纱。研究表明灵芝对人体有益的成分有数千种，归纳起来主要是三萜类、多糖类、核苷类、甾醇类、生物碱类、呋喃衍生物、氨基酸多肽类、脂肪酸等成分，此外，还有对人体有益的锌、锰、铁、锗等微量元素，特别是其中的有机锗具有很好的抗衰老作用。灵芝的锗含量与一般植物相似，但它对锗的富集能力较强，很多研究者将无机锗加入灵芝培养基(液)中以得到较高含量的有机锗。

近年来，灵芝虽已广泛应用于临床，但仍未成为严格意义上的西药，而多以中药复方应用。单独服用或与虫草粉、人参、枸杞等中药混合服用，都能收到很好疗效。

由于灵芝制品临床应用所表现出的良好治疗效果，2000 年出版的《中华人民共和国药典》已经收载灵芝(赤芝、紫芝) 子实体为法定中药材。2005 年 5 月国家食品药品监督管理局将 11 种真菌列入可用于保健食品的真菌菌种名单(国食药监注 [2005]202 号文件)，其中包括灵芝(*Ganoderma lucidum*)、紫芝(*Ganoderma sinensis*)、松衫灵芝(*Ganoderma tsugae*)。

灵芝疗效的好坏和产量的高低与菌种的质量有很大关系。人工栽培灵芝，要特别注意选择优良菌种，以确保达到生产目标(表 2-9-1)。

表 2-9-1　我国灵芝主要栽培品种介绍

品种名称	品种特点
信州灵芝	引进种。抗逆性强，菌盖大而厚、菌柄较长、商品性好，产量高，出口品种
南韩灵芝	引进种。发菌快、出芝早、盖大而厚、柄短、抗杂力强、产量高、出口品种
泰山灵芝	国内种。生长迅速，适合代用料栽培，但产量稍低
园芝 6 号、8 号	国内种。芝盖圆整、朵大盖厚、产量高，是福建省目前推广的优良品种
金地灵芝	国内种。产孢量大、生长周期短、芝形好，抗杂力强

此外，还有 G801、植保 6 号、日本 2 号、台湾 1 号、云南 4 号、惠州灵芝等多个品种在全国范围内普遍使用。

灵芝属于高温型真菌，自然条件下，灵芝的出芝季节在 5～10 月份，因此，人工栽培时，如果栽培场所有温湿度控制设备，可以一年四季出芝，否则应根据其生长发育的特点，选择适宜季节进行栽培(表 2-9-2)。

表 2-9-2　自然气候条件下灵芝栽培季节安排

区域	栽培季节
华南地区	2 月上、中旬制种，3 月下旬至 4 月上旬栽培
长江流域	4 月上、中旬制种，5 月上、中旬栽培
黄河以北	4 月下旬至 5 月中旬制种，5 月中、下旬栽培

人工灵芝栽培有代料和段木两种方式。代料栽培生长周期从接种到采收结束仅3个月左右，灵芝产量高，但子实体质地疏松；段木栽培灵芝，生产周期需1～2年，产量较低，但质地优良，商品价值高。

灵芝属于木腐性真菌。代用料栽培灵芝，菌丝体生长阶段适宜的C/N为20∶1，子实体发育阶段C/N以(30～40)∶1为好。可以根据当地的资源优势，因地制宜选用合适的配方(表2-9-3)。

表2-9-3　灵芝栽培料配方　　%

配方	木屑	玉米芯	棉籽壳	麸皮	玉米粉	蔗糖	石膏	过磷酸钙
一	75			24			1	
二	50	30		19			1	
三		79		20				1
四	42		42	15			1	
五	74				24	1		1
六	78			20		1	1	

注：上述配方中料∶水=1∶(1.3～1.4)，pH自然。

子情境二　生产计划制定

一、工艺流程

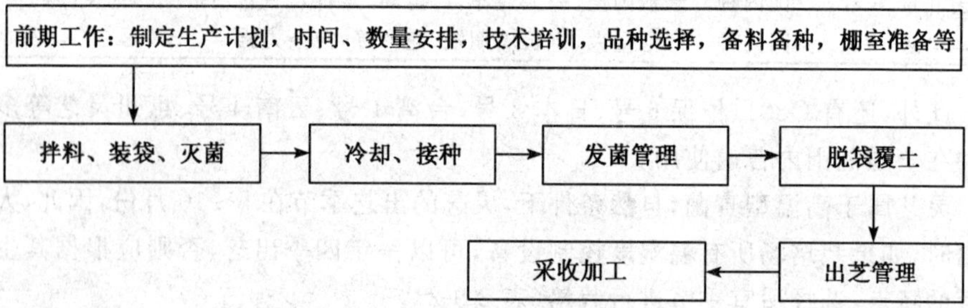

图2-9-1　灵芝代用料覆土栽培工艺流程

二、时间、数量

1.0万袋代用料室外畦床栽培，6月20日灵芝采收。时间、数量见表2-9-4。

表 2-9-4　灵芝栽培的时间和数量

项目	装袋播种	脱袋覆土	采收期
时间	4 月 20 日	5 月下旬	6 月 20 日
数量	1.0 万袋		500 kg

三、配方选择

选择表 2-9-3 配方一。

四、物料预算

1.0 万袋灵芝栽培袋的成本约 1.4 万元，产出 500 kg 干品，按照销售单价 40.00 元/kg 计算，毛利润 4 万元，纯利润约 2.6 万元。详细的物料预算见“生产实训 2-9-1”。

子情境三　栽培管理技术

一、代用料室外畦床栽培

(一)准备工作

1. 芝棚准备

要选择在地势稍高、排水方便、土地肥沃、远离畜圈和垃圾堆的地方，建造塑料大棚、草棚、遮阳网菇房或者日光温室等，也可利用闲置的蔬菜大棚或旧菇房。用于栽培灵芝的棚室，要求保温、保湿、通风和光照调节较好。在菇室内可搭建床架进行立体栽培，也可以进行畦床栽培。

2. 原料准备

根据选定的配方，准备好原材料，各种原材料都要干燥、新鲜、无霉变，木屑要过筛，玉米芯粉碎成颗粒状，稻草、秸秆料要粉碎，使用前最好暴晒 1～2 d。

3. 菌种准备

根据本地区的气候条件、原料来源、栽培条件，按照产品用途要求，选择适应性好、抗逆性强、商品性好、质量优的品种，采用常规制种方法，按照生产计划制作好菌种。灵芝菌丝在 PDA 综合培养基上 15～20 d 可满管，在木屑培养基上 25～30 d 满瓶，培养料中 30～40 d，菌丝可长满袋。

(二)培养料制作

拌料、装袋和灭菌参照其他全熟料栽培的品种。

1. 拌料

拌料要做到“三均匀”，即原料与辅料混合均匀，干湿搅拌均匀，酸碱度均匀。木屑主料应先过筛，以除去木块等杂物，玉米芯等秸秆类原料应提前一天用水预湿。拌料时先将主料和不溶于水的辅料混合均匀，再加入溶有糖等辅料的水搅拌均匀，不能有干的料粒。含水量调至60%～65%，简单测定方法是，用手握一把湿料，手指缝间可见水痕而不滴下即可。

2. 装袋

拌好的料应及时装袋，装袋可用手工装袋和机械装袋，机械装袋一般比较均匀，而且装后袋中央直接打出接种孔；手工装袋时，应该边装边用手压紧，做到松紧适度，可以用手指捏料袋外壁测松紧度，以有弹性感，硬而不软，可见有指坑而不深为宜。装后用手将料面压平，中间用圆木棒在培养料中心打孔，直径约2 cm，深度约为料深的3/4。袋口可用套环加棉塞、海绵套环或直接插入专用木棒、塑料棒封口。

3. 灭菌

装好的料袋，要及时进行灭菌处理。采用常压灭菌，温度达到100℃时，维持12 h，再闷3～4 h；高压灭菌，压力0.147 MPa，维持1.5～2 h。灭菌完毕后，取出料袋，冷却备用。

（三）冷却接种

待料温降至30℃以下，可以进行接种。接种可在经过消毒灭菌的接种室内进行。接种量以填满接种孔为宜，接种量越大越有利于加快菌丝生长，减少杂菌污染。接种时可以三人一组流水作业，一人解袋口，一人接种，一人封袋口。注意整个操作过程都应在无菌条件下进行，接种用具和操作人员的手都必须按照要求消毒灭菌。

（四）发菌管理

1. 温度

培养室的温度初期要控制在27～29℃，不要超过30℃，超过30℃时要及时开窗通风散热，降低温度，否则容易烧菌。温度低于15℃时，应采取措施进行升温。菌丝长满料面后，因为大量生长的菌丝体呼吸所释放的热量会导致料温升高，所以，此时室温应控制在22～25℃。每隔3～5 d（温度高时）或7 d（温度低时）进行倒堆，防止料温过高，造成烧菌。

2. 湿度

菌丝生长期要求空气相对湿度为60%～70%，宜低不宜高，早、晚各通风一次，每次30 min左右，随着菌丝生长，逐渐加大通风量来控制湿度，以免湿度过大，造成菌丝生长不良，而且容易滋生杂菌。

3. 空气

灵芝是好气性真菌，菌丝体生长阶段，要保持发菌室内有充足的氧气。一般来说，接种的十几天内，菌袋内菌丝量少，袋内氧气足够维持灵芝菌丝生长。但随着菌丝量增加，氧气消耗量逐渐增大时，则应通过加大发菌室内空气流通量来保持空气新鲜，促进菌丝生长。

4. 光照

光照对菌丝生长起抑制作用，因此，保持培养室处于黑暗条件下，菌丝才能够生长旺盛。另外，在培养发菌期间，要认真检查菌种生长情况，及时搬出感染杂菌的菌种，以保持菌种的纯度。培养 30～40 d，菌丝就可长满袋。

（五）脱袋覆土

挖土做畦，畦宽 120 cm，深 20～30 cm，长不限，畦与畦之间要留 50～60 cm 的过道。畦床做好后，先在畦底及畦床四周撒一薄层石灰粉消毒杀菌。

覆土材料要求土质疏松，腐殖质含量丰富，沙壤质，含水量适中，即手握成团，触之即散的程度，土粒直径 0.5～2 cm 为宜，覆土材料加入生石灰调 pH 至 8 左右。

将长满菌丝的菌袋脱去塑料薄膜，摆放入畦床内，菌棒之间距离 7～8 cm，中间填满准备好的沙壤土，顶部再撒上 2 cm 厚的土，覆土后随即浇足水分。栽培期间喷水可视具体情况而定，土干时每天可喷数次，达到土粒用手能捏扁，不粘手为止。一般覆土 15 d 左右菌丝可扭结形成原基。

（六）出芝管理

原基出现后，要做好疏蕾和温度、湿度、光照、通风等环境因素的调节，以创造一个适宜灵芝子实体生长发育的良好环境。

1. 疏蕾

每个菌棒料面出现多个芝蕾时，用消毒剪刀剪去一些，只保留 1～2 个，便于集中养分，长出盖大朵厚的子实体，同时也防止彼此之间粘连，长出畸形芝。

2. 温度

子实体分化最适温度为 25～28℃。温度长时间低于 20℃，芝蕾会变黄，僵化，子实体难于生长，温度超过 32℃时，菌丝生长快，但稀疏、生命力弱，子实体早熟，个小，散孢量少。适温范围内，温度偏低，芝体生长稍慢，但质地较好，盖厚，皮壳色泽深，光泽好；反之，虽然生长快些，但质量稍差。

3. 湿度

子实体分化生长期间，要求空气相对湿度保持在 85%～90%。湿度的控制主要靠喷雾状水和通风来调节。当子实体大量散发孢子时，应通过向地面和空间喷水来调节湿度，不要向子实体直接喷水，以使孢子能积留在菌盖上。

4. 光照

要得到生长迅速、形态正常的子实体，必须使出芝室有足够的光照，并且光照要均匀，以避免子实体因向光性而扭转。

5. 空气

通风是菌盖展开的关键，所以，出芝环境要加强通风换气，降低环境中 CO_2 浓度，以保证灵芝能够正常生长发育。

(七)采收加工

1. 子实体采收

灵芝子实体边缘白色生长圈消失，表明已经成熟。成熟后应停止喷水，减少通风，增加二氧化碳浓度，使菌盖增厚，维持 7～10 d，子实体开始散发孢子，当灵芝菌盖表面孢子粉色泽一致，形成一层褐色粉末时，即可采收。采收时，手捏菌柄，不要碰到菌盖，以保持灵芝的自然状态，用利刀齐土表割下子实体，留下菌柄以利于再生。

有研究表明，当子实体不再弹射孢子粉、灵芝子实体停止生长时采收子实体为宜，这时的灵芝多糖含量最高，质量最好，而且能够提高孢子粉的产量。

2. 孢子粉收集

灵芝的孢子粉具有很高的药用价值，所以一定也要采收。采集方法是，在子实体菌盖形成并开始弹射孢子时，在菌盖上面罩一个纸袋，让弹射出的孢子落在纸袋内。

3. 干燥加工

灵芝子实体可以自然晒干，或者在烘房内烘干。干燥的灵芝，分级密封在塑料袋内，放在阴凉干燥的室内贮藏，注意防止受潮生霉和出现虫蛀。此外，灵芝还可以加工成片剂、丸剂、粉剂、灵芝茶、灵芝酒、灵芝饮料等种类繁多的保健品或药品进行出售。

(八)后期管理

采收后，喷一次重水，然后盖好塑料薄膜保温保湿，当下一潮灵芝子实体长出后，再进行通风换气，喷水保湿管理。一般只出两潮灵芝，产量集中在第一潮，第二潮子实体小，产量低。

二、短段木熟料栽培技术

短段木熟料栽培是近几年发展较快的一项灵芝栽培新技术，每立方米木材平均可收干芝 20 kg 以上，高产可达 30 kg 以上，比常规栽培法增产 20%，表现出发菌速度快、成活率高、盖大、色泽鲜艳，肉厚，芝盖坚硬、出芝期长等特点。产品 90%以上符合出口要求。

（一）准备工作

1. 芝棚准备

最好选择阴凉避风、土质疏松、水源方便、排水良好、交通方便、偏酸性沙质土的疏林地或田地。需搭建高 2～2.5 m、宽 4 m 的棚，棚内分左右两畦。用黑色遮光网覆盖棚顶，使棚内能形成较强的散射光。塑料日光温室也是较理想的栽培场所。栽培场所应在晴天翻土 20 cm 深，然后做畦，畦深 15 cm、宽 150 cm，畦长按地形决定，去除杂草、碎石，畦面四周开好沟，沟深 30 cm 左右。

2. 段木准备

一般选择材质较致密的壳斗科的树种柞树、栲树等。也可选用桦树、榆树、槭树、胡桃楸、悬铃木和野桃等树种。其次适时砍伐。原木的砍伐要求在灵芝栽培之前 15 d 左右或冬季“三九”时进行，接种前 1 周左右截断。段木长 12～15 cm。较粗的短木（直径大于 7 cm）要劈成小块后打捆装袋，较细的短木可几根合在一起用塑料绳（或细铁丝）打捆后装袋。截断要求长短一致，断面平整，并用利刀削去段木上的毛刺和枝丫突起，以免操作时刺破塑料袋。段木含水量要求 38%～45%，以断面中部有 1～2 cm 裂痕为宜。

（二）装袋和灭菌

塑料袋可选用 0.05 mm 厚的低压聚乙烯袋，一般直径 20 cm，长 35～37 cm。每袋装 1 段（或 1 捆），用绳系紧袋口。最好将套上塑料袋的木段放入铁筐里，再搬入蒸气锅中。常压蒸气灭菌 100℃ 保持 10～12 h，然后焖 10 h。高压灭菌 0.14 MPa 保持 2.0～2.5 h。

（三）接种

接种室消毒处理、接种方法与代用料栽培方法相同。接种要接在袋口短木表面，菌种要紧贴短木切面。为加速灵芝菌丝生长，接种量可适量增大，一般每立方米段木用菌种 80～100 瓶（500 mL 罐头瓶）。这样发菌快，并且杂菌污染少。

（四）堆棒发菌

将已接种的短段木培养袋移至培菌室，以培养温度 26～28℃、空气相对湿度 60%，黑暗环境下培养。堆高 1 m 左右，长度随意，堆与堆之间留宽 50 cm 的作业道，以利通风。在培菌过程中，若室温过低时可进行增温培菌；若室温过高时应及时通风降温。菌丝生长后期若发现袋内大量水珠产生，则要加强通风或降湿处理。发菌 15 d 后，菌丝布满木段，可进行倒堆，以调节堆内外温度，促进生长，这时可结合刺孔放气，减少袋内积水，增加袋内氧气。培菌过程中若发现杂菌污染的菌包，应及时搬出培菌室进行处理，袋中短段木可用石灰水清洗后再利用。发菌期历时50～70 d，当菌丝体发育成熟时，木段布满白色厚层菌丝，塑料贴紧木段，有发轻的感觉，用手压短木段有弹性，表面出现绣色斑纹，这时即可埋土出芝了。

（五）脱袋埋土

脱袋埋土应选择气温15～20℃的晴天或阴天进行，切忌雨天操作。事先在整好的条畦中，挖成深18～20 cm的地沟，沟底撒少许农药以防白蚁危害（如用灭蚁灵诱杀、DDVP喷杀等），之后撒上一层细土，再将长满菌丝的短段木菌包脱袋直立摆放畦床内，菌段间距为7～8 cm。摆好后覆土2 cm厚，以菌段不露为标准。覆土时，喷一次重水，促使土壤填充菌段空隙。埋段后，棚架上蒙上塑料布和遮阳物（草帘或遮阳网）。

（六）出芝管理

出芝管理参照"灵芝代用料栽培"。

（七）采收及采后管理

当菌盖不再增大、白边消失、盖缘有多层增厚、表面呈现出漆样光泽、柄盖色泽一致、孢子飞散时就可以采收了。采收前3～5 d停止喷水，关闭棚门及通风口。采收时从菌柄基部约2 cm处用锋利刀具切除。但在收二潮灵芝后准备过冬时，则将柄蒂全部摘下，以便覆土保湿。采收后的子实体应剪弃带泥沙的菌柄，若菌盖表面有泥土等杂质，可用软刷在面上轻刷。置干燥室内保存或出售。灵芝采收后，停止喷水2～3 d，提高湿度达90%～95%，温度仍保持在27～30℃，7～10 d后，又可在原来菌柄上继续长出实体，按照前一段方法培养管理约25～30 d，可采收第二批灵芝，一般可采收3批。

生产实训

2-9-1：1.0万袋灵芝代用料室外畦床栽培，6月下旬采收

一、确定生产项目

与校企合作企业共同研究，结合企业目前生产运行的实际情况以及学生的后续学习确定学生的实训生产项目为灵芝室外畦床栽培技术。

二、下达生产任务

1.0万袋灵芝代用料室外畦床栽培，6月下旬采收。

三、制定生产计划

1.时间数量（略）

2. 配方确定(略)

3. 用具、设备、设施准备(略)

4. 物料预算

物料种类	物料数量	单价	成本/元
木屑	4 500 kg	0.40 元/kg	1 800.00
麸皮	1 440 kg	1.30 元/kg	1 872.00
石膏	60 kg	0.50 元/kg	30.00
低压聚乙烯筒袋	10 500 万个	6.00 元/100 个	600.00
扎口绳(塑料包装绳)	10 kg	4.00 元/kg	40.00
栽培种	400 袋(17 cm×33 cm)	2.00 元/袋	800.00
煤	1.5 t	1 000.00 元/t	1 500.00
其他(人工费、消毒药品等)			3 000.00
成本合计			9 642.00
产量(子实体)	500 kg		
毛利润		40.00 元/kg	20 000.00
纯利润			10 000.00

注:栽培袋按照 0.6 kg 干料/袋装计算;表中数据仅供教学生产实训参考。

四、技能考核标准

考核评价项目	考核评价观测点	分值	学生自评	学生组长评价	企业导师评价	校内导师评价	平均分
技能考核(50 分)	工艺流程掌握	3					
	生产计划制定	3					
	配方确定	3					
	物料预算	4					
	拌料装袋	5					
	料袋灭菌	4					
	冷却接种	3					
	发菌管理	3					
	覆土、出芝管理	5					
	生产实训后期清理、入库等工作	2					
	播种、覆土准备工作	4					
	后期清理、入库等工作	4					
	培养检查工作	2					
	销售工作	5					

注:素质评价 30 分,略;专项评价 20 分,略。

技术图解

灵芝栽培

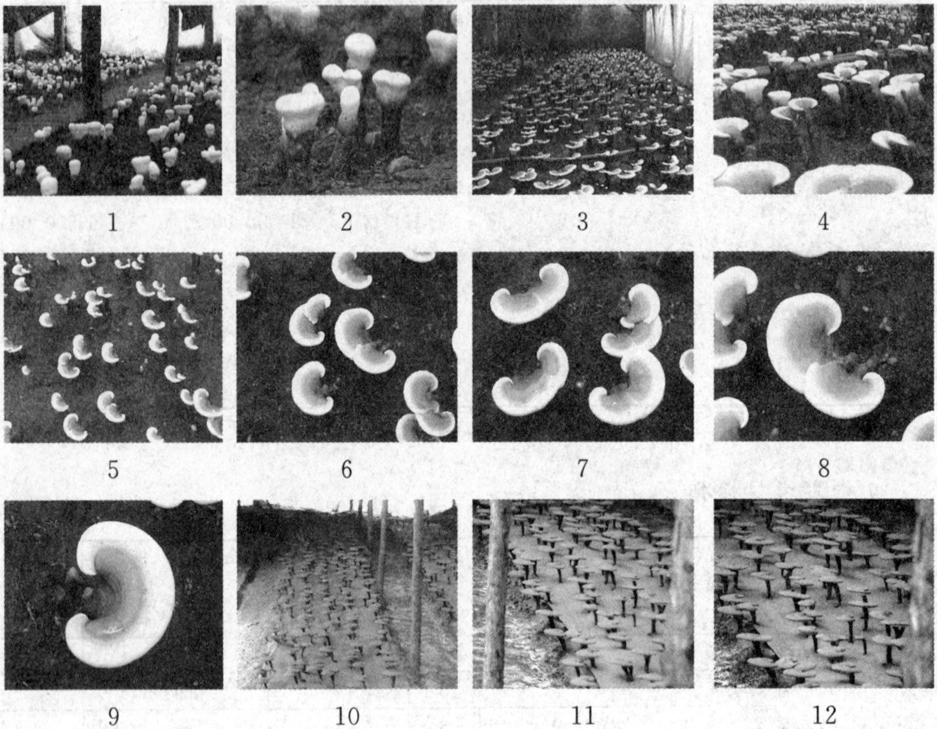

(以上图片均由王升厚摄影并提供)

图1、图2:子实体原基分化阶段;图3~9:子实体生长阶段;图10~12:子实体成熟,散放孢子

拓展链接

灵芝产品开发

灵芝的子实体、菌丝体及孢子均可制成制剂供药用。目前,市场上销售的灵芝多是加工成的灵芝保健品和药品,包括灵芝片、灵芝粉、灵芝超微粉、灵芝孢子粉、灵芝破壁孢子粉、灵芝丸、灵芝冲剂、灵芝酒、灵芝胶囊、灵芝多糖、灵芝糖丸、灵芝糖浆、灵芝饮料等。

一、保健食品开发

1. 灵芝切片

选择干燥、无霉变的灵芝,采用机械切片的方法,制作成灵芝切片。可以直接作为保健品使用,也可以作为进一步加工的原材料。

2. 灵芝孢子粉

目前对灵芝孢子粉的采集一般采取风力吸取的方式,孢子粉洁净度和纯度都比较高。市售的孢子粉有各种包装处理和规格。除了常规使用外,也有对孢子粉采取超声波破壁处理和酶解处理的,制成破壁孢子粉或酶解孢子粉上市,销售价格较未处理的孢子粉高。

3. 灵芝精粉

一般是将灵芝子实体或其使用后的下脚料通过机械设备加工成不同颗粒度的粉末。

4. 灵芝多糖

采用生物提取的方法提取灵芝多糖,直接作为保健食品或保健药品使用。

5. 灵芝孢子油

灵芝的孢子中含有2～3滴孢子油,通过生物提取的方法将其提取出来,制作成软胶囊,直接作为保健品或药品使用。

二、灵芝工艺品开发

灵芝自古即是富贵祥瑞之物,象征着吉祥如意,祥瑞长寿,也体现人们追求吉祥富贵,平安幸福的美好愿望。

灵芝生长期间采用嫁接技术或将采收后的子实体进行进一步的加工,制作成的灵芝盆景古朴清新、景象美观、形神兼备、姿态万千。灵芝盆景以其独特经典的艺术造型和深邃的艺术内涵,已经成为装点高档居室、办公室、宾馆、酒店的首选,也是馈赠、收藏的时尚佳品。

盆景制作主体材料要求正常和畸形的灵芝大小搭配,便于设计与创作。陶瓷和南泥的古塔、茅屋、小桥、山石、动物、人物都是很好的辅助素材。造型组合时山石、树根等辅件组合要立体、灵动,不能呆板。主体材料进行必要的处理,再拼接、固定在构架上。树木、青苔等的搭配能够增添作品鲜活的生命力。

灵芝产品

1

2

3

4

5

6

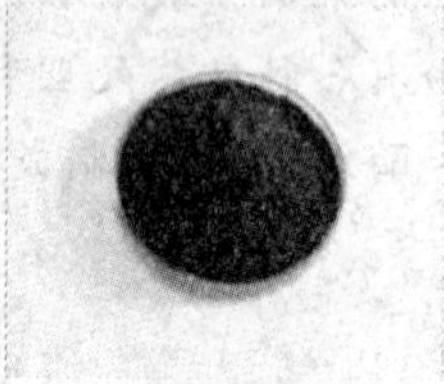
7

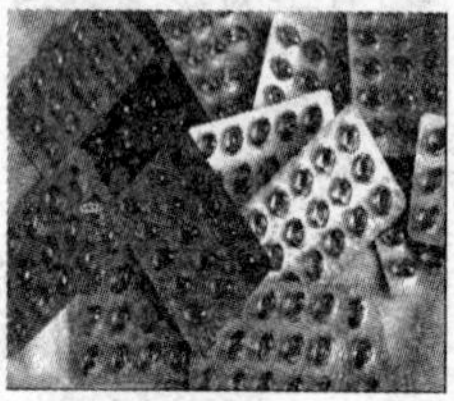
8

9

10

11

12

（图 1～8 为网络图片；图 9～12 实物由崔颂英、马德福制作，崔颂英、杨俊达摄影并提供）

图 1～8：灵芝保健品；图 9～12：大型组合灵芝盆景

情境检测

2010 年 10 月 28 日上午，有“中国灵芝之乡”美誉的安徽省旌德县举办了第二届中国旌德灵芝文化旅游节。节庆期间，共达成投资协议项目 43 个，协议总投资 38.62 亿元。

原本生长在深山、传说中的“灵芝仙草”，如今正成为旌德山区农民致富的“宝贝”。旌德县自然环境优越，旅游资源丰富。1986 年，张正高开始在当地试种灵芝，后又通过“公司＋基地＋农户”的方式，发展灵芝产业。

目前，旌德县通过引入国内先进的段木种植和袋料种植技术，研发出大棚种植、利用退耕还林山地种植和桑枝袋料种植灵芝等新技术、新方法。灵芝产业已形成以旌德为中心，辐射皖南、皖西、浙西、赣东等地山区的支柱产业。全县目前灵芝种植总面积7万多亩，带动农户3.21万户，年产灵芝孢子粉522 t。

你如何理解“公司＋基地＋农户”的运作方式，在实践中如何发挥其最大的效用？

学习情境十　蛹虫草栽培

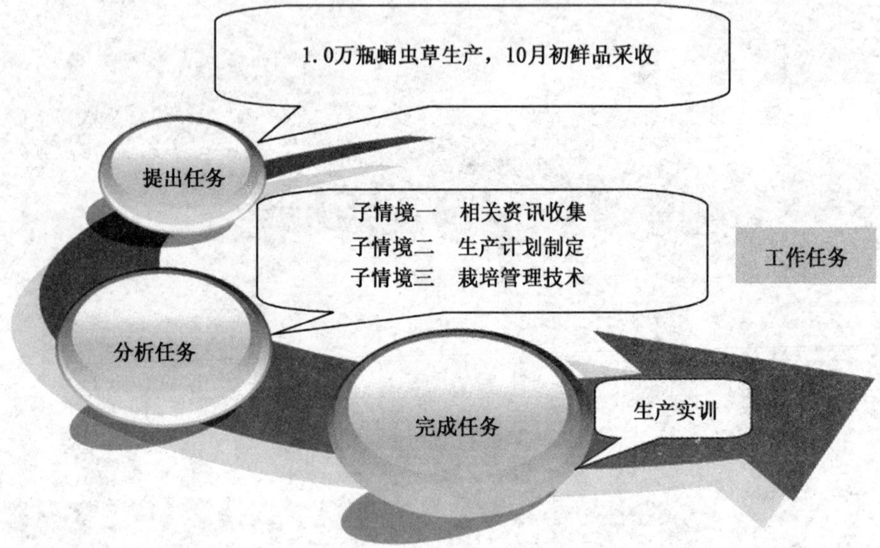

子情境一　相关资讯收集

蛹虫草(*Cordyceps militaris*)是虫草属的药用真菌,又叫北冬虫夏草,简称北虫草。在虫草属中,人们广泛研究其药用价值和栽培技术的有两种:一种是冬虫夏草,另一种就是蛹虫草。冬虫夏草自然分布在高海拔地区,寄生在蝙蝠蛾(*Hepialus armoricanus*)的幼虫体上,为名贵中药,人工栽培很难;蛹虫草野生菌株寄主范围十分广泛,广泛分布于低海拔地区,亦为名贵药材,已经实现了规模化人工栽培。

蛹虫草菌丝体发酵液中含有甘露醇,产生蛹虫草菌素 3′-腺嘌呤苷和 5′-三磷酸盐虫草菌素。可药用治疗结核、体虚、贫血等多种疾病,另有可以抗癌的报道。研究表明,蛹虫草的药用价值和保健功能与冬虫夏草基本相似,甚至高于冬虫夏草(表 2-10-1 至表 2-10-4)。

表 2-10-1 蛹虫草和冬虫夏草主要矿质元素含量比较 mg/g

项别	Na	K	Ca	Mg	P	Fe	Zn	Cu	Mn
蛹虫草	776	666	318	945	4 092	71	83.21	16.75	2.24
冬虫夏草	987	547	565	1 083	3 574	63	14.58	3.13	3.83

表 2-10-2 蛹虫草和冬虫夏草主要维生素含量比较 mg/g

项别	维生素 A	维生素 B_1	维生素 B_2	维生素 B_6	维生素 B_{12}	维生素 C	维生素 D_3	维生素 E
蛹虫草	0.385	0.748	0.176	2.282	0.668	0.249	0.148	3.693
冬虫夏草	0.067	痕量	0.014	痕量	0.023	0.017	痕量	0.037

表 2-10-3 蛹虫草和冬虫夏草特殊化学成分含量比较

项别	虫草菌素(mg/g)	虫草酸(mg/g)	虫草多糖(mg/g)	每毫克 pro 中含 SOD/μg
蛹虫草	2	8	13	584
冬虫夏草	0.48	6.8	12	183

表 2-10-4 蛹虫草和冬虫夏草 8 种人体必需氨基酸含量比较 mg/100 g

项别	赖氨酸	色氨酸	苯丙氨酸	蛋氨酸	苏氨酸	亮氨酸	异亮氨酸	缬氨酸	总计
蛹虫草	688	139	436	70	879	717	487	876	3283
冬虫夏草	132	112	114	52	142	146	93	163	852

蛹虫草中的主要药效成分均具有独特的药效功能。蛹虫草的药用价值可以归纳为:调节免疫系统功能;直接抗肿瘤作用;提高细胞能量、抗疲劳;调节心脏功能;调节肝脏功能;调节呼吸系统功能;调节肾脏功能;调节造血功能;调节血脂以及具有直接抗病毒、调节中枢神经系统功能、调节性功能等作用。

随着人们对蛹虫草的药用价值和保健功能认识的不断加深,以蛹虫草为原料的医药保健品在不断开发,野生蛹虫草的数量已经远远不能满足国内外市场的需求。自 20 世纪 50 年代以来,国内众多科研机构、开发部门投入了大量的人力、物力,对蛹虫草的人工培养技术进行了研究,到 80 年代中期就成功实现了蛹虫草的人工栽培,从而使我国成为世界上首次利用虫蛹等为原料,批量培养蛹虫草子实体的国家。90 年代以大米、小麦等原料作为培养基代替虫蛹培养基培育蛹虫草技术获得了成功,使蛹虫草栽培可以实现规模化生产。

在菌种的选择方面,蛹虫草菌种的选择更要慎重。因为与其他栽培品种比较,蛹虫草菌种退化很快,栽培上常常出现不稳定性,因此生产上使用的母种一般都是向权威的研究机构购买,不可随意通过子实体组织分离等方法获得菌种后盲目扩繁进行生产,这样往往给生产带来巨大的风险,甚至是不可挽回的损失。蛹虫草常用菌种的种性特点介绍见表 2-10-5。

表 2-10-5　常见蛹虫草栽培菌株

项别	种性特点
Cm-23B	2005 年驯化的品种。草体黄红色，丛生性好。出草温度在 15～22℃
Cm-28A	野生驯化品种。草体红黄色，色泽鲜艳。草体粗壮，直立生长，组织致密，出草整齐集中，产量高。出草温度在 16～23℃
农大 Cm-001	野生驯化种。草体金黄色。产量高
农大 Cm-029B	野生驯化种。金黄色。草密集、丛生性强。产量高

蛹虫草栽培技术目前已经在全国许多地区得到普及。我国北方主要采取日光温室层架式栽培，南方不少地区主要采取室内工厂化生产，管理上采用人工智能化模式。这里主要介绍以大米和小麦为原料的蛹虫草瓶栽技术，(表 2-10-6 至表 2-10-8)。

表 2-10-6　我国北方地区蛹虫草栽培季节安排

项别	栽培时间	出草时间
春季栽培	2～3 月份	4～5 月份
秋季栽培	7～8 月份	9～10 月份

表 2-10-7　蛹虫草栽培 1 000 mL 营养液配方　　g

配方	蛋白胨	酵母膏	蚕蛹粉	鸡蛋清	葡萄糖	磷酸二氢钾	硫酸镁
一			20		20	1	0.5
二		10		50	20		
三	10	5			5	1.5	0.75
四		5			10		
五	5				5	1	0.5

注：蛹虫草栽培 1 000 mL 营养液配方为将上述配方中加入 1 000 mL 营养液所得；上述配方加入维生素 B_1 和维生素 B_6 各 20 mg。

表 2-10-8　蛹虫草栽培每瓶装瓶量

项别	小麦主料		大米主料	
	小麦	营养液	大米	营养液
750 mL 罐头瓶	30 g	50 mL	30 g	40 mL
500 mL 罐头瓶	25 g	40 mL	25 g	35 mL

子情境二　生产计划制定

一、工艺流程

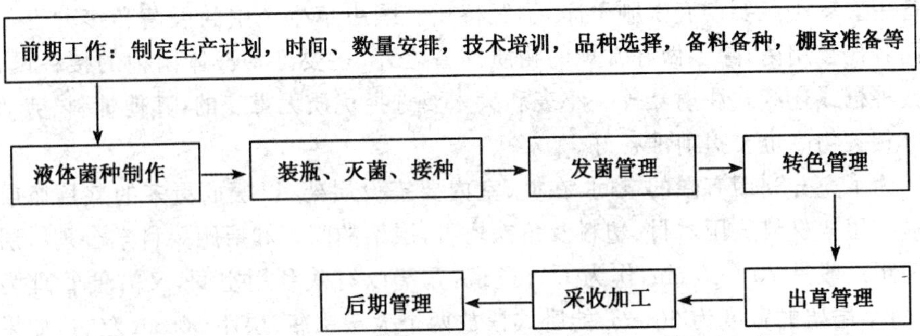

图 2-10-1　蛹虫草瓶栽工艺流程

二、时间、数量

1.0 万瓶蛹虫草生产，9 月下旬鲜品采收，时间和数量见表 2-10-9。

表 2-10-9　蛹虫草栽培的时间和数量

项目	栽培始期	出草始期
时间	8 月上旬	10 月上旬
数量	1 万瓶	30 kg(干品)

三、确定配方

选用表 2-10-7 配方五。

四、物料预算

见“生产实训 2-10-1”。

子情境三　栽培管理技术

(一)准备工作

蛹虫草栽培可以在日光温室中进行,也可以利用闲置的空房。栽培生产前清理环境卫生、修缮栽培棚室、制作培养架、安好照明灯等,最后将培养室进行熏蒸消毒备用。罐头瓶要彻底洗刷干净,倒置待用。蛹虫草生产中的灭菌和接种设备基本同其他食用菌,除了做好常规的物质准备之外,还要准备液体菌种的接种设备,如接种枪或连续式注射器等。小麦和大米要选择优质无霉变的,其他辅料、劳动工具等相关物品也要提前准备好。

为了充分利用有限的空间,在棚、室内要搭设层架,以摆放更多的栽培瓶或栽培袋。层架材料选用木材、塑料及角铁均可,层架的间距和层距要科学合理。层架的间距一般是 70～80 cm,作为人行过道,宽窄以有效利用空间,又方便管理为原则;每个层架的宽度为 30 cm,能卧式摆放两个大罐头瓶;层距 50 cm 左右,如果太大,栽培瓶放置不够稳固。每个层架最高不要超过 5 层,层架要坚固耐用。

(二)液体摇瓶菌种制作

蛹虫草生产中,大多使用液体摇瓶菌种。摇瓶菌种营养液可以选用如下配方:磷酸二氢钾 2 g,硫酸镁 2 g,蛋白胨 5 g,葡萄糖 20 g,可溶性淀粉 30 g,维生素 B_1 10 mg,水 1 000 mL,pH 调至 6.0。具体的制作方法是:取 1 000 mL 水,煮沸后分别加入可溶性药物,然后将调成糊状的可溶性淀粉徐徐加入,避免结块,最后用 5%的盐酸或 5%的氢氧化钠溶液调 pH 至 6,以 500 mL 罐头瓶为容器,每瓶加入营养液 100 mL,摇瓶培养用的玻璃珠 10 个左右,于 123℃下灭菌 20～25 min 即可。

摇瓶菌种的接种与培养:营养液冷却后,挑选优质蛹虫草试管母种于接种箱内按无菌操作规程接种。一般每管母种可接种 10 瓶液体菌种;接种后于 20～22℃环境中避光静置培养 1～2 d,再移至摇床上震荡培养,旋转式摇床一般将转速调至 130～140 r;7 d 左右可以看到直径约 2 mm 的菌丝球均匀地布满透明的橙黄色营养液。由于液体菌种不能放置时间太长,因此,长好的菌种 7～10 d 内使用是最佳时间,生产中一定要按生产日期分期、分批合理安排。

(三)栽培瓶制作

装瓶量详见表 2-10-8。

培养基装瓶之后,一般采用 0.04～0.05 mm 厚的聚丙烯塑料薄膜封口,1 层即可,外套橡皮圈或用细绳扎紧。

注意的是料水比例要合适，水分太多，会造成通气不好；太少满足不了菌丝生长的需求，并且卧式摆放时，培养料会倾向一侧，导致出草不齐。

封瓶、灭菌方法等操作与罐头瓶栽培种制作相同。灭菌时要将稀释液体菌种用的水同时灭菌，即用无菌水进行稀释。一般每瓶 100 mL 液体菌种要稀释成 500 mL使用，即每瓶加入 400 mL 无菌水。故在栽培瓶灭菌时按照需要每个罐头瓶装 400 mL 水同时装锅进行灭菌。

灭菌后的大米饭培养基应松软而不烂，即疏松透气又不太干。如果培养基水分太大，米饭太烂，菌丝难以吃透，仅在表面生长，发菌后期容易造成酵母菌或细菌污染。如果太干，菌丝生长缓慢，瓶内小气候干燥，菌丝纤细无力，难以转色出草。

接种前在无菌操作条件下将液体摇瓶菌种按要求稀释，备用。接种工具选用长柄匙，将匙柄弯折成与匙身呈 90°，每次取 10 mL 液体菌种，掀开封口薄膜洒在大米饭培养基表面，或者使用无菌注射器刺破封口薄膜直接注射接种，但注射部位的封口薄膜要用酒精棉球擦拭消毒。其他无菌操作的基本要求与栽培种接种基本相同。大批量生产中可以采用专用接种枪。

(四)发菌管理

接种后栽培瓶直立放置培养 1～2 d，控制温度在 20～22℃，使菌丝萌发，定植后再上架培养。否则，菌液或营养液及培养基会倒向一侧，导致出草不齐。

当菌丝萌发后便可摆上架进入发菌期管理。由于蛹虫草具有一定的趋光性，在摆放时要将瓶口朝向光线进入的一面，目前生产中菌瓶以口朝外侧卧式摆放为多，每层架上摆放 5 层菌瓶为宜，层架之间设置日光灯补充光照。

菌丝体培养阶段，以 18～24℃为宜；环境湿度在 65%～70%为宜；通风量可根据培养室内所放的菌瓶数确定，以保证培养室内空气清新为度；蛹虫草的菌丝生长不需要光线，当菌丝完全吃透培养料以后，光照刺激使菌丝进入生殖生长阶段，否则过早见光会影响产草量。

(五)转色管理

经 10～15 d，料面白色菌丝浓密，菌丝穿透并长满培养基，气生菌丝表面出现一些小隆起，此时表明需要增加光照，促进转色。由于培养室搭设层架摆放栽培瓶，因此有条件的可完全用日光灯照射采光，便于控制好光照度，促进均匀并较快地转色；转色温度在 21～23℃为宜；相对湿度 75%左右；保持良好的通气条件。为了促进转色，封口膜上一般用大头针刺 10 个左右小孔增加瓶内菌丝的氧气供给量，5 d 左右即可出现米粒状原基并转成橘黄色。

(六)出草管理

温度控制在 18～22℃，超过 28℃一般不能形成子座；保持空气清新，室内要求每天通风一次，前期每次30～60 min，后期出草量大，呼吸增强，通风时间可适当延长；空气相对湿度在80%～90%；光照强度200～500 lx，用日光灯补光既可，后期随着子实体分化和生长，加大通风换气时间，空气湿度增至95%。

（七）采收加工

通常按照上述管理条件，经过15 d左右，子实体高度可达7 cm以上，当子座上部出现橘红色小点时进入采收阶段。当子座高达8 cm左右，上部有黄色突起物出现以及顶端长出许多小刺，整个子座呈橘红色或橘黄色并且不再生长时，表明已经成熟，这时就可以采收了，蛹虫草一般只采收1茬。草体采收后，除鲜销外，一般都烘干后进行包装。蛹虫草干品等级标准见表2-10-10。

表2-10-10　蛹虫草干品等级标准

项别	一等	二等	三等	等外
长6 cm以上	80%	65%	50%	
长不足6 cm	18%	31%	44%	90%
破碎率	<2%	<4%	<6%	<10%
形态	单根、略直、摆放整齐		零散不齐	零散不齐
色泽	橘红色或橘黄色			颜色较浅
品质要求	无根基、无杂质、无烤焦、无霉变、无虫蛀、无异味			品质稍差
含水量	含水量12%～13%（干而不易破碎）			

生产实训

2-10-1：1.0万瓶蛹虫草生产，10月上旬鲜品采收

一、确定生产项目

与校企合作企业共同研究，结合企业目前生产运行的实际情况以及学生的后续学习确定学生的实训生产项目为蛹虫草栽培生产。

二、下达生产任务

1.0万瓶蛹虫草生产，10月上旬鲜品采收。

三、制定生产计划

1. 时间数量（略）
2. 配方确定（略）
3. 用具、设备、设施准备（略）

4. 物料预算

项目	物料数量	单价成本	合计成本/元
大米	300 kg	3.00 元/kg	900.00
蛋白胨	40 瓶(250 g/瓶)	60.00 元/瓶	1 200.00
葡萄糖	20 瓶(500 g/瓶)	12.00 元/瓶	240.00
磷酸二氢钾	2 瓶(500 g/瓶)	12.00 元/瓶	24.00
硫酸镁	1 瓶(500 g/瓶)	12.00 元/瓶	12.00
维生素 B_1	8 瓶(100 片/瓶)	3.00 元/瓶	24.00
维生素 B_6	8 瓶(100 片/瓶)	3.00 元/瓶	24.00
750 mL 罐头瓶	10 500 个	0.20 元/个	2 100.00
封口膜	10 500 个	12.00 元/600 个	210.00
液体菌种	200 瓶(200 mL/瓶)	1.00 元/瓶	200.00
95%酒精	10 瓶(500 mL/瓶)	5.00 元/瓶	50.00
气雾消毒剂	5 盒(50 g/盒)	3.00 元/盒	15.00
脱脂棉	1 包(500 g)	15.00 元/包	15.00
记号笔	2 支	2.00 元/支	4.00
燃料	1 t	700.00 元/t	700.00
其他			1 000.00
成本合计			6 718.00
产量	30 kg		
毛利润		600.00 元/kg	18 000.00
纯利润			约 11 282.00

注:上表中的数据仅供实训教学参考;秋茬实训生产物料预算可以参照春茬;维生素 B_1、维生素 B_6 的规格为 10 mg/片。

四、技能考核标准

考核评价项目	考核评价观测点	分值	学生自评	学生组长评价	企业导师评价	校内导师评价	平均分
技能考核(50分)	工艺流程掌握	3					
	生产计划制定	3					
	配方确定	3					
	物料预算	4					
	培养料配制	3					
	灭菌	4					
	冷却接种	5					

续表

考核评价项目	考核评价观测点	分值	学生自评	学生组长评价	企业导师评价	校内导师评价	平均分
技能考核（50分）	发菌管理	3					
	转色、出草管理	5					
	生产实训后期清理、入库等工作	2					
	播种准备工作	4					
	后期清理、入库等工作	4					
	培养检查工作	2					
	销售工作	5					

注：素质评价30分，略；专项评价20分，略。

技术图解

蛹虫草栽培

1

2

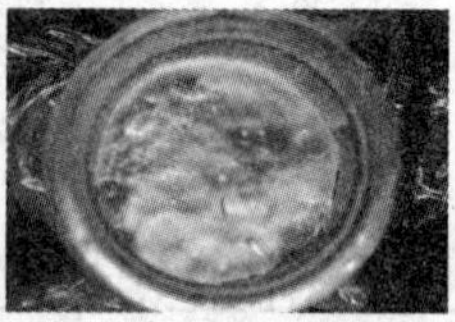
3

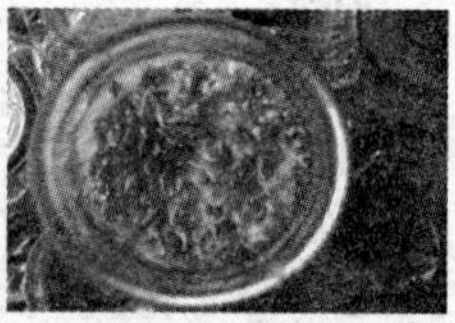
4

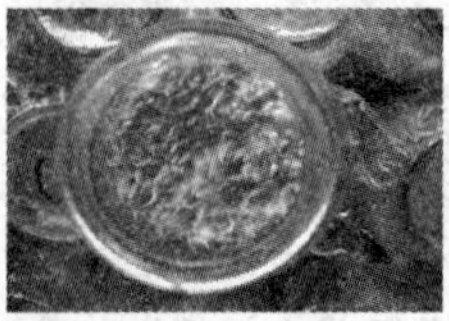
5

6

7

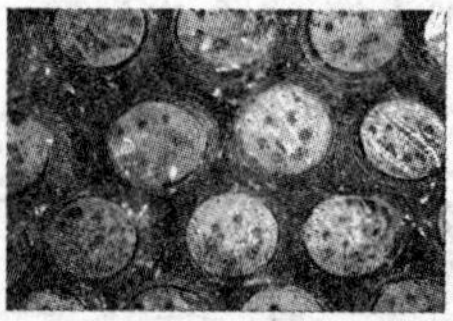
8

9

10

11

12

13

14

15

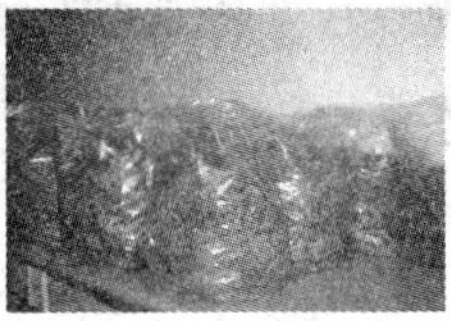
16

（以上图片由崔颂英、熊伟、杨俊达摄影并提供）

图1:液体菌种;图2:大米培养基;图3～12:子实体生长过程;图13～16:采收加工

拓展链接

蛹虫草产品开发

随着国民经济的发展，人民生活水平不断提高，现在人们越来越重视提高自身的身体素质。由于蛹虫草已经实现了规模化生产，且因蛹虫草具有提高免疫力、抗癌等多种功效，由蛹虫草开发的各种保健品越来越受到人们的欢迎。目前已经开发出蛹虫草胶囊（蛹虫草粉胶囊）、冬虫夏草口服液、蛹虫草滋补酒等。

一、胶囊

目前我国有多家企业可以生产该产品，如安徽巢湖中晨生物科技有限公司生产的“天地源”蛹虫草胶囊、无锡山野菌物有限公司生产的“五材宝”牌蛹虫草胶囊、吉林首席药业有限责任公司生产的蛹虫草粉胶囊、云南省蒙自县“绿延牌”蛹虫草系列品、上海市农业科学院食用菌研究所（上海百信食药用菌科贸有限公司）生产的蛹虫草子实体粉、成都市草仙生物工程园（公司）生产的草仙蛹虫草纯粉胶囊、广州权威保健品有限公司半生缘冬虫草口服液等。

该类产品由蛹虫草的菌丝或子实体直接加工而成，其主要药效相似：一是具有补肺益肾，止咳化痰功能，用于慢性支气管炎证属肺肾气虚、肾阳不足者；二是对高血压、高胆固醇、糖尿病及综合征、心脑血管供血不足、头晕头痛、胸闷等有一定疗效；三是可用于肿瘤癌症的初期、及中晚期的辅助治疗，放化疗的康复治疗；四是抗衰老、治疗神经衰弱。

二、保健饮料

近年市场已开发有多种以蛹虫草为原料的保健饮料，如蛹虫草酸奶、保健茶饮料、保健型虫草蜜汁饮料等。这些保健饮料都是以蛹虫草或其菌丝体为主要原料，配以适量的其他中草药，研制出的具有较好功能的复合饮料。该类饮料一般色泽美观，口感宜人，且均具有提高机体免疫力、抗疲劳的作用。

三、滋补酒

国内现有多家企业在开发“虫草酒”，如四川成都草仙生物工程公司、四川仙潭酒厂、北京京都北草生物技术有限责任公司等。以鲜蛹虫草全草入酒，或再配以人参、鹿茸、枸杞、杜仲等中草药，所生产的酒可以滋补强身、提高机体免疫力，降血脂、抑制肿瘤，强心、健脾、保肝、补肺益肾，止咳化痰，对腰膝酸痛、肾衰竭有明显作用。

情境检测

冬虫夏草与人参、鹿茸齐名为中国传统的三大补品而驰名中外，药化、药理和临床实验证明蛹虫草完全可以作为冬虫夏草的代用品。蛹虫草作为一种药用菌在有效成分、药理作用方面已经被专业人员充分地研究和不断地发现，具备了功能性食品的开发价值。目前市场上有少量的蛹虫草产品出现，如蛹虫草干品、蛹虫草粉剂、蛹虫草胶囊、蛹虫草保健酒、蛹虫草茶及蛹虫草汤煲等，但这些加工品在保健品市场中的占有量微乎其微。

产业化栽培尚未具备成熟可行的操作技术，请你查阅相关资料，阐述蛹虫草产业化栽培的瓶颈。

典型工作任务三　病虫害防治技术

学习情境	一：菌丝体阶段病害	二：子实体阶段病虫害
子情境	一：菌丝体阶段常见侵染性病害	一：子实体阶段常见侵染性病害
	二：菌丝体阶段常见生理性病害	二：子实体阶段常见虫害
		三：子实体阶段常见生理性病害

具体任务及工作目标

1. 了解食用菌常见病害的种类、危害症状和发病规律。
2. 掌握食用菌病害的识别与防治方法。
3. 能识别食用菌虫害的种类及危害症状。
4. 能制定病虫害的综合防治措施。
5. 能解决生产实践中发生的病虫害问题。

学习情境一 菌丝体阶段病害

子情境一 菌丝体阶段常见侵染性病害

一、木霉

木霉又称绿霉菌，危害蘑菇、香菇、黑木耳、银耳等。

1. 症状

感染的料面上，初期产生灰白色棉絮状的菌丝，后从菌丝层中心开始向外扩展，最后转为深绿色并出现粉状物的分生孢子。菌落表面颜色为不同程度的绿色，有浅绿、黄绿、蓝绿等。木霉菌丝繁殖迅速，常在短时间内暴发，造成严重的危害和减产。

2. 病原形态

木霉的分生孢子梗直立，无色，分枝通常对生，侧枝短，顶端不膨大。分生孢子呈卵形或球形，无色或淡绿色。

3. 发生特点

木霉孢子萌发适温为25～30℃，空气相对湿度为95%。分生孢子可在空气中传播，培养料、覆土和菌事操作都可将木霉孢子带入栽培场和培养室。

4. 防治方法

搞好菇房和培养室的卫生，经常对环境消毒，做好通风换气，防止高温高湿；菌种生产时要严格灭菌，无论高压或常压灭菌，都要保证灭菌时间，灭菌必须彻底；栽培料中加入2%的生石灰粉、0.1%的50%多菌灵可湿性粉剂，调节培养料的pH值至8～9，装袋时掌握好料的松紧度，不要太紧；控制培养料的含水量，以宁干勿湿为原则，培菌期防止环境温度超过28℃；生料栽培时，用抑菌剂拌料可预防木霉发生，可用0.1%～0.2%多菌灵，0.1%～0.2%代森锌，0.07%～0.1%甲基托布津或0.08%～0.1%克霉灵拌料，其中以0.1%甲基托布津或0.08%～0.1%克霉灵拌料效果最好。在段木、菌块或菌床表面发生木霉时，用0.1%～0.2%多菌灵，0.1%～0.2%代森锌，0.1%甲基托布津或浓石灰水上清液涂抹被害部位，防止分生孢子扩散蔓延。或用甲醛和石炭酸合液处理侵染部位，能抑制杂菌生长，用克霉灵喷施平菇菇床，治愈率可达100％。菌床轻度发生时，在感染处洒上75％酒精，进行灼烧或用灼烧过的铁板置感染部位烫杀。菌床发生如已深入料内，及时用0.2％多菌灵浸的纱布盖住，然后轻轻挖掉已感染部位，在挖掉后的料面喷0.2％多菌灵、0.8％克霉灵或其他杀菌剂，也可涂抹浓石灰乳，再用非耕作层土填平，可控制其发展。防治木霉的药物，目前使用较普遍的是多菌灵、甲基托布津、克霉灵。此外还有杀菌剂40％保美生粉剂、林海因粉剂、霉灭敌粉剂效果较好。

二、青霉

该菌在食用菌制种和栽培阶段都可发生。

1. 症状

侵染初期，青霉菌丝和食用菌菌丝相似，不易区分，后逐渐出现单个的浅蓝色至绿色粉末状菌落。菌落初为白色，很快转为松棉絮状，大部分呈灰绿色。其生长速度没有木霉快，气生菌丝密集。

2. 病原形态

青霉的分生孢子梗直立，顶端不膨大，有分枝，分枝上再分枝，呈扫帚状，最后一级分枝为小梗，小梗上着生成串的分生孢子，分生孢子圆形，多数呈绿色。

3. 发生特点

菌丝生长适温为20～30℃，空气相对湿度为80％～90％，其传播主要由孢子随空气飞散而传播。各种食用菌制种如消毒不严，棉塞潮湿，培养室温度高、湿度大、通风不良，培养料偏酸等都易感染此菌。

4. 防治方法

参照木霉。

三、曲霉

曲霉危害蘑菇、草菇、灵芝等。常见的种类有黄曲霉、黑曲霉、白曲霉等。

1. 症状

常污染菌种和培养料，初期出现白色绒毛状菌丝体，扩展较慢，菌落较厚，很快转为黑色或黄绿色的颗粒性粉状霉层，抑制食用菌菌丝生长。

2. 病原形态

菌丝有隔，初为白色透明，分生孢子梗直立，不分枝，顶端膨大成圆形或椭圆形的顶囊，其上着生1～2层放射状小梗，小梗顶端串生球形或卵圆形的分生孢子，孢子呈黄、绿、褐、黑等各种颜色，因而使菌落呈各种色彩。

3. 发生特点

温度高、湿度大曲霉菌易发生，主要靠空气传播，培养料本身带菌或培养室消毒不严格是污染的主要原因。

4. 防治方法

参照木霉。

四、链孢霉

链孢霉又名脉孢霉、串球霉、红色面包霉，危害各种食用菌。

1. 症状

菌落初为白色粉粒状，很快变为橘黄色绒毛状，蔓延迅速，在培养料表面形成一层团块状的孢子团，呈橙红色或粉红色。特别是棉塞受潮时，棉塞外面长有橙红色团状或球状的霉。

2. 病原形态

菌丝白色、疏松、网状、较长。分生孢子卵圆形，红色或橙红色，在气生菌丝丛的顶部形成枝链，分生孢子在分生孢子梗上成串生长。

3. 发生特点

链孢霉的生活力很强，分生孢子耐高温，在温度25℃以上、空气相对湿度在85%～90%繁殖极快，2～3 d就可完成一代。传播方式主要为粉状孢子随气流扩散飞扬传播。制种或培养菌种期间，培养料灭菌不彻底，接种箱和培养室消毒不严，接种操作带菌，特别是棉塞受潮时易发生感染，蔓延迅速，对菌种产生的威胁很大。

4. 防治方法

在制种和栽培中应选用新鲜无霉变的原料，陈年原料在使用前要进行暴晒；在培养料配制过程中添加2%的生石灰，0.1%的多菌灵可湿性粉剂；制作菌种时要灭菌彻底，防止棉塞受潮；菌种生产时应尽可能避开闷热、潮湿的季节。若在此时生产菌种，应特别注意培养室通风排湿，降低室内湿度。保持室内干燥，并经常在培养室内外和瓶塞上撒石灰防潮。夏秋季接种时，接种箱和接种室消毒，适当加大用药量；加强培养室消毒和管理，夏秋季每隔7～15 d培养室用甲醛或硫黄熏蒸消毒一次，每天通风1～2次，保持室内干燥，室内潮湿时及时撒生石灰粉排湿消毒；菌丝生长期勤观察，多检查，菌床或床面出现链孢霉时，用石灰粉撒在被感染部位，并用0.1%高锰酸钾溶液浸的纱布或报纸覆盖，防止孢子扩散。配制培养料时，加入0.01%～0.2%多菌灵或霉锈净拌料。菌种瓶内出现，应在分生孢子形成前进行处理。若已形成分生孢子，切勿用杀菌药剂在瓶口喷施，以防气流冲击孢子使之扩散，应用0.1%煤酚皂溶液蘸湿的纱布轻轻包住瓶口送到室外烧毁或埋在地下，不能随便抛在培养室附近场地上。然后在已经清除杂菌的菇房内用0.01%～0.02%多菌灵药剂消毒。塑料袋内出现链霉菌局部感染时，可用5%可湿性托布津或甲醛液注入，以控制其扩展。

五、毛霉

毛霉又叫长毛菌，危害蘑菇、草菇、灵芝等。

1. 症状

菌落初为白色，棉絮状，老后变为黄色、灰色或浅褐色。毛霉菌丝生长迅速，能深入培养料中争夺水分和养分，并抑制食用菌菌丝的生长。

2. 病原形态

毛霉菌丝无色透明，菌丝体直接生出孢囊，孢囊梗顶端着生球形或近球形孢子囊，孢子球形。

3. 发生特点

毛霉在自然界分布很广，土壤和空气中都有毛霉的孢子存在，毛霉的孢囊孢子随气流传播，在温度25～30℃、空气相对湿度85%～95%、通风不良的情况下极易发生。

4. 防治方法

注意搞好环境卫生，保持培养室周围及栽培地清洁，及时处理废料。接种室、菇房要按规定清洁消毒；制种时操作人员必须保证灭菌彻底，袋装菌种在搬运等过程中要轻拿轻放，严防塑料袋破裂；经常检查，发现菌种受污染应及时剔除，绝不播种带病菌种。如在菇床培养料上发生毛霉，可及时通风干燥，控制室温在20～22℃，待杂菌抑制后再恢复常规管理。适当提高pH，在拌料时加1%～3%的生石灰或喷2%的石灰水可抑制杂菌生长。药剂拌料，用干料重量0.1%的甲基托布津拌料，防治效果更好。

六、根霉

根霉又称黑色面包霉，危害蘑菇、草菇、灵芝等。

1. 症状

菌落初为白色棉絮状，后变为淡灰黑色或灰褐色。菌丝白色透明，与毛霉相比，气生菌丝少，在培养料表面形成一层黑色颗粒状霉层。

2. 病原形态

根霉常见为无性繁殖，为孢囊孢子，孢囊球形，孢囊内是孢囊孢子，孢子球形、卵形。

3. 发生特点

根霉同毛霉一样，自然界分布广泛，土壤和空气中都有它的孢子，通常在气温高、通风不良的条件下易大量发生。

4. 防治方法

参照毛霉。

七、细菌

1. 症状

细菌菌落很小，多数表面光滑、湿润，半透明或不透明。试管菌种受到细菌污染后，其细菌菌落多为白色、无色或黄色，黏液状，常包围食用菌接种点，菌落形态特征与酵母的菌落相似。只是受细菌污染的培养基常散发出一种恶臭气味，并使食用菌菌丝生长不良或不能生长。若培养料被细菌污染，则呈现黏湿、色深、散发出酸臭味，使食用菌菌丝生长受阻。严重时，培养料会变质、发臭、腐烂。

2. 病原形态

细菌在自然界种类繁多，细菌个体极小，形态有杆状、球状或螺旋状。有些细菌在细胞内能形成圆形或椭圆形的无性休眠体结构，称为芽孢，芽孢的壁很厚，含水量小，化学物质不易渗透，对高温、光线、干燥和化学药品有较强的抵抗力。

3. 发生特点

细菌广泛存在于土壤、空气、水和各种有机物中，靠空气、水、昆虫等进行传播。细菌适于生活在高温、高湿及中性、微碱性的环境中。灭菌不彻底是细菌发生的主要原因，环境温度过高、培养料过湿、通风不好、pH 为中性或微碱性时，易发生细菌污染。

4. 防治方法

试管培养基 pH 可调成偏酸性，同时灭菌要彻底，以抑制细菌生长；菌种生产时所采用的各级菌种要确认无细菌污染后方可使用；栽培料要进行高温堆制和二次发酵处理，在拌料时可加入干料重 0.1％的 50％多菌灵或 0.1％的甲基托布津。栽培料含水量不宜过大，培养室、菇房温度不能过高。也可向已灭菌的试管培养基中加入少量链霉素或其他抗生素(以每毫升含 100～200 IU 为宜)。

八、酵母菌

酵母菌可污染各级菌种和栽培袋，尤其以母种培养基上最为常见。

1. 症状

酵母菌的菌落与细菌相似，但比细菌的菌落大而厚，多为圆形，菌落表面光滑、湿润，有黏稠性，不透明，大多呈乳白色，少数呈粉红色。在培养料上多数不能形成菌丝，被酵母菌感染的培养料会产生浓重的酒味，引起培养料酸败，抑制食用菌菌丝生长。

2. 病原形态

酵母菌是一类单细胞真菌，圆形或卵圆形，个体比细菌大。以芽殖方式进行繁殖，即在细胞一端长出一个突起，逐渐增大，最后与母细胞分开。芽孢子无色，单细胞，与母体细胞相似。

3. 发生特点

酵母菌喜欢生长在含糖量高又带酸性的环境里。培养料水分过大、装料时压得太实、通气不良、环境温度超过 25℃、空气湿度过大时该菌易发生。

4. 防治方法

注意培养料的通透性，一旦发现培养料温度过高并散发出酒酸气味时，可撒石灰粉或用 pH 为 13～14 的石灰水喷洒，使培养料的 pH 变为中性至碱性。

子情境二　菌丝体阶段常见生理性病害

一、菌丝徒长

食用菌接种后营养生长过旺，绒毛状菌丝生长致密，覆土后常“钻”出地面，并形成菌被。出现这种情况与菌种特性和环境条件有关，土层含水量较少、培养料含氮量过高、通风不良、空气湿度过大等都易引起菌丝徒长，产生“冒菌丝”现象。

防止菌丝徒长的方法是：选用优质菌种；将板结的菌被撬松、破坏掉；覆盖细土，增大通风量，降低空气相对湿度；用喷重水的方法促使菌丝扭结，形成子实体；喷施生长调节剂，促使其由营养生长向生殖生长转化。有些食用菌如双孢蘑菇、香菇、平菇、金针菇等常出现菌丝徒长现象，表现为菌丝持续生长，密集成团，结成菌块或组成白色菌皮，难以形成子实体。

二、菌丝萎缩

在食用菌栽培过程中，有时会出现菌丝、菇蕾甚至子实体停止生长，逐渐萎缩、变干，最后死亡的现象。培养料碳氮比失调、培养料酸化、滋生杂菌、消毒杀菌药剂使用不当、料内残留有害物质等均不利于菌丝的生长，是造成上述现象的原因。

对此应加强预防，搞好培养料的配制与发酵，并认真检查培养料，测试酸碱度，找出具体原因，视不同原因与菌丝退化情况，采取不同的补救措施。若是培养料酸化，应喷适量石灰水调节；若因消毒剂不当引起菌丝退化，应重新调整培养料，进行补充接种。如果出菇期喷水过多，覆土过薄，水渗入料内，会造成菌丝萎缩，甚至死亡。发生这种情况要注意通风散湿，并适当改变喷水方法，喷水不宜过大、过急。在高温、闷热且通风不良条件下，菌丝易发黄死亡。可通过加强通风、调温控湿，使菌丝恢复生长。若因菌丝本身生活力差而造成菌丝细弱、萎缩的，在覆土前可喷蛋白胨溶液或蘑菇健壮剂，促其恢复生长，使菌丝健壮。

技术图解

菌丝体阶段病害

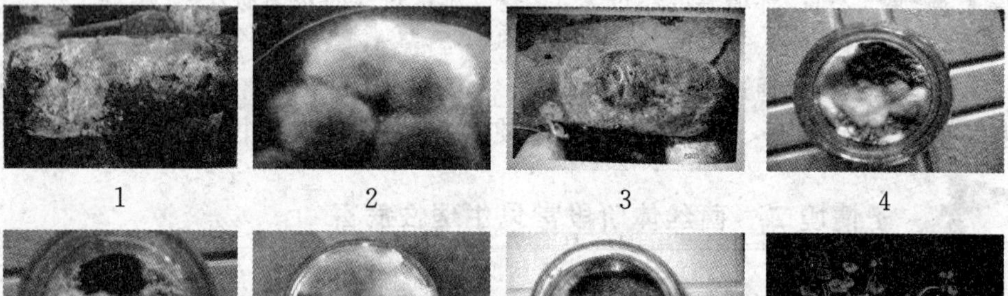

1 2 3 4 5 6 7 8 9 10 11 12 13 14 15 16

（以上图片均由崔颂英、杨俊达摄影并提供）

图 1～8：真菌病害；图 9：黏菌病害；图 10，图 11：细菌病害；

图 12，图 13：酵母菌病害；图 14～16：生理性病害

拓展链接

大学生兄弟俩携手种菇创业

去年3月，全塘镇前进村发生了一件新鲜事：村民金自强的一对大学生儿子双双辞去城里的工作回到了家乡。今年5月，前进村又发生了一件新鲜事：金自强父子仨在自家承包田里投资10万元盖起了蘑菇棚，成为前进村里第一家蘑菇种植户。周围邻居不禁纳闷：大学生兄弟俩怎么了？

记者专程来到全塘镇前进村金自强家采访。

弟弟金鲁滨介绍，他5年前从四川绵阳西南工学院本科毕业后，一直在平湖经济开发区一家外资企业做技术管理，月收入2 000元左右。哥哥金鲁铭从嘉兴纺织学院毕业后，大多数时间在外做生意。尽管哥俩都有一份在别人看来不错的工作，但他们总想自己创一番事业。经家庭成员讨论和市场调查后，哥俩觉得搞生产有前途，便说干就干，在周围群众诧异的目光中从城市回到了农村。

回忆创业时的情景，金鲁滨只说了两个字：辛苦。那时，父子三人跑到海盐县租了一处地下室种植白灵菇、杏鲍菇等低温菇。由于兄弟俩对种植蘑菇都是生手，所以大部分时间都在菇棚里摸索技术。每天早上6点多就赶到菇棚，有时晚上七八点还在菇棚忙碌，一天工作10多个小时。考虑到种植低温菇成本较高，兄弟俩动起了脑筋。几次广州之行后，兄弟俩觉得草菇种植前景较好，因为草菇是一种高温菇，一般室温30℃就能出菇，而且落种后15 d就可采摘上市，菇棚产出率高，还能一年四季产鲜蘑菇。说到这，金鲁滨兴奋地告诉记者，他们第一批试种的450 m^2草菇已获得成功，每天可采摘100多千克，售价可卖到每千克12元，再过几天，第二批草菇又要上市了。

目前，金鲁铭主要负责销售，金鲁滨重点抓技术和管理，而父亲金自强则管后勤工作。兄弟俩目前的计划是先搞规模化种植，然后在蘑菇深加工上做文章，走工厂化生产之路。金自强对两个儿子的种菇前途十分看好，他希望儿子尽快把经验传授给周围农户，让更多的村民发家致富。

从农村走出去的大学生辞去城里的工作又回到了农村，与土地打起了交道，这听来有点不可思议，但金鲁滨兄弟俩却说，这是他们的追求。

学习情境二　子实体阶段病虫害

子情境一　子实体阶段常见侵染性病害

一、真菌病害

(一)褐腐病

褐腐病又称白腐病、湿泡病、疣孢霉病，主要危害蘑菇、草菇、平菇等。

1. 症状

只感染子实体，不感染菌丝体。子实体严重感染时，则分化受阻，形成畸形菇；受轻度感染时，菌柄肿大成泡状或出现褐色斑点。蘑菇发育阶段不同，症状也不同。子实体未分化时被感染，会形成如马勃状的组织块，表面覆盖一层白色绒毛状菌丝，组织块逐渐变褐，并从患病组织中渗出暗褐色汁液。如果在蘑菇菌柄和菌盖分化后感病，菌柄就会变褐色，基部有绒毛状病菌菌丝。在子实体发育末期被感染，感染部位(菌柄或菌盖)会出现角状淡褐色斑点，而看不到病菌菌丝。若病菇组织留在菇床上，会逐渐变褐色，从内部渗出褐色的汁液而腐烂，并散发恶臭气味。

2. 病原形态

疣孢霉能产生两种无性孢子，一是薄壁分生孢子，二是厚垣孢子。分生孢子梗短而直立，呈轮枝状分枝，分生孢子着生梗端，双胞，无色，卵圆形。厚垣孢子双胞，上细胞壁厚，球形，色深，大而有瘤突；下细胞壁薄，无色，半椭圆形，表面光滑。

3. 发生特点

疣孢霉的厚垣孢子可在土壤中休眠数年，初侵染主要来源于土壤；菇棚内的再度侵染、病害蔓延，是菇床上的病菇。病菇上的疣孢霉孢子在喷水期间散向四周传播，人、昆虫、螨类、气流等也可传播。蘑菇从开始感染疣孢霉到发病需 10 d 左右，比正常出菇要早 4～5 d。出菇室高温、高湿、通风不良时发病严重，10℃以下极少发病。

4. 防治方法

选用抗病品种，并且栽培季节要选好，第一潮菇出菇期避开 25℃以上的高温季节。搞好菇房卫生，出菇室应安装纱门、纱窗，出菇室、床架及用具应严格消毒，彻底杀灭病菌及害虫。除了必要的栽培措施（如培养料严格经前、后两次发酵）外，应进行如下工作：应用较抗病的蘑菇品种，改变覆土材料，使覆土不利于病原菌生长，切断病原菌的直接侵染源，如采用沼气发酵残留物作覆土栽培蘑菇，发病少。切实做好取土和覆土消毒工作。蘑菇覆土应在远离菇房和堆放蘑菇废料的地方，取自表土 25～30 cm 以下的土为宜，并在强烈的阳光下暴晒，夏季 7～8 月，日晒覆土 3～5 d，使土发白（土中含水量约 3%以下）。甲醛消毒：于覆土前 7 d，用化学纯甲醛 35 kg 兑水 15 kg，喷洒于种植 111 m^2 蘑菇用量覆土中，以塑料薄膜封闷 48 h，揭膜待甲醛散发可用。加强菇房管理，避免喷水过度。平时注意菇房的通风换气，并尽量使菇房温度不高于 15℃，如已发病，可适量减少或暂时停止喷水。采菇用具使用前用 4%甲醛液消毒；培养料要经后发酵处理或进行巴氏消毒，或喷洒 500 倍多菌灵或托布津药液。

（二）褐斑病

褐斑病又称干泡病、黑斑病、轮枝霉病等，主要危害蘑菇、平菇。

1. 症状

蘑菇从感病到出现褐色病斑需 14 d 左右。菇蕾受害后，会形成灰白色组织块，和褐腐病引起的硬皮马勃状团块相似，但颜色不那么白，块体较小，质地较干，不能分化形成菌柄和菌盖。后期感病开始先在菌盖上产生许多不规则针头大小褐色斑点，以后斑点逐渐扩大，并产生凹陷，凹陷部分呈灰白色，充满轮枝霉菌丝及分生孢子，若菌柄受感染，会使菌柄加粗变褐，外层组织剥裂。病菇常干裂枯死，长大后菌盖歪斜畸形，菇体腐烂速度较慢，不分泌褐色汁液，无特殊臭味，这是该病区别于褐腐病的特征之一。

2. 病原形态

病菌的菌丝灰白色，疏松，分生孢子梗轮生小梗，分生孢子着生在小梗的顶端，单细胞，无色。

3. 发生特点

初侵染来源主要是覆土及周围环境中的轮枝霉孢子。菇床发病后，通过喷水孢子溅向四周传播。昆虫、螨类、人和工具、气流也可传播。菇房内气温高于 20℃、湿度较大时，有利于褐斑病发生。

4. 防治方法

做好覆土及菇房消毒工作；及时防治害虫、螨类；发病处喷 500 倍多菌灵溶液，或 1 000 倍百菌清溶液或 2.5%甲醛溶液。覆土要消毒，可用 0.1%多菌灵喷洒或进行巴氏消毒（60～70℃）1 h；栽培过程中发病，应停止喷水，加强通风，降温降湿，并在病区喷多菌灵、甲基托布津等可湿性粉剂 500～800 倍液或施保功(商品名为 Sporgon)。第一次施药在覆土后 5～9 d，每平方米菇床用施保功商品量 0.8～1.2 g兑水 1 L，均匀喷在菇床上，第二次施药在第二潮菇转批后，每平方米菇床用施保功商品量 0.8～1.2 g 兑水 1 L，均匀喷施于菇床上；若发病严重，应及时销毁病菇，并清理料面或覆土，喷洒 2%甲醛或 0.2%多菌灵药液后，更换新的覆土材料再喷药；也可采取昼盖夜开方式尽量降低菇房温度，使菇房温度不高于 15℃，以抑制病菌危害。

(三)软腐病

软腐病又称蛛网病、树枝状轮枝孢霉病、树枝状轮指孢霉病，主要危害蘑菇、平菇和金针菇等。

1. 症状

发病时，培养料上先出现一层灰白色棉毛状(也称蛛网状)菌丝，并迅速蔓延，若不及时控制，可扩展至整个菇床，在湿度较大的情况下，可把子实体全部“吞没”而只看到一团白色的菌丝。后期白色蛛网状菌丝变水红色。首先从菌柄基部侵入，并向上延伸至菌盖，受害处逐渐变成淡褐色水渍状软腐，手触即倒，但不产生畸形。此病在菇房通常只是小范围发生，很少大面积流行。

2. 病原形态

菌丝棉毛状，白色；分生孢子梗直立，不规则分枝，顶端轮生 3～5 个瓶状小梗，每一小梗上产生 3～5 个分生孢子；分生孢子透明，大多为双细胞，卵圆形或长椭圆形，基部有一乳突。

3. 发生特点

轮枝孢霉广泛存在于土壤中，覆土中的轮枝孢霉常是初侵染来源，孢子萌发后，在覆土或菇体表面形成菌落，并在短期内产生孢子。通过覆土、水滴、虫类、人体及气流传播。其菌丝生长最适温度为 25℃左右，最适 pH 值在 3～4 之间，在空气相对湿度过大、覆土层或培养料过湿条件下易发病。

4. 防治方法

选择合适的覆土并加以暴晒和消毒；局部发生时应减少床面喷水，加强菇房通风，降低土表面和空气湿度；及时清除菇房及周围的菇根和死菇，保持菇房环境卫生；患病部位喷 2%～5%甲醛液或 500 倍甲基托布津液或撒石灰粉。

(四)猝倒病

猝倒病又称立枯病、枯萎病、萎缩病，主要危害蘑菇、平菇。

1. 症状

病原菌主要危害蘑菇菌柄，染病后菌柄髓部干枯而变成褐色，菌盖色泽逐渐变暗，菇体不再长大，最后变成“僵菇”或猝倒，不腐烂。平菇幼菇受害后，停止生长，呈黄褐萎缩，直至幼菇枯萎死亡。

2. 病原形态

病菌在固体培养基上生长菌丝灰白色，绒状；大型分生孢子镰刀形或新月形，具3～5个隔膜，无色，两头稍尖细；小型分生孢子椭圆形或长圆形，多数单细胞，少数双细胞。

3. 发生特点

病菌孢子可通过覆土、培养料和气流传播进入菇房而发生感染。通气不良、高温、高湿条件下易发此病。

4. 防治方法

严格消毒覆土；覆土层不宜过厚，加强菇房通风；发病部位喷1∶500倍托布津或多菌灵溶液。其他参照褐腐病的防治。

(五)褶霉病

褶霉病又叫菌盖斑点病或头孢霉病，是发生在菌褶上的一类主要病害，主要危害蘑菇、香菇和平菇。

1. 症状

主要危害蘑菇菌褶，发病初期，菌褶上出现少量的白色棉毛状菌丝，以后蔓延成团，覆盖整个菌褶，严重时菌褶相互粘连在一起，不能正常开伞，并出现杂色斑纹；菌盖上则产生深褐色斑点且变硬，停止生长，但病菇形态正常，不易腐烂。

2. 病原形态

病菌菌丝匍匐生长，分枝，有隔，无色。分生孢子梗直立、短小、不分枝，顶端着生球形或卵形的分生孢子，分生孢子无色、单胞。

3. 发生特点

病原孢子可由覆土进入菇房，空气、昆虫、水溅等均可传播。菇房内空气相对湿度过大、通气不良时，此病易于发生。

4. 防治方法

发病后及时将病菇摘除销毁，立即停水，并加强菇房通风，降低空气湿度，防止蔓延。发病部位喷1∶500倍多菌灵或甲基托布津溶液。

二、细菌性病害

(一)细菌性斑点病

细菌性斑点病又称细菌性褐斑病、细菌性污斑病，主要危害双孢蘑菇、平菇。

1. 症状

该病局限于菌盖上，发病初期，病斑很小，淡黄色，后逐渐扩大，变为暗褐色，圆形或梭形病斑，中间凹陷，表面有一薄层菌脓。一个菌盖上的病斑少则几个，多则几十个或更多。当斑点干后，菌盖开裂，形成不规则的子实体。菌褶很少感染，菌柄上偶尔也发生纵向凹斑。此菌只侵染菌皮，不深入菌肉，且病菇也不腐烂。

2. 病原形态

细菌性斑点病病原菌为托拉斯假单胞杆菌。该菌菌落乳白色，表面光滑，边缘整齐，圆形。菌体球状或杆状，极生一根或多根鞭毛，革兰氏染色阴性。

3. 发生特点

该菌在自然界分布广泛，通常生存在土壤或不洁净的水中。可通过空气、水、覆土、蚊蝇、线虫、工具和人为传播。覆土有细菌，或用水不洁，菇房通风不好，在高温、高湿，菇体表面积水时，都易导致该病的发生。

4. 防治方法

菇棚、床架、用具等要用2%漂白粉或五氯酚钠等彻底消毒，尤其原发病害较重的菇棚更应彻底消毒；菇房应安装纱门、纱窗防虫，同时，也要防治菇蚊、菇蝇。培养料和覆土材料应按要求进行发酵或消毒；使用清洁水源，喷水后加强通风，菇房要避免高温、高湿，菇体表面不能过湿，尤其不能积水。菇床上一旦出现病菇，要及时清除，集中处理，并在菇床上喷洒0.1%的50%多菌灵可湿性粉剂、2%甲醛、5%～10%的浓石灰水、或用每毫升含100～200 IU的农用链霉素或600倍的漂白粉液，每2 d喷1次，发病后可喷洒150～250 mg/kg的漂白粉。或用细生石灰一份加入覆土一份均匀而又薄薄地撒施在菇床上，能抑制其发展。

(二)细菌性软腐病

细菌性软腐病又称细菌性腐烂病。由荧光假单胞杆菌引起，主要危害双孢蘑菇、凤尾菇。

1. 症状

该病菌侵染后，发病部位多从菌盖开始，有时也先感染菌柄。发病初期，在菌盖上可出现淡黄色水渍状斑点，然后迅速扩展，当病斑遍及整个菌盖或延至菌柄后，使整个子实体变为褐色，最后引起子实体软腐，有黏性，并散发出恶臭气味，湿度大时菌盖上可见乳白色菌脓。

2. 病原形态

荧光假单胞杆菌在蛋白胨琼脂培养基上菌落呈白色，圆形，稍隆起，边缘整齐，表面光滑，有明显的荧光反应。

3. 发生特点

病菌可通过不清洁的土壤、水、菇蝇、螨类进行传播。在高温、高湿的环境下，有利此病发生。

4. 防治方法

搞好菇房及周围环境卫生，控制好菇房的温度和湿度，空气相对湿度不宜超过95%；注意通风，并及时防治菇蝇、螨类。要及时清除病菇，停止喷水 1 d 后，再喷洒 0.2%的漂白粉溶液；也可喷洒 800 倍的 50%多菌灵或 50%代森锌，还可喷洒每毫升含 100～200 IU 的链霉素或喷洒 4%甲醛溶液。

子情境二　子实体阶段常见虫害

一、跳虫

跳虫俗称烟灰虫，属弹尾目紫跳虫科，主要危害蘑菇，也危害平菇、香菇、草菇、木耳等，代表种类为紫跳虫。

1. 危害特点

可危害菌丝和子实体，咬食菌丝时，使菌丝萎缩死亡，并常隐藏于料的缝隙中。危害子实体时，常从菌褶侵入，被害子实体菌褶出现缺刻，菌盖表面形成无表皮的小坑似“麻子”，喜食幼菇，将菇咬成百孔千疮，不堪食用。

2. 形态特征

跳虫形如跳蚤，弹跳灵活，体深灰色，体长 1～2 mm，无翅，有弹尾器，体表油质，不怕水，积水时可浮在水面。

3. 发生规律

跳虫喜湿喜腐，在垃圾堆、枯草和腐殖质较多的菜园地上常有跳虫栖息，特别是在连续下雨后转晴数量尤多。如食用菌菇床有机质丰富、湿度较高、温度又适宜，紫跳虫常迁移到菇床危害子实体。收菇结束，多数随着清除废料而进入肥料堆或土壤中生活。

4. 防治方法

菌种培养室的地面要清洁干燥，不堆杂物，并在地面先喷 40%敌敌畏 200 倍液或 50%马拉松 500 倍药液后培养菌种；老菇房种菇，应彻底清除废料，并在地面喷 40%敌敌畏 200 倍液熏杀；培养料要进行前、后发酵，粗、细覆土要取深层土，并在 7～8 月份将其晒干，使用前 1～2 d 再进行消毒熏杀处理。

二、蛞蝓

蛞蝓又称水蜒蚰、鼻涕虫，属软体动物门蛞蝓科。常见种有野蛞蝓、黄蛞蝓、双线嗜黏液蛞蝓，主要危害蘑菇、草菇、香菇、平菇、黑木耳、银耳等多种食用菌。

1. 危害特点

直接取食菇蕾、幼菇或成熟的子实体；子实体被啃食处留下明显的缺刻或凹陷斑块，与鼠害症状相似，可根据在子实体附近留下的粪便以及白色的黏液带痕加以区别；被害菇蕾及幼菇，一般不能发育成正常的子实体；适期采收的子实体被害后，失去或严重降低其商品价值。

2. 形态特征

蛞蝓为雌雄同体，无外壳，无足，身体裸露，柔软，触角 2 对，体白色、浅黄色、暗灰色、淡黄褐色或黄褐色。

3. 发生规律

耐阴湿而不耐干燥，喜黑暗环境而避光，食性杂而食量大；白天躲藏在潮湿的草丛、草堆、落叶或砖石瓦砾下面，多夜间、阴天或雨后成群爬出来觅食危害；卵产于培养料里、段木接种穴、木质部和形成层之间，也产于覆土缝隙以及砖石碎石、瓦块和树叶下。能取食香菇、蘑菇、平菇、黑木耳等多种食用菌。啃食菇蕾和菇盖，影响产量和质量。

4. 防治方法

搞好环境卫生，清除菇场的枯枝落叶、杂草、砖头、瓦块，破坏蛞蝓的隐蔽场所，以减少蛞蝓的发生和危害；发现蛞蝓后，可用 5% 盐水或五氯酚钠喷洒。蛞蝓出没处撒石灰粉，蛞蝓接触石灰便死亡；可用砷酸钙 1 份加豆饼粉 10 份制成毒饵，每 667 m^2 用 4～5 kg；也可用炒香棉籽饼粉加水湿润，拌上砒酸（10：1），每 667 m^2 用 3.5 kg，在傍晚撒于栽培场及其附近进行诱杀，蛞蝓食后即中毒死亡。

三、鼠妇

鼠妇又称鼠姑或皮球虫、弹子虫属节肢动物门甲壳纲等足目的小动物。危害平菇、草菇、蘑菇和段木栽培的新鲜香菇及木耳类。

1. 危害特点

在食用菌发菌阶段，鼠妇主要取食菌丝，当子实体形成时，鼠妇进入菇床或爬到木耳、香菇等段木上后，以啃食菇蕾、幼菇及成熟的子实体或耳基、耳片组织为主，被害处留下明显的凹陷斑。严重影响食用菌的质量，降低商品价值。

2. 形态特征

成体 18 节，体长 10～11 mm、宽 4 mm，头较小，背部隆起呈弧形。外观灰蓝色，每节均有硬壳覆盖，腹部灰白色，稍内陷，柔软。前 7 节每节有足 1 对，末端 7 节紧缩在一起。幼体与成体外形相似，唯体色较淡，个体小。

3. 发生规律

鼠妇一般经 5～6 次脱皮才发育成熟，喜欢生活在潮湿阴暗处，有机质丰富的土壤中。在自然界多生活在枯草丛中或木材堆下面，或在砖瓦石砾底下，白天隐藏不活动，夜晚外出活动和取食，除取食子实体或菌丝外，还可危害蔬菜及花卉。它行动迅速，惧光，受到惊扰或外来触动时，体卷缩呈圆球状，背部各节的硬壳质覆盖整个球体，酷似小弹丸，直径约 4 mm，可任意滚动。0℃以上均能取食活动，一年中凡适宜于食用菌生长的条件，鼠妇均可发生，发生量室外多于室内栽培。

4. 防治方法

搞好菇场内外环境卫生，清除菇场内外废料及杂物，减少鼠妇发生基数。大量发生时可喷洒 25％菊乐合酯 1 500 倍对鼠妇防效可达 100％，但该药会造成平菇子实体畸形，只能用于环境防护；复方杀蚜素 1 000 倍喷雾防效在 80％～90％。在未出菇的床面上及段木上，可喷 1∶(800～1 000)倍的 20％二氯杀螨砜。

四、蜗牛

1. 危害特点

蜗牛在动物界中属软体动物门腹足纲有肺目大蜗牛科，主要危害室外露地栽培的蘑菇、平菇、草菇、金针菇、银耳、黑木耳等。危害子实体时与蛞蝓的危害情况相似，受害子实体的菌盖或菌柄上出现凹陷斑纹，露出菌肉。不同的是蛞蝓取食菌肉较深，而取食后留下的凹陷斑也较深。

2. 形态特征

体长约 35 mm。前面褐色，有网状纹。腹面平滑，前半部为淡黄褐色，后半部体色较浅，腹部肌肉发达，形成腹足。腹足中有足腺，能分泌黏液。因此，在蜗牛爬行过的地方总是留下一条白色的黏液痕迹。体外由外套膜分泌形成贝壳一枚，起保护作用。贝壳椭圆形，有光泽，纵径约 23 mm，横径约 20 mm，黄褐色。共分 5 层，各层的螺纹顺时针方向旋转，壳顶小而圆，向下逐渐扩大，最下一层占全壳的 2/3 以上，顶及近顶处两层的壳面平滑，第三层表面有很细的斜纵纹。

3. 发生规律

蜗牛 1 年繁殖 1 代。从孵化到死亡经过两年，以成长的蜗牛或幼龄蜗牛在土内越冬。3 月中旬开始活动，但在大棚及塑料薄膜覆盖的菇床上，由于气温、土温均较高，越冬时间缩短，一般在土温 7～8℃时即开始活动。常群栖危害。蜗牛怕阳光，怕干燥，阴雨天可整天活动，晴天一般于傍晚开始活动，到第二天上午 8～9 时停止活动，在用草席遮光的平菇及蘑菇床上，由于没有直射光线，蜗牛全天都可活动。

4. 防治方法

人工捕捉是一种行之有效的方法；在菇床四周堆放鲜嫩的青草或蔬菜，引诱前来取食，以便集中杀死；还可用 50 kg 豆饼加蜗牛敌 1.5～3 kg 配成毒饵诱杀。菇床下料前可在地里撒一些茶籽饼粉或浇洒茶籽饼水，或 1∶100 倍的硫酸铜溶液或 1%波尔多液，下料播种后则在菇床四周用药，都可以有效地保护菇床。

子情境三　子实体阶段常见生理性病害

一、畸形菇

蘑菇、平菇、香菇等食用菌栽培过程中，常常出现形状不规则的子实体，或者形成未分化的组织块。如栽培平菇时，常常出现由无数原基堆集成花菜状子实体，直径由几厘米到 20 cm 以上，菌柄不分化或极少分化，无菌盖。原基发生后的畸形菇，则是由异常分化的菌柄组成珊瑚状子实体，菌盖无或者极小。蘑菇、香菇常出现菌柄肥大，盖小肉薄，或者无菌褶的高脚菇等畸形菇。

造成食用菌形成畸形菇的原因很多，主要是二氧化碳浓度过大，供氧不足；或覆土颗粒过大，出菇部位低；或光照不足；或温度偏高；或用药不当而引起药害等。根据具体情况采取相应的补救措施。

二、玫冠病

玫冠病主要出现在蘑菇上。病菇菌盖边缘上翻，在菌盖上表面形成菌褶；有时则在菌盖上形成菌管、菌褶分辨不清的瘤状物。玫冠病往往在最早的几潮菇发生较多。

玫冠病主要是化学药品污染所致，如矿物油、杂酚油、酚类化合物，或杀菌剂农药使用过量等产生，在这些方面注意即可。

三、薄皮早开伞

在蘑菇出菇旺季，由于出菇过密，温度偏高（18℃以上），很容易产生薄皮早开伞现象，影响蘑菇质量。

在栽培中，菌丝不要吊得过高，宜将出菇部位控制在细土缝和粗细土粒之间；防止出菇过密，适当降低菇房温度，可减少薄皮早开伞现象。

四、空根白心

蘑菇旺产期如果温度偏高（18℃以上），菇房相对湿度太低，加上土面喷水偏少，土层较干，蘑菇菇柄容易产生白心。在切削过程中，或加工泡水阶段，有时白心部分收缩或脱落，形成菌柄中空的蘑菇，严重影响蘑菇产量和质量。

为了防止空根白心蘑菇的产生，可在夜间或者早晚通风，适当降低菇房温度，同时向菇房空间喷水，提高空气的相对湿度。喷水力求轻重结合，尽量使粗土和细土都保持湿润。

五、硬开伞

当温度低于 18℃，且温差变化达到 10℃左右时，蘑菇的幼嫩子实体往往出现提早开伞（硬开伞）现象。在突然降温，菇房空气湿度偏低的情况下，蘑菇硬开伞现象尤甚，严重影响蘑菇的产量和质量。

在低温来临之前，做好菇房保温工作；减小室内温差，同时增加菇房内空气相对湿度，可防止或减少蘑菇硬开伞。

六、水锈斑

水锈斑多见于蘑菇。菇房通风不良，空气相对湿度超过 95％时，菇盖上常有积水，或覆土粒上有锈斑，都会使蘑菇菌盖表面产生铁锈色斑点，影响菇体外观。

避免使用带铁锈色的覆土，加强通风排湿，及时蒸发菌盖表面的水滴，可防止蘑菇水锈斑的发生。

七、死菇

在蘑菇、香菇、草菇、平菇、金针菇等多种食用菌的栽培中，均有死菇现象发生。尤其是头两潮菇出菇期间，小菇往往大量死亡，严重影响前期产量。

出菇过密，营养不足；出菇室持续高温高湿，通风不良，氧气不足；覆土层缺水，幼菇无法生长；采菇或其他管理操作不慎，造成机械损伤；或者使用农药不当，产生药害等均可引起子实体死亡。

八、着色病

着色病指幼菇菌盖局部或全部变为黄色、焦黄色或淡蓝色，子实体生长受到抑制，随着继续生长表现为畸形，如菌盖皱缩上翘，严重影响商品质量。

低温季节使用煤炉直接升温时，菇棚内 CO_2 浓度较高，子实体中毒而变色，菌盖变蓝后不易恢复；质量不好的塑料棚膜中会有某些不明结构和成分的化学物质，被冷凝水析出后滴落在子实体上，往往以菌盖变为焦黄色居多；覆土材料中或喷雾器中的药物残留及外界某些有害气体的侵入等，均可导致该病发生。

实验实训

3-2-1：食用菌主要病虫害的识别与防治

一、目的要求

在病虫害危害症状宏观观察的基础上，通过微观镜检观察进一步确认主要病虫害的种类，在此基础上能制定出配套的综合防治措施。

二、材料用品

被侵染的各级菌种、培养料、吸水纸、火柴、无菌水、乳酚油（浮载剂）、革兰氏染液、香柏油、甲醛、橡胶手套、杀菌杀虫相关药品等。

三、仪器用具

显微镜、放大镜、解剖镜、接种针、尖头镊子、载玻片、盖玻片、酒精灯、广口瓶、捕虫网、毒瓶、量筒、量杯、塑料喷壶、医用注射器、扫除工具等。

四、方法步骤

（一）生产场地实地观察、取样

1. 病害观察

到生产场地实地观察菌种、栽培袋、子实体的虫害，并取样。

2. 虫害观察

到生产场地实地观察菌种、栽培袋、子实体的动物危害，并取样。

3. 动物危害观察

到生产场地实地观察菌种、栽培袋、子实体的病害，并取样。

（二）室内镜检观察、诊断

1. 外观观察

取被危害的菌种、栽培袋、子实体等，用肉眼或放大镜观察，初步确定病原物种类和害虫、有害动物的种类。

2. 镜检观察

按照微生物镜检的常规操作进行显微观察，进一步确定病原物种类和害虫、有害动物的种类。

（三）综合防治

在上述实训工作的基础上，在老师的指导下以小组为单位汇总观察结果，确认病虫害种类，认真分析病虫害发生的原因，制定配套的综合防治措施并到危害现场具体实施。

五、实训作业

完成下表。详细记录病虫害的观察与识别情况以及所采取的综合防治措施，对防治效果进行跟踪记录。

危害症状	观察结果	防治措施	防治效果	记录人	记录时间

技术图解

子实体阶段病虫害

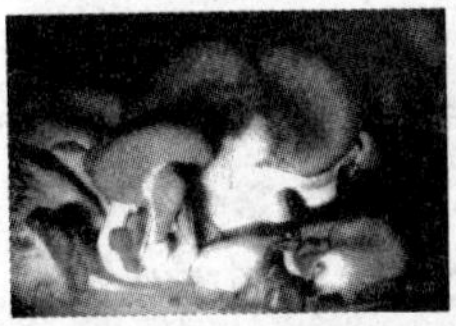
1

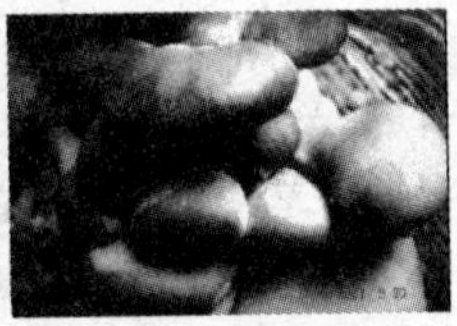
2

3

4

5

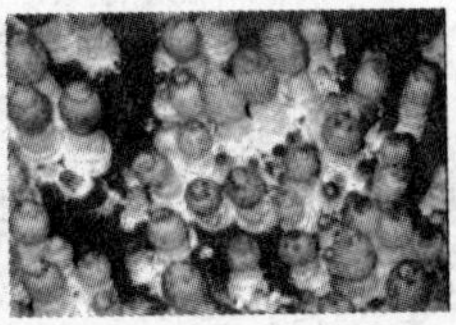
6

7

8

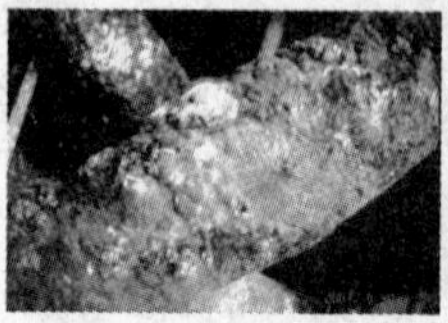
9

10

11

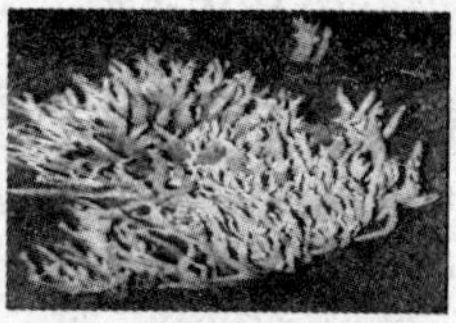
12

13

14

15

16

（图片12由崔颂英摄影并提供，其余图片为借鉴图片，请恕在此无法一一标明）

图1，图2：平菇病害；图3，图4：滑菇病害；图5，图6：鸡腿菇病害；图7，图8：金针菇病害；图11：胡桃肉状菌子座；图12：总状炭角菌子座；图13～16：生理性病害

拓展链接

“大学生农民”挣了“第一桶金”

在安徽省凤阳县城通往“大包干”发源地——小岗村的路上，一群安徽科技学院的大学生们正奋力骑着自行车。他们不是去周末郊游，而是去探望他们的3位同学：王中华、苗娟和周盘龙。他们3个现在已经是小岗村的正式村民，在那里经营着自己的蘑菇产业。而此时，坐落在小岗村西头新建起来的稻草棚子里，王中华和两个女同学苗娟、周盘龙以及几个村民正忙着采摘蘑菇。

3位大学生跳进“农门”，缘于2005年的蘑菇大棚实习。经过几个月的接触和了解，他们在大棚里亲眼目睹了菌种从牛粪、稻草中长成白花花双孢菇的“神奇”，了解到市场的良好前景和效益，年轻的大学生们萌发出了到农村创业的激情。

正在思考小岗村如何发展的村党支部书记沈浩在得知大学生要到村里种蘑菇的想法后，当即表态，只要大学生来，小岗村将提供最大的支持。不久，小岗村的优惠政策出来了：种植双孢蘑菇可获得4万元的无息贷款和6 500元补贴。但是因为小岗村生产发展基金必须用于本村发展，只有本村村民才能享受，因此大学生们必须把户口迁到小岗村来，才能够享受到这项优惠政策。

堂堂大学生要做农民？家长们极力反对。其中，苗娟的父亲得到消息后，急忙关闭了在淮北市经营多年的小饭店，赶到凤阳劝说她，但看到已经搭好的蘑菇大棚，知道劝说已经没用了，干脆留下来当起了帮工。

在村民看来，这几个学生娃能把户口迁到村上，能和乡亲们一样“苦”在大棚里种蘑菇，实在不简单！从7月份暑假一开始，3位大学生就开始了他们的创业生涯。烈日炎炎下，雷雨大风中，3个人天天忙碌着、劳累着。搬运毛竹和砖块，盖稻草，铺牛粪，这让习惯了学校生活的3位学生娃开始很不适应，但他们咬牙坚持下来。一个暑假过去了，每人的3个大棚如期搭建完成，一层层栽培架上长出了白白嫩嫩的双孢蘑菇。10月底，大棚里双孢菇开始了第一次采摘，不到半个月时间，3人就销售了5万多元。截至目前，3个人的收成都已经超过了3万元钱。

自愿到凤阳县小岗村当农民的大学生王中华等三位大学生终于挣了“第一桶金”。昨天下午，由团中央、全国学联等组织的“青春的选择”——全国优秀大学生农村创业巡回报告团在安徽农业大学举行专场报告。

如今，他们的蘑菇正值第一轮采摘期。“在其他毕业生忙着找工作的时候，他们3个人已经开始收获了。”安徽科技学院党委书记汪元宏对学生们“当农民”的创业方式十分肯定。

典型工作任务四　保鲜与加工技术

学习情境	一:保鲜与初加工技术	二:食用菌深加工技术	三:食用菌综合开发技术
子情境	一:保鲜技术	一: 多糖提取技术	一:饲料加工
	二:干制技术	二: 深层发酵技术	二:肥料加工
	三:盐渍技术		
	四:速冻技术		

具体任务及工作目标

1. 了解液体深层发酵技术的操作环节和技术参数。
2. 熟悉菌糠废料的综合利用方法。
3. 掌握代表品种保鲜与加工的工艺流程。
4. 能够按照工艺流程进行典型品种的保鲜、干制、速冻加工技术。
5. 能够熟练掌握典型品种的盐渍、多糖提取技术。

学习情境一　保鲜与初加工技术

子情境一　保鲜技术

食用菌保鲜的原理，就是采取有效措施降低食用菌子实体的新陈代谢，抑制微生物繁殖，提高食用菌的耐储性和抗病性，使子实体较长时间处于鲜活状态。食用菌保鲜常采用冷藏、真空保鲜、气调保鲜、辐射保鲜、化学药剂保鲜、负离子保鲜等方法。

一、金针菇保鲜技术

刚采下的新鲜金针菇，如不妥善处理，会出现后熟和褐变现象。新鲜金针菇一旦加工，其风味和营养价值会明显降低，商品价值下降。因此，进行鲜金针菇的短期贮藏保鲜是很重要的。保鲜的原理是防止失水，控制呼吸和遏制褐变。常采取的措施有冷藏、真空保鲜。

1. 冷藏技术要点

待金针菇柄长 10 cm，菌盖不开伞、菇鲜度好时即可采收，采前一大停止喷水，采下菇丛；剔除异杂物、霉烂菇，按等级要求对金针菇子实体进行分级；选用 0.004～0.008 cm 厚的聚乙烯塑料袋，大小为 23 cm×35 cm，每袋装 200～300 g；置放于光线较暗、湿度较大、温度在 4～5℃的环境中，贮藏 5 d 左右，品质基本不变。

2. 真空保鲜技术要点

采收、分级方法同前；选用 0.004～0.008 cm 厚的聚乙烯塑料袋，大小为23 cm×35 cm，每袋装 200～300 g；在真空封口机中抽真空，以减少袋内氧气，隔绝鲜菇与外界的气体交换；置袋于温度为 1～5℃的环境中，可贮藏 15 d 左右，品质基本不变。

二、杏鲍菇保鲜技术

杏鲍菇子实体较大，常采用真空保鲜的方法。技术要点是：菌盖尚未展开、孢子未弹射前采收；用不锈钢刀削好菌柄基部，按质量标准分级；选用厚 0.004～0.008 cm的聚乙烯塑料袋，每袋装约 5 kg；在真空封口机中抽真空，以减少袋内氧气，隔绝鲜菇与外界的气体交换；袋置于温度 1～5℃的环境中，可贮藏 15 d 左右，品质基本不变。

子情境二　干制技术

食用菌的干制技术亦称烘干、脱水加工等，它是在确保产品质量指标的前提下，利用外源热，促使菌体水分蒸发的工艺过程。

一、黑木耳干制技术

黑木耳的干制一般采取晾晒法和烘干法。

1. 晾晒法技术要点

选择耳片充分展开、耳根收缩、颜色变浅的黑木耳及时采摘；剔去渣质、杂物，按大小分级；选晴天，在通风透光良好的场地搭载晒架，并铺上竹帘或晒席，将已采收的黑木耳薄薄地均匀撒摊在晒席上，在烈日下暴晒 1～2 d，用手轻轻翻动，干硬发脆，有哗哗响声为干，但需注意，在未干之前，不宜多用手去动，以免形成“拳耳”；将晒干的耳片分级，及时装入无毒塑料袋，密封保藏于通风、干燥处。

2. 烘干法技术要点

采收、分级方法同前；将已采收的黑木耳均匀排放在烤筛上，排放厚度不超过 6～8 cm，烘烤温度先低后高，初温 10～15℃，然后逐渐升温至 30℃左右，升温速度掌握 3～4 h 升高 5℃，当烘至五成干时，再将温度升到 40℃左右，继续烘干到木耳的含水量在 13%左右，期间注意室内通风换气，并不断翻动耳片，使烘干得更均匀，更迅速；烘干后要及时装入无毒塑料袋，轻轻压出袋内的空气，扎紧袋口，密封放置在木箱或木桶内，贮藏在干燥通风的室内或及时出售。

二、香菇干制技术

香菇的干制一般采取烘干的办法，烘干后菇质很好，烘干技术要点如下：

(1)按香菇出售质量标准将子实体分级、去杂。

(2)摊排上架时要将分级后的香菇菌褶朝下，大菇、厚菇于下层，小菇、薄菇于上层均匀排放在筛架上。

(3)烘烤温度先低后高，初温 30～35℃，之后每隔 2 h 升高 5℃，10 h 之后升温至 50～55℃，保持此温直至烘干，期间始终打开排风口。

(4)最后 1 h 关闭排风口。烘干的香菇含水量应在 13%以下，菇体保持原有形态，菌褶淡黄，香味浓。

(5)按出售标准用聚乙烯或聚丙烯袋分级包装烘好的香菇，外包装选用牢固、卫生、美观的纸箱或木箱，装好后将其置于干燥防潮、密闭卫生、无虫鼠害的冷库中存放。

子情境三 盐渍技术

盐渍加工的食用菌产品含盐量可达 25%，可以产生 15 198.38 kPa 的压力，远远超过一般微生物的细胞渗透压，致使微生物不但无法从盐渍产品中吸取营养而生长繁殖，而且还能使微生物细胞内的水分外渗，造成“生理干燥”现象，使微生物处于休眠或死亡状态。这是盐渍加工品得以较长时间保藏的主要原因。

下面以鸡腿菇盐渍技术为例。

由于鸡腿菇成熟后，子实体很容易墨化，因此，采收后的新鲜子实体常常采取盐渍的方法进行加工，盐渍技术要点如下：

1. 采收

在菇蕾期即菌环紧包菌柄，菌盖表皮呈现出平伏状鱼鳞片，菌环没有松动，高度在 6～10 cm 之间时迅速采收。若采收不及时，将影响盐渍菇质量。采收时应按鸡腿菇大小分开放置，轻拿轻放，保证菇体完整、无破损，菇体菌柄基部切削整齐。

2. 清洗

用洁净无污染的清水或自来水轻轻冲洗，洗除菇体表面尘埃、泥沙等杂质，注意保证菇体完整、无破损，洗净后捞起控水。

3. 杀青

在铝锅或不锈钢锅内，将自来水加热至沸腾，把清洗后的鸡腿菇放入锅内煮制。一边煮，一边轻轻搅动，及时滤去锅中菇沫，出锅需 5～7 min。具体煮制时间根据火力和鸡腿菇大小而定，要求将其煮熟、煮透、不生不烂为标准。鉴别方法有五步：一看，停火片刻后看菇体沉浮，沉入水中为熟，浮于水面为生；二捏，用拇指、食指、中指捏压菇体，若有弹性、韧性，捏陷复位快为熟，反之为生；三切，用不锈钢刀切开菇体，菇心黄色为熟，白色为生；四咬，用牙咬试，生菇粘牙，熟菇脆嫩不粘牙；五尝，生菇有苦味，熟菇无苦味。

4. 冷却

将杀青后的鸡腿菇从锅中小心捞出，迅速倒入盛有清洁冷水的缸、盆、池中冷却 30 min，至菇心凉透为止，捞出后滤水 5～10 min。此步特别注意要冷却彻底，否则容易发黑、发霉、发臭。

5. 盐渍

缸内配制浓度为15～16°Be食盐水，注意食盐要用开水搅拌溶解，冷却后要用纱布过滤，及时去除杂质。将冷却滤水后的鸡腿菇放入盐水缸中进行盐渍，使盐分向菇体自然渗透。此操作中注意使菇体不露出盐水面，以避免菇体发黑变质。如果发现缸中产生不良气味，要及时倒缸。盐渍3 d后，将鸡腿菇捞起，再放入20°Be的盐水缸继续盐渍。此期间每天倒缸1次，并使盐水浓度保持在20～22°Be之间。若盐水浓度偏低，可加入饱和盐水进行调整。盐渍1周后，缸内盐水浓度稳定在20°Be不再下降时出缸。

6. 装桶

沥尽盐水后称重。按容器大小定量装入鸡腿菇25 kg或50 kg，并在容器内灌满20°Be的盐水，用0.2%柠檬酸调节pH为3～3.5，盖上容器盖即为成品，封存贮藏或外销。

子情境四　速冻技术

微生物的生长繁殖和食用菌固有酶的活动常是导致子实体腐败变质的主要原因。经过漂烫杀青、速冻后冻藏的食用菌，自身已丧失了生活力，酶解作用完全中止；同时，子实体的水冻结成冰(水变为冰的实际效果与脱水干制的效果相仿)后，使微生物无法利用子实体的水分与营养；且冻藏又造成一个特别低温(－18℃左右)的环境，腐败微生物无法活动，从而使产品得以保藏。

双孢蘑菇采收后常常加工成速冻的单菇出口，下面详细介绍其速冻技术。

一、工艺流程

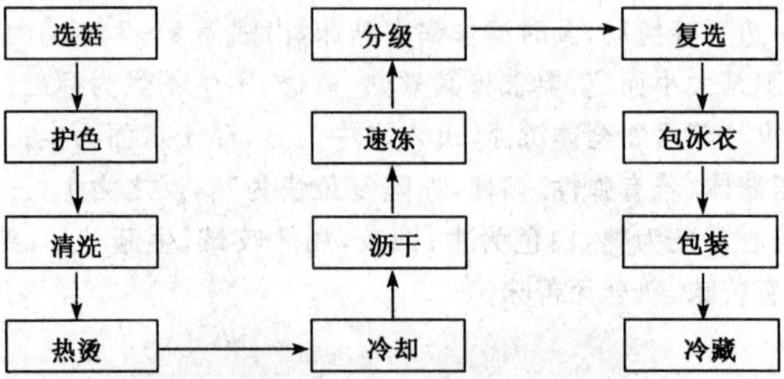

图4-1-1　速冻工艺流程

二、技术要点

1. 选菇

目前速冻双孢蘑菇主要是出口，要求选择新鲜、色白圆整、菌盖直径 5 cm 以内、半球形、边缘内卷、无畸形的菇、允许轻微薄菇，但菌褶不能发黑发红，无斑点、无鳞片。菇柄切削平整，不带泥根，无空心，无变色。

2. 护色

将刚采摘并选好的双孢蘑菇及时进行护色，尽快加工。常用亚硫酸盐溶液法和半胱氨酸溶液法进行护色。

亚硫酸盐溶液法是将采摘的双孢蘑菇浸入 300 mg/kg 的 Na_2SO_3 溶液或 500 mg/kg 的 $Na_2S_2O_3$ 溶液中浸泡 2 min 后，立即将菇体浸泡在 13℃以下的洁净清水中运往工厂。也可在 Na_2SO_3 或 $Na_2S_2O_3$ 溶液中浸泡 2 min 后捞出沥干，再装入塑料薄膜袋，扎好袋口并放入木桶或竹篓迅速运往加工厂。

半胱氨酸溶液法是将采摘后的双孢蘑菇浸入 0.4 mol/L 半胱氨酸溶液中 30 min后取出，也有良好的护色效果。用此法护色的双孢蘑菇经 4～6 h，基本上保持了双孢蘑菇的本色。半胱氨酸护色处理后的成品，菇色不如亚硫酸钠处理的那么白，略偏暗，但真实感强，汤汁清晰，呈淡黄色，口味好，基本上保持了双孢蘑菇原有的风味。

3. 清洗、杀青

将经过护色处理后的双孢蘑菇立即放入流动的清水中浸泡 30 min 以上，充分脱去菇体上残留的护色液，使菇体上残留的 $SO_2 \leqslant 0.002\%$，这样可使加工的双孢蘑菇产品符合出口质量标准。杀青水温度为 96～98℃，水与双孢蘑菇的比例应大于 3∶2，菇体放在冷水中下沉为度。

4. 冷却、沥干

杀青后的双孢蘑菇应迅速送入冷却水池中冷透，同时滤去碎菇、烂菇、变色菇，速冻前行沥干菇体。

5. 速冻

双孢蘑菇的速冻宜采用流化床速冻装置。将冷却、沥干的双孢蘑菇均匀地放入流化床传送带上，由于双孢蘑菇在流化床中仅能形成半流化状态，因此，传送带上的双孢蘑菇层厚度为 60～100 cm，流化床装置内空气温度要求－40～－35℃，冷气流速 4～6 m/s，速冻时间 25～35 min，菇体中心温度为－18℃以下。

6. 分级

速冻后的双孢蘑菇应按菌盖直径大小和菌柄长度采用滚筒式分级机或机械振

筒式分级机进行分级。

7. 复选

从经过机械分级后的双孢蘑菇中剔除不合乎速冻产品标准的菇，如畸形菇、斑点菇、锈渍菇、空心菇、脱柄菇、开伞菇、变色菇、薄菇等。

8. 包冰衣

为了保证速冻双孢蘑菇的品质，防止产品在冷藏过程中干缩及氧化变色，菇体在分级、复选后尚需包冰衣。具体做法是把 5 kg 敲散开的并经过速冻的双孢蘑菇倒进有孔塑料筐或不锈钢丝篮中，再浸入 1～4℃的清洁水中 2～3 s，拿出后左右振动，摇匀沥干，并重复操作 1 次，使菇体表面均匀形成一层透明薄冰。

9. 包装

包装必须保证在－5℃以下低温环境中进行，温度在－4℃以上时速冻双孢蘑菇会发生重结晶现象，极大地降低速冻双孢蘑菇的品质；严格按照食品生产标准包装。

10. 冷冻保藏

将检验后符合出口质量标准的速冻双孢蘑菇迅速放入温度－20～－18℃冷藏库冷冻，冷冻保藏期限为 8～10 个月。

实验实训

4-1-1：滑菇盐渍

一、目的要求

熟悉滑菇盐渍的基本原理；掌握滑菇盐渍的方法。

二、材料用品

新鲜滑菇子实体、精盐。

三、仪器用具

电饭锅、铝漏勺、网孔塑料盆、刀、塑料桶、竹帘、石块、波美盐度计、盘秤等。

四、方法步骤

1. 采收

采收尚未开伞的滑菇，切去硬根，保留嫩柄 1～3 cm。也可以根据实际情况直接到市场购买，然后再稍加工。

2. 清洗

剔除烂菇，去除杂质，洗净。

3. 杀青

将洗净的滑菇放入开水中煮制，水与菇比为 3∶1，轻轻地搅拌并用铝勺撇去上浮的泡沫，煮沸 2 min，菇熟透软而不烂时捞起放冷水中冷却。煮沸期间切忌煮制时间过长，以免影响色泽及成品率。

4. 冷却

迅速将杀青后的菇体用自来水多次冲洗冷却。

5. 配制饱和食盐水

按比例将食盐放入水中煮沸，晾凉后备用。要求 22～24°Be。

6. 盐渍

在塑料筒中先放一层盐，然后将杀青冷却后的滑菇按一层菇一层盐进行摆放，每层菇厚 3 cm，最上层菇表面撒一层盐，然后压上竹帘和石块，再灌入饱和食盐水淹没菇表面，以防菇体露出水面腐烂变质。食盐的添加量按照每千克菇放 0.7 kg 盐计算。

实训结束后，利用业余时间进行后期处理。7 d 后进行倒缸，倒缸时仍采用一层菇一层盐进行二次盐渍，方法同前。盐渍期间每天检查一次，保持盐水浓度达 22°Be，如此盐渍 20 d 左右，即可完成盐渍。

五、实训作业

记录实验用新鲜滑菇的重量以及盐渍各阶段的日期等，最后计算出鲜菇的盐渍率和盐渍时间。

$$\text{鲜菇盐渍率}=\frac{\text{盐菇重量}}{\text{鲜菇重量}}\times 100\%$$

拓展链接

"袋料菌棒栽培香菇"技术创始人彭兆旺

中国香菇，我们称其为 800 年历史，20 年巨变，从名不见经传到一跃成为我国参与全球农产品贸易中的唯一拥有全球优势的金牌，无论在产品规模与质量上都处于任何国家与地区无可取代的地位。在中国香菇的振兴与发展中，无数有识之士为其付出了心血，这当中，既有那些具有远见卓识的政治家和科技专家，也有那些默默无闻的实践于第一线的经验丰富的农民。而彭兆旺先生就是这样一位出生于农家的让我们无限敬佩和尊崇的香菇专家。

1948年，彭兆旺先生出生于福建古田县大甲乡的一个农民家庭。他自幼勤奋好学，二十多岁就开始投身于食用菌行业，并以满腔的热情酷爱着这份事业。凭借自身对食用菌的天赋，经过无数次艰苦的试验与探索，并在总结前辈经验的基础上，克服重重困难，终于在1982年成功发明了“袋料菌棒栽培香菇”技术。该技术使香菇生产周期从2～4年缩短为8个月左右，成本降低50%～60%，产量提高5～6倍，这是世界食用菌栽培史上的一个重要里程碑，极大地促进了中国食用菌产业的腾飞。

彭兆旺先生发明的食用菌栽培模式非常适合于中国国情，适合于中国农村的经济现状，故此该技术以星火燎原之势在短短的几年时间内迅速遍及中国的大江南北，长城内外。1986年该技术被列入国家级“星火计划”重点项目，进一步促使了该技术的完善和推广，促进了中国香菇产业的腾飞，使我国的干香菇产量从20世纪80年代初期不足2 000 t，至1996年迅速达到8万t，至今突破10万t，每年产值突破百亿元。因此，香菇成为我国唯一能左右国际市场行情的农产品，中国一举成为世界香菇出口第一大国。之后，该技术又被迅速普及使用到其他各类食用菌的生产上，为中国成为世界食用菌第一强国奠定了基础。

彭兆旺先生足迹遍及家乡古田县大甲乡的山山水水，并把技术无偿奉献给父老乡亲。到1986年全乡有几千户农民靠袋料菌棒栽培香菇脱了贫。大甲乡原是古田县最贫困的乡，由于种植香菇，1986年全乡总产值和人均纯收入比1981年翻了5倍。寿宁县原是福建省最贫困的县，自1996年全县种植香菇1亿袋，年产鲜菇4万t，产值5个亿，一举脱贫致富，可见香菇种植对我国农村经济的影响，其社会效益、经济效益可见一斑。由于“袋料菌棒栽培香菇”模式在技术上的突破性和先进性，其发展之势一日千里。福建省在“彭式工艺”推广之前，最高年产量为600 t，而自1986—1987年全面推广后，香菇干菇产量迅速突破1万t，同当年世界香菇生产第一大国日本持平，至今每年向日本出口数千吨鲜菇，年创汇达1亿美元，而国内产值在6亿多元。这仅仅是中国的一个省的情况，管中窥豹。由此可见，其影响之深、规模之广，迄今仍为广大菇区人民的致富发挥着惊人的作用。

为表彰他为中国蕈菌业作出的伟大贡献，1989年4月，中国科学技术协会为其颁发全国科技致富能手的光荣称号；1991年4月，福建省人民政府评其为劳动模范；1991年10月国家科委将彭兆旺先生评为全国星火科技先进工作者；宁德地区行署授其以科技进步奖；农业部则于1988年9月授其以部级科技进步二等奖……

中国乃至世界食用菌栽培史上将永远记录下这光辉的一页——“菇香四溢，泽被八方”是对彭兆旺先生所发明的技术和他在食用菌事业上的功绩的最好写照！

学习情境二 食用菌深加工技术

子情境一 多糖提取技术

食用菌如香菇、猴头菇、金针菇等,所含多糖均具有显著的药用功效,如增强免疫作用、降血糖作用、抗氧化作用等。

下面以香菇多糖提取技术为例。

一、工艺流程

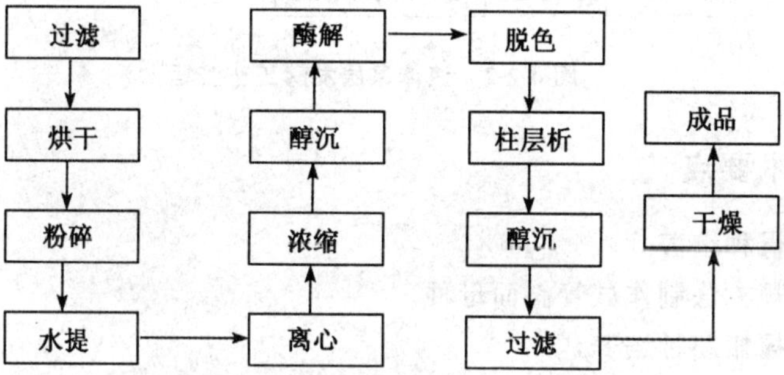

图 4-2-1 香菇多糖提取工艺流程

二、操作要点

见“实验实训 4-2-1”。

子情境二 深层发酵技术

深层发酵又称深层培养或沉没式培养,它是在发酵罐中,采用液体培养基通入无菌空气并加以搅拌,以增加培养基中溶解氧含量,控制发酵工艺参数,获得大量菌丝体或代谢物。

下面以香菇菌丝液体深层发酵技术为例。

一、工艺流程

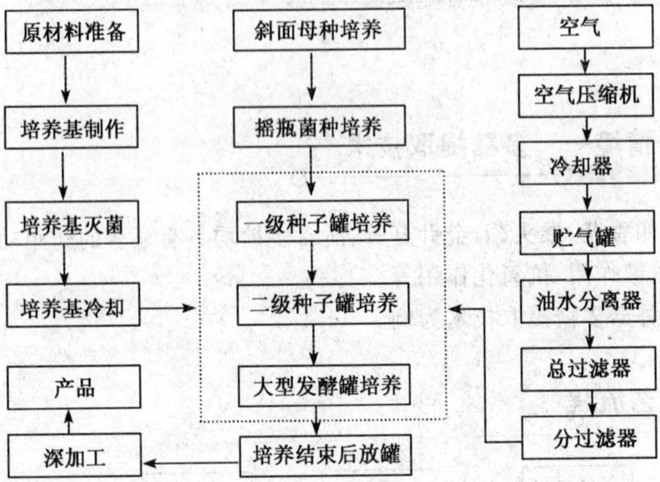

图 4-2-2　液体深层发酵工艺流程

二、技术要点

1. 斜面母种培养

按照常规方法制作试管斜面母种。

2. 液体摇瓶菌种培养

一般使用加富 PDA 培养基作为液体摇瓶菌种的培养基(不加琼脂)。配制好的培养基分装于三角瓶内，通常 500 mL 的三角瓶装 150 mL 培养基，并在三角瓶内放 3～4 粒玻璃珠(也可不放)，塞好棉塞，扎上防水纸，123℃灭菌 30 min；冷却后，接入 0.5 cm^2 大小的斜面母种 2～4 块，静置培养 48 h 后夹于摇床上进行振荡培养，培养温度及菌龄应视菌株而定。摇瓶种子需经严格逐瓶检查后方可使用。

3. 一级、二级菌种培养

为满足生产需求，摇瓶种子再进一步扩大繁殖成一级、二级种子。一级种子罐通常为 50～100 L，二级种子罐为 500～1 000 L。种子罐灭菌处理后，接种时打开排气孔，关闭进气口，温度保持在 25℃左右；正常培养 48～96 h 后转入发酵培养。

4. 大型发酵罐发酵培养

将培养好的一级或二级种子接种到大型发酵罐进行发酵培养，发酵过程的不同时期要注意相关工艺参数的控制(表 4-2-1)和管理重要指标的检查(表 4-2-2)。

表 4-2-1　香菇大型发酵罐培养工艺参数控制

参数	控制标准
菌龄	摇瓶种子菌龄控制在 4～10 d,一、二级种子菌龄为 48～96 h
接种量	接种量通常为 10%～20%
温度	温度通常在 25～28℃生长最快,菌丝体得率最高
通气量	前 48 h 以 0.5 通气体积/培养液体积/分钟,后 48 h 以 1.0 通气体积/培养液体积/分钟
搅拌速度	香菇深层发酵的搅拌速度一般是 200～250 r/min
酸碱度	香菇在深层发酵中适宜 pH 为 4.5～6.5
罐压	发酵过程中罐压通常为 0.2～0.7 kg/cm^2
泡沫控制	使用加入量约为 0.006%泡敌(聚环氧丙烷甘油醚)进行消泡处理

表 4-2-2　香菇大型发酵罐培养重要指标检查

指标		检查标准
发酵中期	菌丝量	采用离心法,量取一定体积的样品液离心后称菌泥重量
	菌丝体大小	取少量菌丝球于加有蒸馏水培养皿中,用游标卡尺测量
	纯度	通过平板培养或显微镜检查是否存在污染
	酸碱度	检查发酵液的 pH 变化了解发酵的进程并间接了解污染情况
	总糖量	选用蒽酮比色定糖法或 3,5-二硝基水杨酸比色法测定
	氨基氮	选用微量凯氏定氮法或甲醛滴定法进行测定
发酵后期		产物浓度、过滤浓度、含氮量、残糖量、菌丝形态、pH、发酵液纯度等
发酵结束		经 4 000 r/ min 离心 10 min,菌泥湿重在每 20～25 g/100 mL 时放罐

实验实训

4-2-1:香菇多糖提取

一、目的要求

熟悉香菇多糖提取的原理;掌握香菇多糖提取的方法。

二、材料用品

香菇菌丝液体深层发酵液、纱布、85%酒精、纯净水、2 mol/L 氢氧化钠、滤纸、蛋白酶、活性炭等。

三、仪器用具

量筒、量杯、烧杯、培养皿、托盘天平、电热恒温干燥箱、小型粉碎机、100目筛子、恒温水浴锅、离心机、真空浓缩罐、无水酒精、烘箱、pH计、层析柱、低温冷冻干燥机、包装机等。

四、方法步骤

1.过滤

用2层纱布将香菇发酵液过滤2次，并反复洗涤得到的香菇菌丝体，称量重量。

2.烘干

将香菇菌丝体盛装在培养皿中，于95～100℃下烘干，称量重量。

3.粉碎

将烘干的香菇菌丝体放入小型粉碎机中粉碎，并过100目筛。

4.水提

将粉碎过筛后的香菇菌丝体加入到为其重量20倍的纯净水中，水浴恒温70℃，保持5 h。

5.离心

将水浴加热后的液体离心(4 000 r/ min,10 min)，收集上清液；沉淀物再次加水，于70℃水浴再次浸提2.5 h，离心收集上清液，合并2次的离心上清液。

6.浓缩

使用真空浓缩罐将离心所得的上清液真空浓缩至稀糖浆状。

7.醇沉

向浓缩液中加入为其体积4倍的无水酒精，混匀，静置过夜。

8.酶解

将醇沉后过滤所得的香菇多糖粗品溶于5倍体积的蒸馏水中，并加入蛋白酶，水浴恒温35℃，保温3 h之后过滤。

9.脱色

向酶解后所得滤液中加入2 mol/L的氢氧化钠，并调节pH至中性，加热沸腾，加入活性炭，保温15 min，过滤。

10.柱层析

调节滤液至中性，分别通过阴离子柱和阳离子柱，收集流出液。

11.醇沉

在流出液中加入无水酒精，使溶液中含醇量达70%，混匀，静置过夜。

12. 过滤

将所得沉淀过滤，并用85%酒精洗涤2次，弃去上清液。

13. 干燥

将所得过滤产物在低温下干燥，则可得到较纯的香菇多糖，称量重量。

14. 粉碎、包装

使用小型粉碎机将冷冻干燥后的香菇多糖进一步粉碎，用自动包装机进行准确计量和包装。

五、实训作业

1. 计算香菇菌丝体鲜品与干品的得出率。

$$干菌丝得出率=\frac{干菌丝重量}{鲜菌丝重量}\times 100\%$$

2. 观察香菇多糖的物理性状，计算多糖得出率。

$$多糖得出率=\frac{多糖成品重量}{干菌丝重量}\times 100\%$$

拓展链接

“山菇娘”创业致富为乡亲
——记磐石市“一村一名大学生”项目毕业学员栾玉霞

11年前，年轻的栾玉霞曾毅然背着蘑菇到陌生的省城闯市场，为取柴河镇大多数农户解决了滑子蘑销路的燃眉之急。从此她一发不可收，在食用菌种植、经销上越走越远，带领许多农户走上了增收致富道路。从磐石市先进经纪人、劳模到吉林市三八红旗手、劳模，再到省人大代表，这些荣誉见证了她的成功历程。

2003年，在取柴河镇政府的大力支持下，她成立了磐石市裕民食用菌加工厂。然而随着生产规模的进一步扩大和形势的不断发展变化，栾玉霞感到自身技术的不足和小作坊式加工厂的弊端。2006年，省里“一村一名大学生”项目的实施让栾玉霞看到了改变现实的希望。作为一名农村女党员，经过培训、考试，她有幸成为第二批“一村一名大学生”项目吉林农业科技学院高职学院食用菌专业的学员。面对来之不易的学习机会，栾玉霞上课精神头特足，学习笔记写得工工整整，经常向老师请教。

取柴河镇兴隆川村是老菇区，2009年5月栾玉霞对取柴河镇兴隆川村食用菌园区指导时发现，这里的绿霉菌滋生蔓延非常迅速，如不及时控制，将给农户造成巨大损失，但仅凭自己挨家挨户去防治，费时费力不说，还会影响效果。在镇里支持下，她办了专题培训班，给菌农仔细讲解在学院学到的绿霉菌防治知识，并聘请了技术员对园区进行全面消毒，确保了园区春耳、秋耳的产量。当年这个园区木耳产量2.5万多kg，菌户获利400多万元。

公司＋农户＋市场是栾玉霞一直追求的食用菌产业发展模式，从学院毕业后，她投资150万元成立了磐石市山菇娘食用菌开发有限公司，通过与农民签订订单合同，最大程度规避市场风险，确保农民利益。

在公司带动下，取柴河镇仅滑子蘑就从最初的2万盘发展到目前的200万盘，年产量4 000 t，带动农户1 100户。与此同时，公司也在发展壮大。目前，山菇娘公司已经发展成为固定资产500余万元、销售额150余万元，实现菌种繁育、技术推广、产品回收、加工销售为一体的小龙头企业。

学习情境三　食用菌综合开发技术

近年发现有几百种食用菌可杀灭害虫，如毒菌含有的毒肽、毒伞肽物质，由于使用量小、灭害虫能力强、对环境无污染、对作物无残留而有很好的发展前景。另外，随着食用菌生产的发展，食用菌废弃培养料（菌糠）的数量日益增多，这些栽培各种食用菌后剩下的废料，如果处理不当，将会污染环境，不仅有碍食用菌生产的发展，而且对人体健康也有不利影响。而菌糠中含有丰富的营养物质，可以做成饲料、饵料或其他添加剂，同时也是很好的有机肥料，用于农田，可使多种农作物增产。这里重点介绍菌糠的综合开发和利用。

子情境一　饲料加工

目前市场上普遍使用一种复合微生物制剂"阿姆斯菌糠生物饲料转化剂"将菌糠转化为优质的饲料，受到广大生产者的认可和好评。

一、阿姆斯菌糠生物饲料转化剂功能

阿姆斯菌糠生物饲料转化剂具有改善口感、提高营养、确保安全、抗病保健、取材广泛、降低成本、加速周转、改善环境、适用广泛等特点。菌菇脚渣（料）成分检测报告见表 4-3-1。菌糠饲料氨基酸含量测定见表 4-3-2。

表 4-3-1　菌菇脚渣（料）成分检测报告　%

测定成分	成分含量
粗纤维	4.5
粗蛋白质	9.8
粗灰分	19.4
钙	2.9
磷	0.22
总能/(J/g)	3 380.56

表 4-3-2 菌糠饲料氨基酸含量测定 %

种类	含量	种类	含量	种类	含量
天门冬氨酸	0.60	异亮氨酸	0.30	胱氨酸	0.17
苏氨酸	0.30	亮氨酸	0.54	缬氨酸	0.45
丝氨酸	0.30	酪氨酸	0.19	蛋氨酸	0.14
谷氨酸	0.96	苯丙氨酸	0.30	精氨酸	0.22
甘氨酸	0.36	赖氨酸	0.30	脯氨酸	0.42
丙氨酸	0.45	组氨酸	0.24	氨基酸总量	6.2

二、菌糠饲料的制作与使用方法

1. 菌糠选择

选用无污染霉变、未失水的新鲜菌糠。

2. 主饲料选择

选用较细麸皮或玉米粉，比例为菌糠的 10%～20%。

3. 添加量

250 kg 鲜菌糠加入 250 g 菌糠饲料转化剂就可以处理成优质的生物饲料。

4. 操作方法

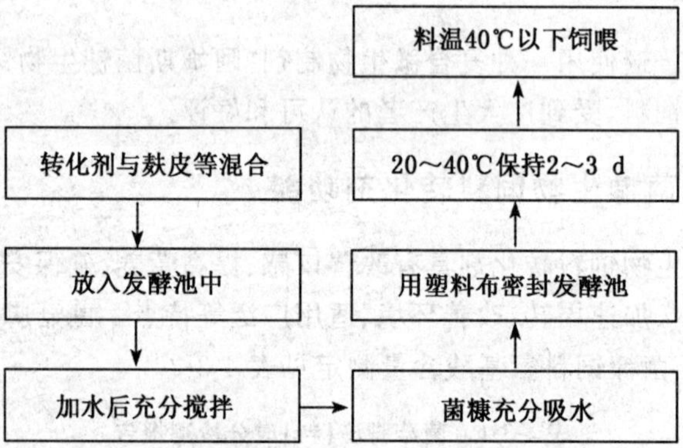

图 4-3-1 菌糠饲料制作及使用方法流程

5. 饲喂比例

一般按仔猪先从 5%的添加量开始，直至肉猪生长至 75 kg 时菌康饲料可添加至 25%；母猪配种后 20 d 内添加量不超过 50%，配种后 20～90 d 添加量可增至 70%，产仔前 20 d 再将饲喂量降低至 50%。

子情境二　肥料加工

菌糠中含有丰富的有机质、矿质元素和植物激素，是优质的农田有机肥料。菌糠肥料与厩肥的比较见表 4-3-3。菌糠肥料的增产效果见表 4-3-4。

表 4-3-3　菌糠肥料与厩肥的比较

肥料种类	有机质/%	全氮/%	全磷/%	全钾/%	速效磷/(mg/ kg)
菌糠肥料	14.44	0.742	0.205	1.08	144.8
厩肥	7.13	0.462	0.164	1.45	41.8

表 4-3-4　菌糠肥料的增产效果

增产幅度	小麦		玉米		大豆	
	菌糠肥料	厩肥	菌糠肥料	厩肥	菌糠肥料	厩肥
折产量/(kg/hm^2)	2 962.5	2 302.5	9 206.3	8 310	1 695	1 297.5
增产/%	28.7	—	10.6	—	30.6	—

一、5406 抗生性菌肥制作

5406 抗生性菌肥，具有防病、保苗、疏松土壤和刺激作物生长等多种作用。目前，我国施用 5406 抗生性菌肥的土地面积已经覆盖全国。5406 抗生性菌肥制作工艺流程见图 4-3-2。

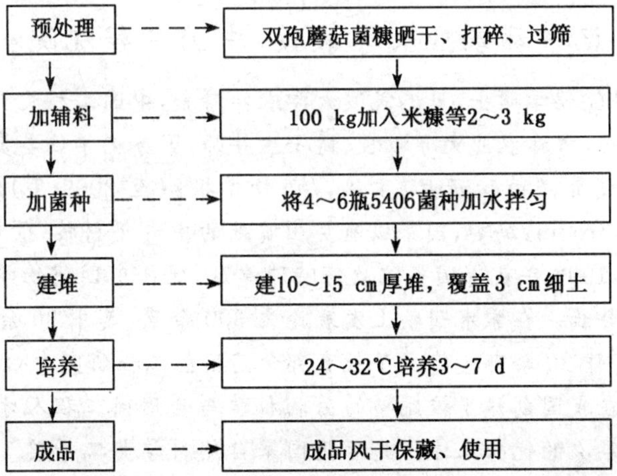

图 4-3-2　5406 抗生性菌肥制作工艺流程

二、从菌糠中提取植物激素

从菌糠中提取植物激素，在蔬菜生产中作为叶面肥料喷施，增产效果显著。例如将香菇菌糠中提取的植物激素，用水稀释 500 倍，喷施黄瓜茎叶，每周 1 次，共喷 2 次，其茎叶粗壮，产量增加 1 倍以上，抗病能力也明显增强。从菌糠中提取植物激素的工艺流程见图 4-3-3。

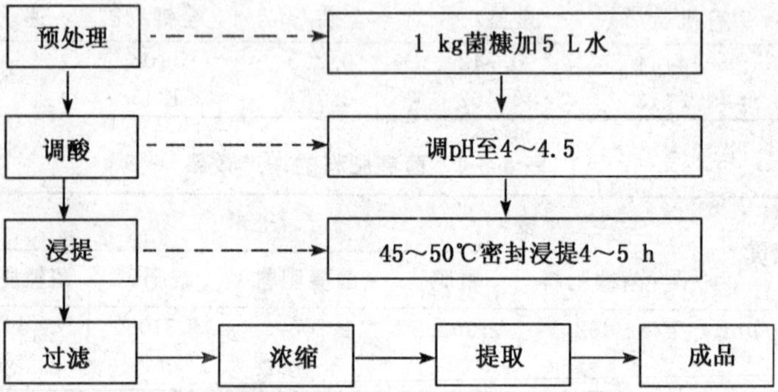

图 4-3-3　从菌糠中提取植物激素的工艺流程

拓展链接

山高人为峰
——记吉林农业大学教授、中国工程院院士李玉

李玉，中科院理学硕士，日本筑波大学农学博士，中国工程院院士，俄罗斯农业科学院外籍院士，吉林农业大学教授、博士生导师，国务院学位委员会第四届、第五届学科评议组成员，《菌物研究》主编，《菌物学报》（至 2009 年）和《International Medicinal Mushroom》编委，国家级有突出贡献的中青年科技（管理）专家，全国优秀教育工作者，1992 年获得国务院政府特殊津贴，现任中国菌物学会理事长、中国食用菌协会副会长。在学术刊物上发表论文 300 余篇，其中 30 余篇被“SCI”收录或引用，出版著作 20 余部。建立了教育部食药用菌工程研究中心，创办了《菌物研究》学术期刊，在我国创建了较完整的菌物科学与食用菌工程人才培养体系，培养了一大批不同层次的优秀人才。先后获国家自然科学奖二等奖 1 项，吉林省科技进步奖一等奖 2 项、二等奖 1 项、三等奖 4 项，国家教学成果奖二等奖 1 项，吉林省

教学成果奖一等奖 3 项，获得专利 7 项，对我国的菌物事业做出了突出贡献。

李玉院士是我国食用菌界的一座高峰，默默耕耘，硕果累累。几十年来他攻克道道难关，在菌物基础学研究和菌物工程学研究上成果辉煌；他教书育人，甘为人梯，为食用菌业界培养了大批人才。“桃李无言，下自成蹊”，李玉院士的工作得到了国家和社会的高度肯定，在 2009 年 12 月李玉院士高票当选中国工程院院士。李玉院士的当选极大地鼓舞了食用菌业界同仁，这在我国当代食用菌产业发展史上将具有里程碑式的意义。

展望中国的学术界，各个领域百花齐放，百家争鸣，然而，李玉教授最开始所从事的黏菌研究却是很少有人涉猎的领域，是一条充满迷茫、寂寞的艰难之路。30 年前，导师周宗璜教授将黏菌研究的重担托付给他，在这条单调而又枯燥的研究道路上，李玉教授不断创新，不断探索，放弃了诸多人生机遇，奉献了宝贵的青春，几十年如一日，在黏菌的研究道路上孜孜不倦地钻研。

李玉教授不仅在菌物学基础研究上硕果累累，在食用菌等菌物工程研究上也是成果辉煌。先后主持并带领团队完成菌类科技与工程研究项目，如国家科技部、农业部、“948”、“863”、国家自然科学基金国际合作重点及面上项目等国家和省部级项目 40 余项，对我国的菌物事业作出了突出贡献。

为将菌物学科与国际接轨，他积极开展国际学术交流，出席国际会议 9 次并在大会上发言，主持了“第八届海峡两岸菌物学学术研讨会”和“中日及泛亚太地区菌物学论坛”，参与主持了“第五届国际菌根蘑菇大会”，担任第五届国际药用菌大会主席及学术委员会主席，为提高我国菌类产品在国际市场上的核心竞争力，推动菌物学科及中国食用菌产业的快速发展作出了贡献。

典型工作任务五　营销技术

学习情境	一:营销策略	二:对外贸易
子情境	一:品牌策略	一:贸易流程
	二:销售策略	二:贸易谈判
具体任务及工作目标		

1.了解食用菌出口贸易谈判技巧。

2.理解食用菌品牌策略。

3.熟悉掌握食用菌出口贸易技术和销售策略。

学习情境一　营销策略

子情境一　品牌策略

一、品牌及相关知识

1. 品牌

品牌是一种名称、标记、符号、图案或这些要素的组合，目的是使自己的产品或服务同其他竞争者的产品或服务加以区别。品牌的内容一般由品牌名称和品牌标识两部分组成。

2. 名牌

名牌是知名品牌或强势品牌，即著名品牌。人们研究名牌，主要是为了帮助创立名牌、利用名牌、发挥名牌效应，创造名牌价值。

3. 商标

商标是一个法律的概念，它是指受法律保护的一个品牌或品牌的一个部分。商标具有专有性、时间性和地域性。

在标注商标时应在其右上角加注®或 TM。®是注册商标的标记，意思是该商标已在国家商标局进行注册申请并已经商标局审查通过，成为注册商标。注册商标具有排他性、独占性、唯一性等特点，属于注册商标所有人所独占，受法律保护，任何企业或个人未经注册商标所有权人许可或授权，均不可自行使用，否则将承担侵权责任。用 TM 则是商标符号的意思(企业使用 TM 通常是表示本文字、图形或符号作为商标使用)，即标注 TM 的文字、图形或符号是商标，但不一定已经注册。

4. 驰名商标

驰名商标是在中国为相关公众广为知晓并享有较高声誉的商标，其中“相关公众”是指与商标所标识的某类商品或者服务有关的消费者和与前述商品或者服务的营销有密切关系的其他经营者。

二、品牌的作用

品牌具有很强的社会属性和竞争性质，自从产生商品交换开始，品牌的意识就逐步萌芽、发展。对于生产经营者和消费者而言，品牌具有十分重要的作用。

1. 品牌对生产经营者的作用

①体现产品核心价值，有利于广告宣传和产品陈列。

②加强质量保证，提高产品信誉度，有利于占领和控制市场。

③具有增值保价功能，有助于减少价格弹性。

④提高商品识别，突出企业文化和产品特性，有利于产品组合的扩张。

2. 品牌对消费者的作用

①有利于消费者辨别所需的产品和按需选择商品。

②有利于维护消费者的合法权益。

③有利于消除消费者对同品牌新产品的疑虑。

三、品牌策略

食用菌生产企业研究品牌的主要目的是如何以品牌为手段，促进产品销售，提高产品市场竞争力。然而，建立品牌的成本和责任不容忽视，品牌策略最终决定企业的销售额和利润。

1. 品牌化策略

品牌化策略是指企业决定是否使用品牌。由于品牌具有保证质量、增值保价、商品识别和促销等作用，可以给生产企业带来丰厚的利润，所以许多企业都具有自己的品牌。但是对于食用菌生产企业而言，使用品牌过程中由品牌设计、申请注册、印制、广告宣传等带来的成本也会大大增加。没有品牌的产品可将以上费用用来降低产品销售价格，以低价格优势参与市场竞争。

一般而言，未经加工的原材料和生产程序简单、价格低廉、选择性不大的商品不使用品牌。但是，近些年来，随着人民生活水品的不断提高，食用菌等农副产品越来越重视品牌的发展。

2. 统一品牌策略

统一品牌策略是指企业生产经营的所有产品都使用同一品牌。统一品牌策略可以节约新产品的宣传和广告费用，使新产品低成本、快速顺利进入市场。但是增加了企业某一个不成功的产品影响其他产品的生产经营的风险。

3. 多品牌策略

多品牌策略是针对统一品牌策略的不足而采用的一种策略，即生产企业的每一种产品都使用不同的品牌名称。

4. 生产企业品牌策略

生产企业品牌策略就是企业采用自己的品牌，一般来说，信誉度较高的企业都采用自己的品牌，提高企业的知名度和市场竞争力。

5. 销售商品牌策略

销售商品牌策略是指生产企业将产品销售给经销商，再由经销商(中间商)使用自己的品牌销售商品。

6. 混合品牌策略

该策略是生产企业根据实际情况需要决定一部分产品采用生产企业品牌策略，另一部分产品使用销售商品牌策略。

子情境二　销售策略

一、定价策略

1. 定价的一般方法

①成本导向定价法。成本导向定价法是以产品的成本为基础，将成本加上预期利润来制定价格的定价方法。主要包括成本加成定价法、盈亏平衡定价法、目标利润定价法和目标贡献定价法四种。下面是成本加成定价法的计算公式：

$$产品售价=\frac{单位完全成本\times(1+成本加成率)}{1-税率}$$

②需求导向定价法。需求导向定价法是以消费者对商品的需求程度和商品的购买力为依据来制定价格的方法。主要包括感受价值定价法、零售价格定价法和区分需求定价法。

③竞争导向定价法。竞争导向定价法是以同种产品相互竞争的价格作为依据，随市场竞争的状况来调整价格水平的方法。

2. 营销定价策略

①新产品定价策略。包括高价策略、低价策略和满意定价策略三种。

②商品阶段定价策略。主要包括试销期定价策略、畅销期定价策略、饱和期定价策略和滞销期定价策略。

③折扣与让价策略。主要包括现金折扣、数量折扣、交易折扣、季节折扣、推广让价和运费让价等策略。

④地理定价策略。主要包括离岸定价、销地定价、统一交货定价、分区送货定价和基点定价等策略。

二、分销渠道策略

1. 分销渠道概述

美国市场营销学权威菲利普·科特勒认为:“分销渠道是指某些货物或劳务从生产商向消费者移动时,取得这种货物或劳务所有权或帮助转移其所有权的所有企业或个人。”所谓分销渠道,通常指促使某种产品和服务顺利地经由市场交换过程,转移给消费者使用的组织,用来解决、调和商品、服务与消费者之间的地点差异、时间差异和所有权差异。

2. 分销渠道的作用

①降低库存,减少风险。

②减少交易次数,缩短商品流通时间。

③联系企业与消费者,加强需求信息反馈。

④减少成本,减少压力。

⑤实现商品所有权和商品实体的转移。

⑥货款资金转移。

3. 分销渠道的类型

①按流通中商品的性质划分。可分为消费品市场渠道(图 5-1-1)和工业品市场渠道两种结构。

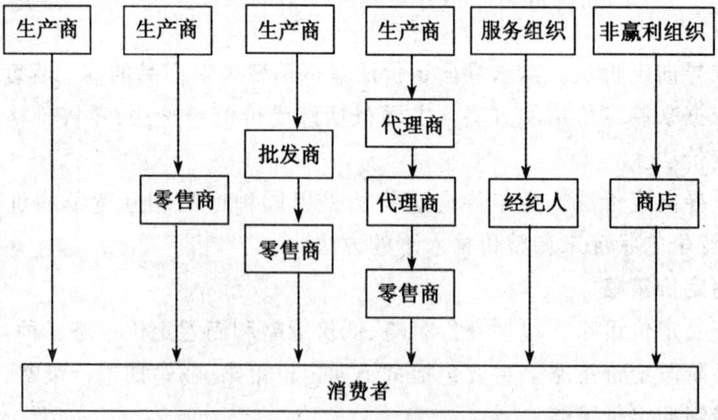

图 5-1-1 消费品市场分销渠道结构图

②按渠道长度划分。可分为零层渠道、一层渠道、二层渠道和三层渠道(图 5-1-2)。

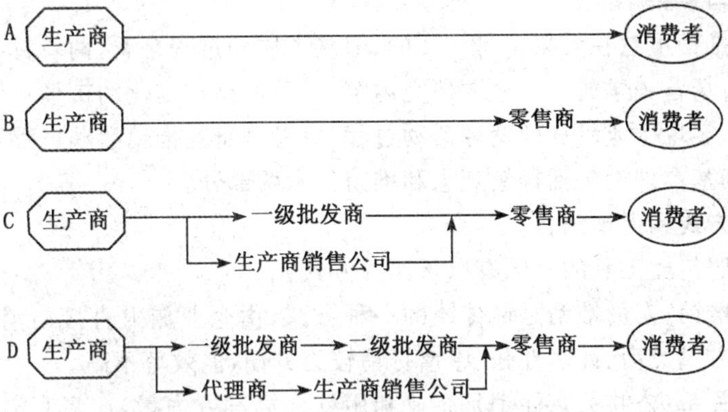

A:零层渠道　B:一层渠道　C:二层渠道　D:三层渠道

图 5-1-2　消费者市场分销渠道结构图

③按渠道宽度划分。可分为密集式分销、选择式分销和独家式分销。

4. 物流

目前,国际上普遍采用 20 世纪 90 年代美国物流管理协会对物流的定义:物流是为了满足消费者需求,而对原材料、半成品、最终产品及相关信息从起始地到消费地的有效率与效益的流动与存储进行的计划、实施与控制过程。具体包括运输、仓储、包装、物料搬运、装卸、存货控制、订单处理、需求预测、生产计划、采购、客户服务、工厂和仓库选址、物品回收、零部件及服务保障、废品处理、情报信息联系等等。

我国在《物流术语》标准(GB/T 18354—2001)中将物流的概论描述为:物流是指物品从供应地向接收地的实体流动过程。根据实际需要,将运输、存储、装卸、搬运、包装、流通加工、配送、信息处理等基本功能实施有机结合。

分销物流与现代物流的区别:前者局限于对销售领域活动的管理,没有包括采购物流、生产物流等活动;后者包括了从原材料采购到成品销售全过程的物流活动,不仅仅限于分销物流,还扩展到采购、生产和销售部门,乃至产品链的上游企业和下游企业。本教材所说的物流指分销物流。

三、促销渠道策略

"促销"源于拉丁语,原意是"向前行动"。现代市场营销把它理解为"促进产品或服务的销售",是指企业通过人员推销或非人员推销的方式,向目标顾客传递商品或劳务的存在及其性能、特征等信息,帮助消费者认识商品或劳务所带来的购买者的利益,从而引起消费者的兴趣,激发消费者的购买欲望和购买行为的活动。

1. 促销与推销

促销与推销虽然在结果上是一致的,但从本质和过程来看,两者具有明显的区别:前者是市场营销学的一个主要研究内容,其目的是在变化的市场环境中满足顾客消费需要、实现企业目标的商务活动过程;后者是研究推销活动过程及其一般规律的科学,其基本理论包括推销观念和推销技术两部分。

2. 促销方式和促销组合

促销按照传播工具的不同有以下四种方式:

①人员推销:人员推销是最传统的一种方式,由企业派人直接与消费者接触。该方式具有方式灵活、针对性强、感情打动较为方便,但效率不高。

②公共关系:公共关系促销是企业利用社会第三方力量,如福利捐款、新闻报道等来建立企业在消费者中良好的形象。该方式具有影响面广、影响力大、亲和力强,但不能立竿见影等特点。

③广告宣传:广告宣传是通过名人代言、功能展示、形象创意、简明爽口的宣传语等方式通过广告传媒(包括平面传媒和立体传媒)的一种非人际关系促销方式。该方式具有影响力大、接受面广,但成本昂贵和说服力较差等特点。

④营业推广:营业推广是鼓励消费者购买的一种短期刺激销售活动。如有奖销售、优惠酬宾、让利折扣等方式。该方式具有刺激性强、激发需求快,但影响面窄、有效期短等特点。

拓展链接

晴空一鹤排云上
——记原鲁东大学教授蔡德华

三十多年来,蔡德华教授致力于食用菌科研与教学工作,可谓硕果累累,成绩斐然。

蔡德华主要研究方向是:食(药)用菌良种选育、食用菌高效优化生产模式、中国特色食用菌现代工厂化生产、产品深加工技术及活性物质的提取、免疫功能检测和多功能保健精品的研究示范与产业化开发。他以严谨的科学态度和锲而不舍的精神,先后主持完成了"平菇玉米立体种植高产技术开发研究"、"菌粮菜高效生态农业模式的研究与产业化开发"、"作物秸秆食用菌高产优质种植研究与产业化开发"、"山东省食用菌星火科技示范县规划与建设"、"山东省食用菌专家综合服务大院建设”、“食用菌现代工厂化生产创新模式研究与示范”等国家级和省部级重大科研课题29项，获得省部级以上奖励21项，先后在国家级学术期刊发表有重要学术价值的研究论文86篇，在国家级出版社出版学术著作和专著6部。

蔡德华教授先后兼任山东省政府农业专家顾问团食用菌分团团长、中国食用菌协会专家委员会副主任委员、中国食用菌协会常务理事、山东省食用菌协会名誉会长、山东省微生物学会副会长等职务。先后被邹平、邹城、梁山、高密、灌南、泗阳、无锡、大连等58个政府部门聘为现代食用菌高级技术顾问。他常年奔波在食用菌产区，进行产业调查或工作指导。他的足迹踏遍了全国大部分食用菌主产市县。

在食用菌学科领域上，先后获得了不小成绩：“平菇玉米立体种植高产技术研究与产业化开发”“八五”期间获山东省科技进步二等奖；“菌粮菜精久农业高效模式的研究与产业化开发”2000年被评为全国十佳食用菌科技成果，2001年获全国高校科技进步二等奖；“作物秸秆优质高产种植食用菌研究与产业化开发”2005年获山东省科技进步二等奖；“山东省食用菌星火科技示范县建设”2007年被中国食用菌协会评为“2006年度全国食用菌行业科技创新成果奖”。“鲍鱼菇新品种选育研究”获第二届中国农业博览会金奖；其编导的《粮田又是好菜园》获国家科协颁发的第三届优秀科技声像作品科蕾奖一等奖；“高等真菌优化麦秸做饲料研究”获山东省科技进步三等奖；“十种主栽食用菇蕈液体深层发酵技术体系的研究与建立”2007年获中国轻工业联合会科学技术进步奖三等奖。

莫愁前路无知己，天下谁人不识君。在山东省菌业界，提起蔡德华教授，几乎无人不知，无人不晓。无论是科教工作者，还是产区乡镇干部，提起蔡教授都说：“他为山东省食用菌产业的发展立了大功”。菇农提起蔡教授都竖起大拇指，众口一词：“他是俺致富的领路人。”

学习情境二　对外贸易

子情境一　贸易流程

对外贸易是指在国际贸易活动中，一国（或地区）同其他国家（或地区）所进行的商品、劳务和技术的交换活动。

一、国际市场调研

美国市场营销协会把市场调研定义为："一种借助信息把消费者、顾客及公共部门和市场营销联系起来的特定活动。这些信息用以识别和界定市场营销的机会和问题，产生、改进和评价营销活动，监控营销绩效，增进对营销过程的理解。市场调研载入的信息需要阐述这些问题，设计收集信息的方法，管理和实施资料收集的过程，分析结果，并交流调研的发现及其应用。"

国际市场调研可以采用一手调研和二手调研两种方式。一手调研是指针对特定的调研目的收集资料；二手调研是指使用已有的资料进行统计分析。其中一手调研的方法有个别访谈、焦点组访和问卷调查法。二手调研资料主要来源于政府、国际组织、服务组织、贸易协会、行业协会名录、统计报表、媒体广告、产业公报、门户网站等等。

二、客户沟通

在初步确定客户的基础上，注重客户沟通是正式开展业务之前的一个重要步骤。客户沟通一般包括询盘、发盘、还盘、接受四个过程（表 5-2-1）。

表 5-2-1　与外商建立业务关系的过程

沟通过程	主要内容
询盘	寻找客户，同外商取得联系
发盘	收到外商企业返回的信息后按外商提出的问题逐条认真回答
还盘	外商对发盘表示接受，反馈回文件，往往需要几次的商洽
接受	受盘人同意发盘的内容，口头或书面表示并同意签订合同

发盘具有法律效用，一般格式如下：

××先生，××日传真收到，感谢贵公司的业务咨询，对贵公司提出问题诚答如下表：

供货项目	具体内容
品种	滑菇
数量	现货 60 t
规格	整菇：伞径 2～3 cm，柄长 4～5 cm
品质	开伞＜5%；无虫、无杂、菇体坚挺；盐渍波美度：22°Be
价格	CIF 日本横滨 1 400 USD/T
条件	不可撤销，即期信用证支付
包装	白色塑料桶，每桶 50 kg
日期	××××年××月××日

诚待回电

××公司

三、签订合同

目前，我国出口合同的形式有两种：一种是销售合同，一种是销售确认书，两种形式法律上有同等的效力。合同的内容包括合同的标的、价格、卖方义务、买方义务、预防争议和解决争议的方法。出口合同履行程序如图 5-2-1 所示。

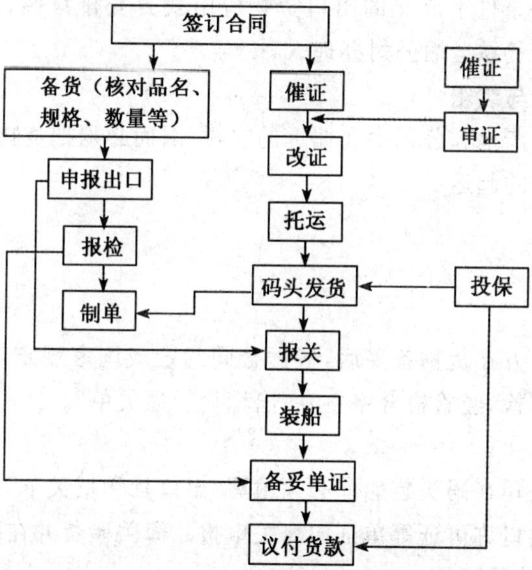

图 5-2-1　出口合同履行程序图

四、审证备货

1. 催证

如买方不按时开出信用证，要进行催证。

2. 审证

审证是全面审查对方的信用证。一般由银行的总行和进出口公司共同审查，银行着重审查开证行的政治背景、资信能力、付款责任和信用证的真伪，出口公司着重审查信用证的内容与合同是否一致。

3. 备货

备货就是要按质按量、按规格要求组织货源。包括待出口货物及加工包装、各种商品质量检验报告、合格证书等。

4. 改证

经审证，发现问题不大的应一边备货一边改证以防延误装船期，但在发货前一定要改正到位。如问题很严重的也可先改证后备货，防止市场机制的风险。

五、码头待发货

1. 租船定舱

在按 CIF 价格条件下成交的出口货物应由我方安排订船、订舱，可以将此项工作委托给中国对贸易运输公司办理。

2. 货物的起运与装箱

食用菌产品的产地和公司多在偏远的农村，因而必须把货物装箱后运到港口，这一环节叫做货物的起运。

六、报检报关

1. 报检

报检是指出口方在货物备妥后，根据合同约定或国家规定，向出口国商检局、动植物检疫部门报检，经验检合格签发“出境货物通关单”。

2. 报关

食用菌出口公司在码头装船前必须填写“出口货物报关单”和装货单、重量单、检验证、检疫证、出口许可证等单证向海关申报。海关验货并在装货单上加盖放行章，放行后可办理装船事宜。

子情境二　贸易谈判

一、对外贸易谈判的特点

1. 政治性与政策性强

对外贸易谈判既是双方的一种商务活动，同时也是一项国际交往活动，因此具有很强的政治性和政策性。谈判双方的商务活动关系和经济利益关系常常涉及两国的政治关系和外交关系，所以对外贸易谈判必然受到两国政府的干预。

2. 获得最大经济利益

对外贸易谈判的双方都把获取经济利益作为最基本的目的，因此人们常常以获得经济利益的大小来衡量对外贸易谈判的成功与否。

3. 合同条款的严密性

对外贸易谈判的结果是由双方协商一致后形成的合同来体现的。合同的实质表明了谈判双方的权利和义务，所以必须要注意合同条款的严密性。

4. 以国际商法为准则

由于对外贸易谈判涉及国际贸易、国际运输、货物名称、质量、数量、包装、运输保险、货款收付、争议预防及处理等一系列问题，其结果会导致资产或货物的跨国转移，因此，在对外贸易谈判中必须要以国际商法为基本准则，并以国际惯例为基础。

5. 影响谈判因子复杂

由于对外贸易谈判的双方代表各自的利益，他们的思维方式、政治背景、价值观、语言及风俗习惯等各不相同，从而影响对外贸易谈判。

二、对外贸易谈判的原则

对外贸易谈判的基本原则是谈判过程的指导思想和基本准则。它决定谈判者选取怎样的谈判策略和技巧以及如何运用谈判技巧。

1. 诚实守信原则

诚实守信原则包括两方面的含义：一方面在谈判过程中双方要有合作的诚意；另一方面，经过谈判签订合同后，双方要有遵守诺言、履行义务的诚意。

2. 双边多赢原则

对外贸易谈判双方达成有利于双方的协议是谈判取得成功的显著标志。人们在同一事物上的利益是此消彼长的关系。谈判的一个重要原则是协调双方的利益。

3. 合法原则

合法原则是指谈判过程和合同签订必须符合相关的法律法规和国际惯例。其主要体现在谈判主体合法、谈判客体合法和谈判过程合法三个方面。

4. 建立合作伙伴关系原则

对外贸易谈判不仅仅是一次交易，而要注意双方长期合作关系的建立。因此，谈判者在谈判过程中不应只计较眼前的得失，要具备战略眼光，注重长远发展。

5. 目标明确原则

目标按高低顺序可分为最优目标、实际目标、能承受目标和最低目标四种。在谈判过程中，最优目标有利于谈判者作必要的让步而不至于影响谈判的结果；实际目标是谈判双方根据实际情况和经过多方面因素分析后得到的结果，也是谈判双方力争达到的目标；能承受目标指受到各种因素制约，在不能达到实际目标时及时作出的调整目标；最低目标就是谈判者的“底线”。

三、对外贸易谈判的过程

1. 组建谈判队伍

谈判人员是谈判的关键，谈判队伍是谈判的保证。国外大多数专家认为，理想的谈判队伍人数控制在4～6人。谈判人员要具备职业道德良好、心理素质健全、知识结构合理和综合能力素养高等基本要求。

2. 收集、处理信息

主要收集谈判对手、竞争者和自己的各方面关系到谈判的信息，如政治背景、经济背景、法律制度、宗教信仰、文化习俗等等，以便在谈判过程中占主动地位。一般采取以下三种方法信息收集：

①派专人到对方实地考察，搜集资料；

②通过文献资料、统计数据报表、宣传资料、产品说明等获取信息；

③对与对方有过经济往来的相关人员调查掌握信息。

3. 设计谈判方案

谈判方案设计主要包括确定谈判目标、设定谈判程序、拟定谈判时间和谈判策略等方面。

4. 开局摸底阶段

谈判开局阶段是指谈判双方正式进入谈判之前，彼此就谈判事宜进行接触。主要完成明确谈判的具体内容、营造轻松愉快的谈判氛围、摸清对方的底细和根据对对方的摸底情况修订谈判计划等任务。

5. 报价阶段

报价阶段是双方结束寒暄、问好、认识等前期非实质性环节后进入正式谈判的第一个步骤，该步骤直接影响后续谈判的效果。报价包括货物价格、包装、装运、保险、商检、报关、索赔、质量等交易条件。报价的先后次序也很关键，一般而言由发起谈判方或收货方先报价，对方还价，直至双方满意为止。

6. 筹商阶段

谈判双方应本着互惠互利的基本原则讨价还价，最终达成双方都乐意接受并形成协议。该阶段是谈判过程中最关键、最激烈、最困难的阶段，也是谈判双方运用谈判技巧和艺术最充分的阶段和利益争取最大化的阶段。

7. 交易达成阶段

随着磋商阶段的逐渐深入，谈判双方交易条件逐步趋于一致，最终签订合同。

8. 谈判后续管理

谈判结束后，不管结果如何，从企业长远发展着想，必须进行必要的谈判总结和后续管理工作，主要包括谈判过程总结、谈判资料整理归档、客户关系维护与跟进等。

四、对外贸易谈判的策略

1. 知己知彼策略

谈判如同两军对垒，真正的共同利益不存在使双方都得到极大的满意。为了在谈判过程中占领主动地位，必须对对方的经营状况、经济实力、营销策略、与他人合作、无形资产、产品影响因子、社会承认度等信息掌握并能灵活运用。

2. 团队合理策略

一个合理的谈判团队，是谈判的主力军和动力保障。一般而言要确定一个发言人即谈判团队的负责人，同时还需要经济人员、法律人员、技术人员、审计人员、业务人员、翻译人员和记录人员等共同组成。

3. 谈判地点策略

谈判地点一般分为主场谈判、客场谈判和第三方所在地谈判三种类型。主场谈判具有熟悉场地、放松心里戒备的优势；客场谈判具有深入实地考查对方情况，不受干扰全身心投入到谈判活动中等优势；第三方所在地谈判更显公平，给谈判双方都能营造轻松愉快的谈判环境。

4. 谈判时间策略

谈判是一种社会活动，参与谈判人员的生物钟特性和精力都直接影响到谈判的结果。特别是对外贸易谈判，由于时区不一，谈判双方总有舟车劳顿一方或双方。加之选择对方处于某种特殊时期谈判时有利于控制谈判全局。

5. 对方心理策略

运用心理学原理、方法、技巧掌握、分析、利用对方谈判人员的心理变化，在谈判过程中适时地提出我方要求和作出合理的必要让步来获取更大的利益。

6. 文明用语策略

谈判用语要诚恳自信、准确明快、热情洋溢。同时还要注意使用对方能够接受和理解的语言，措辞得当、不卑不亢等等。

7. 察言观色策略

当谈判陷入暂时僵局时，要学会懂得从对方的颜面上得到相关信息，及时调整我们的谈判方法和提出合理的要求。如果能一语中的但又含蓄地指出对方的难言之隐时，往往从心理上给对方造成打击，从而有利于我方谈判。

8. 妥协让步策略

妥协让步策略总的原则是以退为进，以妥协让一小步而换来自己需要的更大利益，即可在小问题上作出合理的让步，争取对方在重要问题上作出让步。

拓展链接

从种菇带头人到奥运火炬手

姜百秋是岫岩县牧牛乡益临村人，牧牛乡食用菌种植专业合作社社长。1990年姜百秋开始从事香菇生产，至今已有20个年头了。20年来，香菇让他从一贫如洗发展成今天的专业大户、百万富翁，事业把他从一个普通的农民锤炼成现在的致富带头人、奥运火炬手。

北上学习，南下取经，就是认准了种菇致富这条路。姜百秋1990年北上沈阳，去沈阳农业大学举办的速成食用菌技术培训班学习。结业回乡后借2 000元钱开始种菇，当年略见效益。实践中他发现灭菌消毒方法不科学，须改进增效，于是又借钱两次南下，去浙江、福建学习新的灭菌消毒技术。回来后率先采用全熟料全封闭小袋接种技术，并大胆尝试香菇反季栽培，产品变烘干腌渍为密封储存卖鲜品，降低了成本，提高了效益，每盘增收0.5～1元。

2004年，姜百秋投资50多万元购买了8台新式节能锅炉、6台装袋机等先进香菇生产设备，又盖起了15栋新式钢筋结构塑料大棚。既方便了菇农加工菇段，又为菇农生产起到了示范指导作用。在他的带动下，由户到组，由组到村，由村到乡，共有1 000多户农民发展香菇产业，接种量突破200万段，收入达3 000多万元，菇农人均收入2.5万元，产品产量占辽宁市场的50%。因此，姜百秋荣获“辽宁省劳动模范称号”，益临村也被鞍山市评为“一村一品示范村”，牧牛乡被鞍山市评为“食用菌标准化生产示范基地”。

在乡政府的大力支持下，牧牛乡食用菌种植专业合作社于2008年成立了，入社社员一致推选姜百秋为社长。现在合作社社员已发展到400多人，合作社有健全的章程和制度，要求社员必须遵章办事。服务体系健全了，产业链条完善了。

2010年，牧牛乡香菇接种量达6 000万段，占全县食用菌接种量的40%。小蘑菇变成大产业，作成了大文章。小蘑菇也造就了一位省劳动模范和北京奥运农民火炬手。

附　录

附录一　食用菌生产基本条件

表 1　制种常用化学营养物质的种类与用途

菌种级别	药品级别	营养物质名称	营养物质用途
母种	分析纯、化学纯	葡萄糖、蔗糖、麦芽糖、可溶性淀粉等	提供小分子碳素营养
		蛋白胨、酵母浸出膏等	提供小分子氮素营养
		硫酸镁、磷酸二氢钾等	提供矿质元素
		氢氧化钠、盐酸	调节营养液酸碱度
		琼脂	凝固剂
原种、栽培种	工业级	蔗糖	提供小分子碳素营养
		尿素	提供小分子氮素营养
		石膏、石灰、硫酸镁、过磷酸钙等	提供矿质元素、调节酸碱度

表 2　制种常用天然营养物质的种类与用途

菌种级别	营养物质	营养物质用途
母种	马铃薯、小麦粒、玉米粒、胡萝卜、麦芽等	提供小分子碳素、氮素营养等
原种、栽培种	木屑、棉籽壳、玉米芯、废棉渣、豆秸、稻草等	提供大分子碳素营养
	麦麸、米糠、玉米粉、豆饼粉、牛粪等	提供大分子氮素营养等

表 3　制种常用消毒药品的种类与用途

药品名称	药品用途
乙醇	表面擦拭消毒
气雾消毒剂、40%甲醛溶液	熏蒸消毒
来苏儿、新洁尔灭、石炭酸、高锰酸钾、硫黄	表面擦拭消毒或环境喷雾
克霉灵、多菌灵、石灰	拌料

表 4 制种常用物品的种类与用途

物品类别	物品名称	物品用途
棉类制品	普通棉花	制作试管棉塞
	脱脂棉	制作酒精棉球
	纱布	过滤、制作试管棉塞
塑料制品	高压聚丙烯和低压聚乙烯塑料筒袋、折角袋，塑料套环，塑料盖，聚丙烯菌种瓶等	盛装菌种的容器、配件
	塑料盆、塑料桶、量杯等	盛器、废物桶等
燃料	煤、柴等	灭菌用的燃料
其他物品	报纸、皮套、线绳、口取纸、油笔、铅笔、火柴等	包裹、记录等辅助用品

表 5 制种常用用具的种类与用途

用具类别	用具名称	用具用途
衡量用具	托盘天平、电子天平、杆秤、磅秤	称量药品及培养料
	100 mL、250 mL、1 000 mL 等规格量筒、移液管	度量、配制药液
玻璃器皿	18 mm×180 mm 或 20 mm×200 mm 试管、直径 75 mm 或 90 mm 培养皿	盛装母种培养基培养母种或扩繁母种
	250 mL、500 mL、1 000 mL 等规格广口瓶	盛装酒精棉球、药液等
	100 mL、250 mL、500 mL 等规格三角瓶	盛装液体培养基培养液体摇瓶菌种、盛装药液
	菌种瓶或者 500 mL、750 mL 罐头瓶	原种、栽培种容器
	温度计、干湿温度计	测定温度、湿度
	酒精灯	烧灼灭菌、火焰封口等
	玻璃搅拌棒等	搅拌
接种用具	尖头镊子、螺纹镊子、长柄镊子	移取酒精棉球、固体菌种等
	接种针、接种勾、接种环	母种提纯、孢子移取等
	接种镐(小)	母种转管
	接种镐(大)	移取母种扩大繁殖成原种
	接种勺	移取原种扩大繁殖成栽培种
熬煮用具	电饭锅等	熬煮营养液、谷物等
其他用具	20 mL 医用注射器	分装母种培养基
	削皮器	削马铃薯皮
	打孔棒	母种、原种培养基打接种孔
	锹、桶、水管、喷壶、笤帚、周转筐等	拌料、清洁等

表6 原料处理设备与用途

设备名称	设备用途
切片机	用来将木材切成规格木片，是食用菌栽培用的原材料粉碎处理的预前工序设备
粉碎机	用于木片、秸秆、玉米芯等原料的粉碎加工
搅拌机	用来将各种培养料混合均匀
装瓶(袋)机	用于将搅拌均匀的培养料装入菌种瓶或菌种袋

表7 灭菌设备与用途

设备名称	设备用途
手提式高压蒸汽灭菌锅	用于母种培养基和少量原种培养基灭菌处理
立式高压蒸汽灭菌锅	用于原种和栽培种的灭菌处理
卧式高压蒸汽灭菌锅	用于大量原种、栽培种和栽培袋的灭菌处理
简易常压灭菌灶	用于少量原种、栽培种和栽培袋的灭菌处理
大型常压灭菌灶	用于大量原种、栽培种和栽培袋的灭菌处理
简易常压灭菌包	用于大量原种、栽培种和栽培袋的灭菌处理

表8 手提式高压蒸汽灭菌锅的使用方法及注意事项

操作步骤	使用方法及注意事项
安全检查	检查灭菌锅是否存在故障，安全无误后方可使用
加水装锅	向外锅加水，略超过支架；内锅装锅留 1/5 左右间隙，以利热空气流动
封锅通电	沿对角线方向旋紧锅盖和锅体；接通电源
排冷空气	打开放气阀，直至有大量热蒸汽冒出
升温保压	指针到达 123℃时，计时并维持 123℃至所需的灭菌时间
断电降温	达到灭菌时间后切断电源，让温度压力自然下降到零
出锅清理	打开放气阀，沿对角线方向旋开紧密螺丝开锅

表9 简易常压灭菌灶的使用方法及注意事项

操作步骤	使用方法及注意事项
安全检查	对灭菌灶及风机进行全面检查，安全、没有故障再进行使用
加水点火	将大锅和小锅的水加满，在装锅前 1～2 h 点火
装锅封锅	均匀码放灭菌物品，不要装得太紧，最好设蒸层或周转箱，用塑料布封锅；夏季装锅、装料要迅速，以防培养料酸败
灭菌初期	烧锅开始时 2～3 h 要大火猛攻，尽可能在最短时间内使灭菌温度升高到 100℃左右，不能有明显下降，做到一气呵成
灭菌中期	温度计表显示 100℃后 2～3 h 开始计时，保持 10～12 h，如果灭菌物品多要适当延长时间，视具体情况而定

续表 9

操作步骤	使用方法及注意事项
灭菌后期	锅体和灭菌物品的温度很高，这时一定要密切注意大锅中的水，千万不能烧干锅
灭菌结束	灭菌结束后，锅内补足水，以防余热烧干锅；闷一夜后第二天再出锅，利用余热可以提高灭菌效果
出锅清理	出锅后及时清理锅中废水、灶中煤渣等废弃物，做到不残留；同时将风机等工具入库，并检查灭菌灶的使用情况

表 10 接种设备与用途

设备名称	设备用途
超净工作台	制种时的空气净化设备，分单人、双人对置和双人平行操作几种
负离子风机	设备通过瞬间高压电解产生臭氧，臭氧风对接种空间进行消毒
接种箱	用木材和玻璃制成，密闭效果好，有单人式、双人式，食用菌生产的必备设备
接种帐	用塑料制作的密闭接种环境，相当于大的接种箱
接种室	用于接种大量的原种和栽培种。建筑面积 10 m^2 左右，配备缓冲间、拉门，要求环境清洁、密闭效果好，室内安装紫外线灯进行消毒

表 11 培养设备与用途

设备名称	设备用途
恒温恒湿箱	用于高温季节或寒冷季节培养少量母种和原种
摇床	用于制作少量的三角瓶液体菌种，常用的有往复式和振荡式两种
液体菌种发酵罐	用于大量的食用菌深层液体培养或制备液体菌种
培养室	培养菌种的场所，要求清洁、易通风、保温，室内配备培养架

表 12 制种设施的用途与建设要求

设施名称	用途	建设要求
晒料场	培养料摊晒和处理	平坦高燥、通风良好、光照充足、空旷宽阔、远离火源
原料库	存放原材料	高燥、防雨、通风良好、远离火源
工具库	放置劳动工具	宽敞明亮，设置必要的层架以放置小工具
装料场	培养料混合、分装	水电方便、空间充足，室外应防雨防晒
灭菌室	培养基灭菌	水电安全方便、通风良好、空间充足、散热畅通
冷却室	培养基冷却	洁净、防尘、易散热
接种室	各级菌种的接种	设缓冲间，防尘换气性能良好

续表 12

设施名称	用途	建设要求
培养室	菌种培养	内壁和屋顶光滑,便于清洗和消毒
冷藏库	成品菌种短期存放	墙壁要加厚,有通风设施及温、湿度调控设备
检验室	菌种质量的检验	水电方便、清洁,利于装备相应的检验设备和仪器
洗涤室	洗刷菌种瓶、试管等	室内有上、下水道,以利排除污水
保护地	出菇示范、菌种培养	保温性能好,空气通畅,水、电方便,符合保护地设施要求

附录二 菌类园艺工国家职业标准

(2008 年 11 月 21 日修订)

标准审定:崔颂英

标准修订:伦志明、孙玉清

1. 职业概况

1.1 职业名称

菌类园艺工。

1.2 职业定义

掌握食、药用菌相关的基础理论知识和操作技术,从事食、药用菌菌种生产、保藏,原材料的准备以及食用菌栽培场所建造、栽培管理、病虫害防治、采收、保鲜与加工等活动的人员。

1.3 职业等级

本职业共设四个等级,分别为初级(国家职业资格五级)、中级(国家职业资格四级)、高级(国家职业资格三级)、技师(国家职业资格二级)。

1.4 职业环境

室内、外,常温。

1.5 职业能力特征

手指、手臂灵活,动作协调性强,色、嗅、味等感官灵敏,有一定的学习、判断、分析、推理、计算和表达能力。

1.6 基本文化程度

初中毕业。

1.7 培训要求

1.7.1 培训期限

全日制职业学校教育培训根据其培养目标和教学计划确定培训学时。晋级培训学时:初级不少于200标准学时;中级不少于150标准学时;高级不少于100标准学时;技师不少于50标准学时。

1.7.2 培训教师

培训初、中级工的教师应具有本职业高级以上职业资格证书或相关专业中级以上专业技术职务任职资格;培训高级工的教师应取得本职业技师职业资格证书或具有相关专业高级专业技术职务任职资格;培训技师的教师应取得本职业技师职业资格证书3年以上或具有本专业高级专业技术职务任职资格。

1.7.3 培训设备设施

满足培训需要的标准教室、实训室、菌种生产车间、栽培试验场、产品加工车间。设备、设施齐全,布局合理,符合国家安全、卫生标准。

1.8 鉴定要求

1.8.1 适用对象

从事或准备从事本职业的人员。

1.8.2 申报条件

——初级/国家职业资格五级(具备以下条件之一者)

(1)经本职业初级正规培训达规定标准学时数,并取得毕(结)业证书。

(2)在本职业连续见习工作2年以上。

(3)本职业学徒期满。

——中级/国家职业资格四级(具备以下条件之一者)

(1)取得本职业初级职业资格证书后,连续从事本职业工作3年以上,经本职业中级正规培训达规定标准学时数,并取得毕(结)业证书。

(2)取得本职业初级职业资格证书后,连续从事本职业工作5年以上。

(3)连续从事本职业工作7年以上。

(4)取得经劳动保障行政部门审核认定的、以中级技能为培养目标的中等以上职业学校本职业(专业)毕业证书。

——高级/国家职业资格三级(具备以下条件之一者)

(1)取得本职业中级职业资格证书后,连续从事本职业工作4年以上,经本职业高级正规培训达规定标准学时数,并取得毕(结)业证书。

(2)取得本职业中级职业资格证书后,连续从事本职业工作7年以上。

(3)取得高级技工学校或经劳动保障行政部门审核认定的、以高级技能为培养目标的高等职业学校本职业(专业)毕业证书。

(4)取得本职业中级职业资格证书的大专以上本专业或相关专业毕业生,连续从事本职业工作 2 年以上。

——技师/国家职业资格二级(具备以下条件之一者)

(1)取得本职业高级职业资格证书后,连续从事本职业工作 5 年以上,经本职业技师正规培训达规定标准学时数,并取得毕(结)业证书。

(2)取得本职业高级职业资格证书后,连续从事本职业工作 8 年以上。

(3)取得本职业高级职业资格证书的高级技工学校本职业(专业)毕业生和大专以上本专业或相关专业的毕业生,连续从事本职业工作满 2 年。

1.8.3 鉴定方式

分为理论知识考试(笔试)和技能操作考核,理论知识考试采用闭卷笔试方式,技能操作考核采用现场实际操作方式。理论知识考试和技能操作考核均实行百分制,成绩皆达到 60 分以上者为合格。技师鉴定还需进行综合评审。

1.8.4 考评人员与考生配比

理论知识考试考评人员与考生配比为 1∶15,每个标准教室不少于 2 人;技能操作考核考评员与考生配比为 1∶5,且不少于 3 名考评员。

1.8.5 鉴定时间

理论知识考试 90 min;技能操作考核不少于 60 min;综合评审不少于 40 min。

1.8.6 鉴定设施设备

理论知识考试在标准教室内进行;技能操作考核在食、药用菌制种、栽培、产后加工场所进行,设备设施齐全,场地符合安全、卫生标准。

2. 基本要求

2.1 职业道德

2.1.1 职业道德基本知识

2.1.2 职业守则

热爱本职,忠于职守; 遵纪守法,诚实守信;刻苦学习,钻研业务;团结协作,安全生产。

2.2 基础知识

2.2.1 基本理论知识

2.2.1.1 食、药用菌基础知识

(1)食、药用菌概念、营养价值、药用价值、产业发展历史与前景;

(2)食、药用菌的形态结构和生物学特性;

(3)食、药用菌的繁殖方式和生活史。

2.2.1.2 食、药用菌制种基础知识

(1)制种基本用品、用具、设备及设施;

(2)消毒、灭菌、无菌操作知识。

2.2.1.3 食、药用菌栽培基础知识

(1)食、药用菌的主要栽培模式；

(2)主要食、药用菌的栽培季节。

2.2.1.4 食、药用菌病虫害防治基础知识

细菌、酵母菌、霉菌、放线菌的生长特点与规律。

2.2.2 食、药用菌生产成本核算知识

(1)食、药用菌菌种生产成本核算知识；

(2)食、药用菌栽培生产成本核算知识；

(3)食、药用菌保鲜与加工成本核算知识。

2.2.3 食用菌食品安全知识

(1)农药、重金属等化学物质残留知识；

(2)添加剂、激素相关知识；

(3)生产环境安全监控知识。

2.2.4 安全生产知识

(1)实验室、菌种生产车间、栽培场所、产品加工车间的安全操作知识；

(2)安全用电知识；

(3)防火、防爆安全知识；

(4)手动工具与机械设备的安全使用知识；

(5)化学药品的安全使用、贮藏知识。

2.2.5 有关法律基础知识

(1)《食用菌菌种管理办法》；

(2)《中华人民共和国种子法》的相关知识；

(3)《农业野生植物保护办法》的相关知识；

(4)《中华人民共和国森林法》的相关知识；

(5)《中华人民共和国环境保护法》的相关知识；

(6)《中华人民共和国食品卫生法》的相关知识；

(7)《中华人民共和国劳动法》的相关知识；

(8)《中华人民共和国合同法》的相关知识。

(9)《中华人民共和国农产品质量安全法》的相关知识。

3. 工作要求

本标准对初级、中级、高级、技师的技能要求依次递进，高级别包括低级别的要求。

3.1 初级

职业功能	工作内容	技能要求	相关知识
一、食、药用菌菌种制作	(一)配制栽培种培养料	1. 能够进行栽培种培养料的预处理 2. 能够进行栽培种栽培料的配制、发酵、灭菌	1. 栽培种培养料的知识要求 2. 栽培种培养料的预处理知识 3. 栽培种培养料的配制、发酵、灭菌的知识
	(二)转接菌种	1. 能够进行空间、器皿、接种工具的消毒和灭菌 2. 能够进行手部的消毒 3. 能够使用接种勺、接种铲等接种工具进行接种 4. 能够进行栽培种的转接操作	1. 消毒的方法与技术要求 2. 灭菌的方法与技术要求 3. 接种的技术要求与正确的操作方法
	(三)培养栽培种	1. 能够培养栽培种 2. 能够识别侵染栽培种的常见病害 3. 能够从外观上识别正常的食、药用菌栽培种	1. 栽培种的培养要求 2. 常见栽培种病害的侵染特征 3. 栽培种的质量标准
	(四)菌种的短期贮藏	1. 能够实施原种的短期贮藏 2. 能够实施栽培种的短期贮藏	1. 原种的贮藏方法 2. 栽培种的贮藏方法
二、食、药用菌栽培	(一)栽培棚室的建造与维护管理	1. 能够搭建出菇棚室 2. 能够进行出菇棚室的维护管理	1. 食、药用菌出菇棚室搭建的要求 2. 食、药用菌出菇棚室的维护管理知识
	(二)栽培食、药用菌培养料的处理	1. 能够进行原料的预处理及配制栽培料 2. 能够进行培养料的发酵 3. 能够进行培养料的装袋 4. 能够进行培养料的上床操作 5. 能够进行播种操作 6. 能够调试使用粉碎机、拌料机和装袋机	1. 栽培食、药用菌的原料预处理知识与配制知识 2. 栽培袋的选择的相关知识 3. 培养料发酵、装袋、上床和播种操作知识 4. 粉碎机、拌料机和装袋机的调试与使用方法

续表

职业功能	工作内容	技能要求	相关知识
	(三)栽培场所环境因素调控	1.能够调节食、药用菌出菇棚室的温度条件 2.能够调节出菇棚室的光照条件 3.能够调节出菇棚室的水分条件 4.能够调节出菇棚室的空气条件	食、药用菌出菇棚室温度、光照、水分、空气等环境因素的调节方法
	(四)栽培场所的病虫害防治	1.能够识别侵染食、药用菌的常见病害特征 2.能够识别侵染食、药用菌的常见虫害特征	1.常见食、药用菌病害的侵染特征 2.常见食、药用菌虫害的侵染特征
	(五)食、药用菌的栽培管理	1.能够调控1种食、药用菌发菌期所需的温度、光照、水分、空气等环境条件 2.能够调控1种食、药用菌出菇期所需的温度、光照、水分、空气等环境条件 3.能够进行1种食、药用菌出菇期的常规栽培管理	1.平菇、香菇、黑木耳、双孢菇发菌期所需的温度、光照、水分、空气等环境条件的要求 2.平菇、香菇、黑木耳、双孢菇的栽培管理知识
三、食、药用菌产品加工	(一)鲜菇采收	1.能够确定食、药用菌的鲜菇适时采收期 2.能够按照所采收食、药菌的商品要求进行采收 3.能够对采收的食、药用菌进行采后处理	1.食、药用菌生长发育的知识 2.食、药用菌商品知识 3.食、药用菌采收后处理方法
	(二)食、药用菌商品菇干制	1.能够选择食、药用菌商品菇的干制方法 2.能够进行3种食、药用菌商品菇的干制	食、药用菌干制的方法与技术要求

3.2 中级

职业功能	工作内容	技能要求	相关知识
一、食、药用菌菌种制作	（一）原种培养基的配制	1. 能够进行原种培养基的选料 2. 能够进行原种培养基的配制、灭菌	1. 原种培养基的知识要求 2. 原种培养基的配制、发酵、灭菌的知识
	（二）原种的培养	1. 能够选择原种培养基配方 2. 能够进行原种制作与培养 3. 能够识别侵染原种的常见病害特征 4. 能够识别 3 种食、药用菌原种	1. 原种的培养要求 2. 常见原种病害的侵染特征 3. 原种的质量标准
	（三）菌种的短期贮藏	1. 能够实施母种的短期贮藏 2. 能够实施原种的短期贮藏	1. 母种的贮藏方法 2. 原种的贮藏方法
二、食、药用菌栽培	（一）栽培食、药用菌培养料的配制	1. 能够比较选择栽培原料 2. 能够配制培养料	培养料配制原则
	（二）栽培场所病虫害防治	1. 能够进行食、药用菌常见病害防治 2. 能够进行食、药用菌常见虫害防治	1. 常见食、药用菌病害的种类、发生期与防治措施 2. 常见食、药用菌虫害的种类、发生期与防治措施
	（三）食、药用菌的栽培管理	1. 能够调控 3 种食、药用菌发菌期所需的温度、光照、水分、空气等环境条件 2. 能够调控 3 种食、药用菌出菇期所需的温度、光照、水分、空气等环境条件 3. 能够进行 3 种食、药用菌出菇期的常规栽培管理	1. 猴头、灵芝、金针菇、银耳、滑子菇、草菇、鸡腿菇生长发育的环境条件要求 2. 猴头、灵芝、金针菇、银耳、滑子菇、草菇、鸡腿菇的栽培管理知识
三、食、药用菌产品加工	（一）食、药用菌商品菇干制	1. 能够选择食、药用菌商品菇的干制方法 2. 能够进行 5 种食、药用菌商品菇的干制	食、药用菌干制的方法与技术要求
	（二）食、药用菌商品菇盐渍加工	能够进行 5 种食、药用菌商品菇的盐渍加工	食、药用菌盐渍加工的技术要求

3.3 高级

职业功能	工作内容	技能要求	相关知识
一、食、药用菌菌种制作	(一)制作母种培养基	1.能够进行母种培养基的选料 2.能够进行母种培养基的配制、分装、灭菌、斜面摆放 3.能够进行培养基质量检测	1.母种培养基配制原则 2.母种培养基的知识要求 3.原种培养基的配制、分装、灭菌、斜面摆放、质量检测的知识
	(二)母种的转接、培养	1.能够选择培养基配方 2.能够进行母种转接与培养 3.能够识别侵染母种的常见病害特征 4.能够识别3种食、药用菌母种	1.母种的转接程序和技术要求 2.母种的培养要求 3.常见母种病害的侵染特征 4.食、药用菌母种的质量标准
	(三)食、药用菌菌种保藏	1.能够选择菌种保藏的方法 2.能够实施菌种保藏	食、药用菌菌种保藏原理与方法
二、食、药用菌栽培	(一)栽培场所病虫害防治	1.能够进行食、药用菌病害的综合防治 2.能够进行食、药用菌虫害的综合防治	1.食、药用菌病害的综合防治知识 2.食、药用菌虫害的综合防治知识
	(二)食、药用菌的栽培管理	1.能够调控5种以上食、药用菌发菌期所需的温度、光照、水分、空气等环境条件 2.能够调控5种以上食、药用菌出菇期所需的温度、光照、水分、空气等环境条件 3.能够进行5种以上食、药用菌出菇期的常规栽培管理	1.杏鲍菇、白灵菇、茶薪菇、真姬菇、灰树花、大球盖菇、竹荪、姬松茸、蟹味菇生长发育的环境条件要求 2.杏鲍菇、白灵菇、茶薪菇、真姬菇、灰树花、大球盖菇、竹荪、姬松茸、蟹味菇的栽培管理知识
三、食、药用菌产品加工	(一)食、药用菌保鲜技术	1.能够选择食、药用菌的保鲜方法 2.能够实施3种以上食、药用菌的保鲜	食、药用菌商品菇的保鲜方法与技术要求
	(二)食、药用菌商品菇盐渍加工	能够进行7种食、药用菌商品菇的盐渍加工	食、药用菌盐渍加工的技术要求

3.4 技师

职业功能	工作内容	技能要求	相关知识
一、食、药用菌菌种制作	(一)食、药用菌菌种分离	1.能够选择菌种分离的方法 2.能够进行菌种分离操作	食、药用菌菌种分离方法与技术要求
	(二)食、药用菌菌种提纯复壮	1.能够选择菌种复壮的方法 2.能够进行菌种提纯复壮操作	食、药用菌菌种提纯复壮知识
二、食、药用菌菌场组建与管理	(一)食、药用菌菌场建造	1.能够设计菌种厂、栽培场、产品加工厂的工艺技术流程 2.能够提供食、药用菌菌场(菌种厂、栽培场、产品加工厂)的必备设备设施的购置方案	1.食、药用菌菌场的建造原则与工艺流程 2.食、药用菌菌场的必备设备设施的相关知识
	(二)食、药用菌菌场技术管理	1.能够制定食、药用菌菌种场的技术规程 2.能够制定食、药用菌栽培场的技术规程 3.能够制定食、药用菌产品加工厂的技术规程 4.能够提供食、药用菌菌场各部门技术人员配置方案	1.食、药用菌基础标准和通用技术标准 2.食、药用菌卫生标准 3.菌种标准 4.试验方法和检验规程 5.产品标准
三、食、药用菌栽培	(一)食、药用菌栽培	1.能够提供食、药用菌栽培品比试验方案 2.能够提供食、药用菌周年栽培技术方案 3.能够提供新种类食、药用菌推广种植技术方案	1.食、药用菌栽培品比试验的设计要求 2.食、药用菌周年栽培设计要求 3.新种类食、药用菌推广种植设计要求
	(二)病虫害防治	1.能够对食、药用菌发病现象进行原因分析 2.能够控制有害生物对食、药用菌的危害	食、药用菌病虫害侵染机理与条件
	(三)畸形菇控制	1.能够对食、药用菌出菇期畸形菇发生原因进行分析 2.能够对食、药用菌出菇期畸形菇进行救治	食、药用菌出菇期畸形菇形成机理的相关知识

续表

职业功能	工作内容	技能要求	相关知识
四、培训指导	(一)培训	1.能够参与编写初级、中级、高级工培训讲义 2.能够培训初级、中级、高级工	1.教育学基本知识 2.心理学基本知识 3.教学培训方案制定方法
	(二)指导	能够指导初级、中级、高级工的日常工作	

4.比重表

4.1　理论知识

项目		初级(%)	中级(%)	高级(%)	技师(%)
基本要求	职业道德	5	5	5	5
	基础知识	25	20	15	—
相关知识	食、药用菌菌种制作	30	30	30	30
	食、药用菌栽培	30	35	40	35
	食、药用菌产品加工	10	10	10	—
	食、药用菌菌场组建与管理	—	—	—	25
	培训指导	—	—	—	5
合计		100	100	100	100

4.2　技能操作

项目		初级(%)	中级(%)	高级(%)	技师(%)
技能要求	食、药用菌菌种制作	40	40	40	35
	食、药用菌栽培	45	45	45	35
	食、药用菌产品加工	15	15	15	—
	食、药用菌菌场组建与管理	—	—	—	20
	培训指导	—	—	—	10
合计		100	100	100	100

附录三　食用菌标准汇编目录

2006 年 9 月出版的《食用菌标准汇编(二)》汇编了全部食用菌国家标准，其中基础标准和通用技术标准 6 个、卫生标准 4 个、试验方法和检验规程 13 个、菌种标准 5 个、产品标准 26 个。目录如下：

基础标准和通用技术标准 6 个：

1.食用菌术语 GB 12728—91
2.保健食品良好生产规范 GB 17405—1998
3.干香菇辐照杀虫防霉工艺 GB/T 18525.5—2001
4.段木栽培黑木耳技术 LY/T 1208—1997
5.无公害食品 食用菌菌种生产技术规程 NY/T 528—2002
6.无公害食品 食用菌栽培基质安全技术要求 NY 5099—2002
卫生标准 4 个：
1.食用菌卫生标准 GB 7096—2003
2.食用菌罐头卫生标准 GB 7098—2003
3.银耳卫生标准 GB 11675—2003
4.辐照新鲜水果、蔬菜类卫生标准 GB 14891.5—1997
试验方法和检验规程 13 个：
1.植物性食品中游离棉酚的测定 GB/T 5009.148—2003
2.银耳中米酵菌酸的测定 GB/T 5009.189—2003
3.食用菌灰分测定 GB/T 12532—90
4.食用菌杂质测定 GB 12533—90
5.食用菌总糖含量测定方法 GB/T 15672—1995
6.食用菌粗蛋白质含量测定方法 GB/T 15673—1995
7.食用菌粗脂肪含量测定方法 GB/T 15674—1995
8.出口速冻蔬菜检验规程 食用菌 SN/T 0626.7—1997
9.出口脱水蘑菇检验规程 SN/T 0631—1997
10.出口干香菇检验规程 SN/T 0632—1997
11.出口盐渍食用菌检验规程 SN/T 0633—1997
12.出口蘑菇罐头中硒的测定方法 SN/T 0860—2000
13.出口蘑菇罐头中尿素残留量检验方法 SN/T 1004—2001
菌种标准 5 个：
1.黑木耳菌种 GB 19169—2003
2.香菇菌种 GB 19170—2003
3.双孢蘑菇菌种 GB 19171—2003
4.平菇菌种 GB 19172—2003
5.杏鲍菇和白灵菇菌种 NY 862—2004
产品标准 26 个：
1.黑木耳 GB 6192—86

2.蘑菇罐头 GB/T14151—1999

3.原产地域产品　庆元香菇 GB 19087—2003

4.香菇 GH/T 1013—1998

5.黑木耳块 LY/T 1207—1997

6.口蘑 NY/T 445—2001

7.灰树花 NY/T 446—2001

8.毛木耳 NY/T 695—2003

9.绿色食品　食用菌 NY/T 749—2003

10.草菇 NY/T 833—2004

11.银耳 NY/T 834—2004

12.竹荪 NY/T 836—2004

13.无公害食品　香菇 NY 5095—2002

14.无公害食品　平菇 NY 5096—2002

15.无公害食品　双孢蘑菇 NY 5097—2002

16.无公害食品　黑木耳 NY 5098—2002

17.无公害食品　罐装金针菇 NY 5187—2002

18.无公害食品　鸡腿菇 NY 5246—2004

19.无公害食品　茶树菇 NY 5247—2004

20.香菇猪脚腿罐头 QB 1357—91

21.猴头菇罐头 QB 1397—91

22.金针菇罐头 QB 1398—91

23.香菇罐头 QB 1399—91

24.香菇肉酱罐头 ZB X71 004—90

25.草菇罐头 ZB X77 004—90

26.滑子蘑罐头 ZB X77 008—90

附录四　食用菌术语

1　制种技术

1.1　真菌(fungus):营异养生活,不进行光合作用;具有真核细胞;营养体为单细胞或丝状;细胞壁含有几丁质或纤维素;具有无性或有性繁殖特征的菌体。

1.2　大型真菌(larger fungus):能形成大型子实体的真菌。主要包括担子菌和子囊菌的一些种类,子实体通常肉质、胶质、木质等,有些可以食用或药用。

1.3　食用菌(edible fungus):指可供人们食用的一些真菌。多数为担子菌,如蘑菇、香菇、草菇、牛肝菌等。少数为子囊菌,如羊肚菌、块菌等。

1.4　菌丝(hypha):构成真菌菌丝体的丝状单元,由孢子或组织萌发后形成。

1.5　菌丝体(mycelium):菌丝的集合体。

1.6　子实体(fruit body):产生孢子的真菌结构。

1.7　孢子(spore):真菌经无性或有性过程所产生的繁殖体。

1.8　子囊菌(ascomycete):指有性孢子着生在子囊内的菌类,如羊肚菌。

1.9　担子菌(basidiomycete):指有性孢子外生在担子上的菌类,如香菇。

1.10　锁状联合(clamp connection):为双核细胞形成分裂产生双核菌丝体的一种特有形式,常发生在菌丝顶端,开始时在细胞上产生突出,并向下弯曲,与下部细胞连接,形如锁状。

1.11　腐生菌(saprophyte):吸取无生命的有机质为养料的菌类。

1.12　寄生菌(parasite):从其他生物体吸取养料并赖以生存的菌类。

1.13　固体菌种(solid spawn):培养基为固体状态的菌种。

1.14　液体菌种(liquid spawn):培养基为液体状态的菌种。

1.15　菌种类型(types of spawn):根据使用目的、生产特性和作用对食用菌菌种的区分。按照生产繁殖程序可以分为母种(也称试管种、一级种)、原种(也称二级种)、栽培种(也称三级种、生产种)。

1.16　母种(mother culture):通过孢子分离或组织分离等方式获得,并经鉴定为种性优良、遗传相对稳定的纯菌丝体。

1.17　原种(primary spawn):由母种扩大繁殖培养而成的菌种。

1.18　栽培种(culture spawn):由原种扩大繁殖培养而成的菌种。

1.19　消毒(disinfection):使用物理或化学方法在一定范围内杀灭物体表面或环境中部分有害微生物的措施。

1.20　灭菌(sterilization):使用物理或化学方法在一定范围内彻底杀灭物料及其容器中一切微生物的措施。

1.21　菌种保藏(spawn preservation):菌种在贮藏期间,使新陈代谢降低到最低水平,以便保持其生活力。

1.22　生活史(life—cycle):食用菌生活史一般是指从孢子→菌丝→子实体→孢子的整个生长发育循环周期。

1.23　有性繁殖(sexual reproduction):由担孢子或子囊孢子形成的菌丝,经过配对的性结合而繁殖的过程。

1.24　无性繁殖(asexual reproduction):没有进行性结合的一切繁殖过程。

1.25 同宗配合(homothallism):由同型孢子萌发的两条菌丝间相互结合,经质配、核配可产生子实体的有性繁殖方式。

1.26 异宗配合(heterothallism):由两种不同型的菌丝相结合,经核配而产生子实体的有性繁殖方式。

1.27 菌盖(pileus(cap)):生长在菌柄上产生孢子的部位,也是主要食用部分。一般呈帽状。

1.28 菌柄(stipe):支持菌盖的柱状体。

1.29 选种(the selection of spawns):菌种选优除劣的过程,一般是通过栽培试验进行比较选择。

1.30 育种(breeding):培育食用菌新品种的过程,包括自然选育、诱变选育、杂交育种、细胞质融合等方法。

1.31 单孢分离(single spore isolation):分离单个孢子获得纯培养物的方法。

1.32 多孢分离(multispore isolation):目前生产上多采用分离多孢单菌落的方法获得纯培养物。

1.33 组织分离(tissue isolation):挑取菌体组织获得纯培养物的方法。

1.34 菌株(品系)(strain):种内或变种内在若干遗传特性上有区别的菌类。

1.35 单孢杂交(monosporous hybridization):利用单孢子分离物进行组合培养,通过两个或几个亲株染色体片段的交换或重组而获得新的遗传性状。

1.36 驯化(domestication):将野生种经过分离、培养、选择成为生产上可以进行人工栽培的品种的过程。

1.37 菌种(spawn):以保藏、试验、栽培和其他用途为目的、具有繁衍能力、遗传特性相对稳定的菌类孢子、组织或菌丝体及其营养性或非营养性的载体。

1.38 菌环(annulus):菌盖开伞后,环绕于某些伞菌菌柄上的内菌幕残余物。

1.39 菌托(volva):外菌幕位于柄基的残余物,典型的呈杯状。

1.40 内菌幕(veil):某些伞菌菌盖与菌柄间连接的包膜,覆盖菌褶。

1.41 外菌幕(universal veil):包裹在整个原基或菌蕾外面的膜状物。

2 栽培技术

2.1 室内栽培(indoor cultivation):在菇房内的栽培,如大多数食用菌的栽培方式。

2.2 室外栽培(outdoor cultivation):露天环境条件下的栽培,如黑木耳露地栽培。

2.3 露地栽培(open air cultivation):又称露天栽培。利用室外气候、土壤肥力、荫蔽等条件对菇木、耳木或栽培袋进行人工管理,如露地葡萄套种鸡腿菇。

2.4 发酵料栽培(fermented substrate cultivation):利用发酵处理的培养料栽培食用菌的方法,如平菇、双孢蘑菇、鸡腿菇栽培。

2.5 熟料栽培(sterilized raw materials cultivation):利用蒸汽处理(湿热灭菌)过的培养料栽培食用菌的方法。

2.6 半熟料栽培(semi-sterilized raw materials cultivation):培养料在100℃下经过2 h左右的短时间蒸制后进行食用菌栽培的方法,如滑菇、黄伞栽培。

2.7 代料栽培法(substitute cultivation method):利用各种农业、林业、工业的产品或副产物木屑、纸屑、秸秆、甘蔗渣、废棉、棉籽壳等为主料,添加一定比例的辅助材料来代替传统的栽培材料生产各种食用菌的方法。

2.8 压块栽培法(sawdnst block cultivation):目前滑菇春季栽培的主要模式,培养料经过半熟料的处理后,趁热出锅直接压块,冷却后再在无菌的环境中进行接种的栽培方式。

2.9 床式栽培(bed cultivation):利用搭架分层,铺设床架的立体栽培方式。

2.10 袋栽(bag cultivation):在塑料袋内装料栽培的方式。

2.11 发酵(fermentation):培养料在微生物的作用下,引起有机质的分解腐熟同时产生热量的过程。

2.12 白化现象(albinism):在培养料前发酵期间,因高温干燥或发酵时间相对太长所出现的放线菌白色区域。

2.13 播种(spawning):将菌种种植在培养基上的过程。

2.14 发菌(spawn runing):菌丝体在培养基内生长、扩散的过程,又称定植。

2.15 桑葚期(mulberry-like phase):平菇出现米粒大小的原基如桑葚状的生长期。

2.16 珊瑚期(coral-likephase):平菇菌柄已出现,菌盖尚未分化的生长期。

2.17 蘑菇堆肥(mushroom compost):用来栽培蘑菇的培养料。

2.18 堆料(composting):将蘑菇的培养料按一定规格堆制发酵的过程。

2.19 室外发酵(outdoor fermentation):又称一次发酵、前发酵。培养料在室外堆制自然发酵的过程。

2.20 室内发酵(indoor fermentation):又称二次发酵、后发酵。经一次发酵的培养料,在室内控温条件下进行巴斯德消毒发酵的过程。

2.21 覆土(casing soil):将普通土粒或粗糠稀泥混合为材料,覆盖在已长满菌丝体培养料的表面,从而促使出菇。

2.22 转色(colouring):菌丝在培养基内生长到一定阶段,代谢产生色素变色。

2.23 搔菌(myceliums timulation):搔动培养料表面的菌丝层,进行机械刺激,促进生长,增加数量。

2.24 结菇水(cropping water):覆盖层内菌丝体完成生长阶段以后,间歇向覆盖层重喷水分,以促进进入生殖生长的菌丝体扭结,形成子实体原基。

2.25 出菇水(fruiting water):当原基普遍形成绿豆、黄豆(0.4～0.7 cm)大小的菇蕾后,向覆盖层间歇重喷水后,以促进子实体的生长发育,进而出菇。

2.26 吐黄水(yellow water exudation):菌种培养期间,培养基物内出现的黄色液体。双孢蘑菇菌种在不良条件下,往往在菌丝萎缩后,出现黄色的液体。

2.27 补水(supplementing water):架木前若菇木水分不足,采用喷洒或浸水方式,使菇木得到适量的水分。

2.28 翻堆(turning):培养料在前发酵期间,为了调节水分、温度和通气,达到均匀发酵的目的而进行有规律的翻动交换位置的过程。

2.29 催蕾(inducement to primordium):采用保温、保湿、通风方法促进的菇蕾的形成。

2.30 菌丝徒长(over growth of hyphae):菌丝在培养基中营养生长过于旺盛,以致影响子实体的形成。

3 病虫害防治技术

3.1 杂菌(competitor):在培养某一食用菌时,污染的其他微生物。

3.2 污染源(source of contamination):带有滋生杂菌、害虫及有毒物质的场所或物体。

3.3 污染(contamination):在培养过程中混有其他微生物或有毒物质。

3.4 侵染(infestation):培养物受到其他微生物的侵入感染。

3.5 侵染性病害(infective disease):食用菌受到其他生物的侵染而引起的病害,如双孢蘑菇湿泡病,也称非生理性病害。

3.6 生理性病害(physiological disease):食用菌受不良环境条件影响而引起的病害,如高浓度二氧化碳引起的子实体畸形,也称非侵染性病害。

3.7 病虫害综合防治(integrated control of disease and insect):以农业防治为主,生物防治、物理防治和化学防治为辅的病虫害防治措施。

3.8 真菌病害(fungal disease):由真菌侵染引起的病害。

3.9 细菌病害(bacterial disease):由细菌侵染引起的病害。

3.10 线虫病害(bacterial disease):由线虫侵染引起的病害。

3.11 病毒病害(viral disease):由病毒侵染引起的病害。

3.12 畸形菇(maggot damaged mushroom):因受物理、化学、生物等不良因

素影响形成的变形菇。

3.13 风斑菇(wind-blown spot mushroom):蘑菇子实体因受干风吹袭使表面出现褐斑。

3.14 霉烂菇(spoiled mushroom):有肉眼可见的霉菌或腐败的菇。

3.15 黄斑菇(yellow-spotted mushroom):有肉眼可见黄色病斑的菇。

3.16 泡水菇(soaked mushroom):浸水后,使含水量超过规定标准的鲜菇,也称浸水菇。

3.17 薄皮开伞(early opening):双孢蘑菇由于高温导致子实体盖薄,未成熟时即开伞的现象。

3.18 硬开伞(forced opening):栽培中由于气温骤然降低,双孢蘑菇的菌盖与菌柄间裂开的现象。

3.19 空根白心(hollow stipe):蘑菇菌柄内出现白色疏松的"菌髓"或变空的现象。

3.20 损伤(injury):培养物或菇体受物理、化学、生物等因素的作用,使机体部分或整体受到伤害。

4 保鲜与加工技术

4.1 保藏(preservation):使产品不腐败不变质的贮藏方式,如罐藏、盐渍、速冻、烘干等。

4.2 冷藏(cold preservation):将产品置于0℃以上,5℃以下的低温条件下的保藏过程。

4.3 罐藏(canning):把新鲜产品装入密闭容器内,注入适当浓度的液汁,密封后经灭菌处理来保藏产品。

4.4 速冻(quick freezing):使产品在零度以下的低温条件下迅速冻结,而达到低温长时间保藏目的。

4.5 烘干(hot-air-drying):采用加热方法使产品含水量降低成为干制品。

4.6 保鲜(refreshing):抑制降低产品的新陈代谢,使之保持新鲜。

4.7 罐头菇(canned mushroom):以罐装形式保存和出售的菇类。

4.8 盐水菇(brine mushroom):用盐渍方法保存的菇类。

4.9 整菇(whole mushroom):以整个蘑菇做成的加工菇。

4.10 片菇(sliced mushroom):纵切成片状的罐头菇或干菇。

4.11 碎菇(pieces mushroom):不规则蘑菇碎片(块)的加工菇。

4.12 保鲜期(refreshing time):产品保持新鲜的时间范围。

参考文献

[1] 陆中华,陈俏彪.食用菌贮藏与加工技术[M].北京:中国农业出版社,2004

[2] 黄年来.中国食用菌百科[M].北京:中国农业出版社,1993

[3] 黄年来.食用菌病虫害防治(彩色)手册[M].北京:中国农业出版社,2001

[4] 黄年来.中国大型真菌原色图鉴[M].北京:中国农业出版社,1998

[5] 黄年来.18种珍稀美味食用菌栽培[M].北京:中国农业出版社,1997

[6] 牛天贵,刘亮,白羽.食用菌消费指南[M].北京:农村读物出版社,2000

[7] 卯晓岚.中国经济真菌[M].北京:科学出版社,1998

[8] 卯晓岚,蒋长坪,欧珠次旺.西藏大型经济真菌[M].北京:科学技术出版社,1993

[9] 卯晓岚.中国大型真菌[M].郑州:河南科学技术出版社,2000

[10]张金霞.食用菌安全优质生产技术[M].北京:中国农业出版社,2004

[11]张金霞.食用菌菌种生产与鉴别[M].北京:中国农业出版社,2002

[12]农业部微生物肥料和食用菌菌种质量监督检验测试中心,中国标准出版社第一编辑室.食用菌技术标准汇编[M].北京:中国标准出版社,2006

[13]常明昌.食用菌栽培[M].北京:中国农业出版社,2004

[14]杜双田,贾探民.蛹虫草灰树花天麻高产栽培新技术[M].北京:中国农业出版社,2002

[15]林树钱.中国药用菌生产与产品开发[M].北京:中国农业出版社,2001

[16]李昊.虫草人工栽培技术[M].北京:金盾出版社,2000

[17]王爱成,李柏.灵芝[M].北京:科学技术出版社,2002

[18]林志彬.灵芝的现代研究[M].北京:北京医科大学出版社,2001

[19]王波,鲜灵.图说灵芝高效栽培关键技术[M].北京:金盾出版社,2004

[20]王波.最新食用菌栽培技术[M].成都:四川科学技术出版社,2001

[21]王波.姬菇、肺形侧耳栽培新技术(彩色图解)[M].成都:四川科学技术出版社,2003

[22]丁自勉.灵芝[M].北京:中国中医药出版社,2001

[23]王传福.新编食用菌生产手册[M].郑州:中原农民出版社,2002

[24]杨新美.中国食用菌栽培学[M].北京:中国农业出版社,1988
[25]汪昭月.食用菌科学栽培指南[M].北京:金盾出版社,1999
[26]刘祖同,罗信昌.食用蕈菌生物技术及应用[M].北京:清华大学出版社,2002
[27]裴黎.现代DNA分析技术理论与方法[M].北京:中国人民公安大学出版社,2002
[28]曹德宾,孙庆温,王世东.绿色食用菌标准化生产与营销[M].北京:化学工业出版社,2004
[29]贾身茂,等.中国平菇生产[M].北京:中国农业出版,2000
[30]贾身茂.白灵菇无公害生产技术[M].北京:中国农业科技出版社,2004
[31]张柏松,王广来,曹德宾.食用菌病害的识别与防治[M].北京:化学工业出版社,2005
[32]暴增海,张功.食用菌栽培学[M].长春:吉林科学技术出版社,2002
[33]黄毅.食用菌栽培(上、下册)[M].北京:高等教育出版社,1998
[34]吴菊芳.新编食用菌病虫螨防治技术[M].北京:中国农业出版社,2004
[35]陈士瑜.食用菌栽培新技术[M].北京:中国农业出版社,2003
[36]陈士瑜.木耳、银耳栽培新法73种[M].北京:中国农业出版社,1999
[37]陈士瑜.珍稀菇菌栽培与加工[M].北京:金盾出版社,2003
[38]陈士瑜.菇菌栽培手册[M].北京:科学技术文献出版社,2003
[39]王贺祥.食用菌学[M].北京:中国农业大学出版社,2004
[40]蔡衍山,吕作舟,蔡耿新.食用菌无公害生产技术手册[M].北京:中国农业出版社,2002
[41]杨国良,等.26种北方食用菌栽培[M].北京:中国农业出版社,2001
[42]潘崇环,孙萍.新编食用菌栽培技术图解[M].北京:中国农业出版社,2006
[43]潘崇环.食用菌栽培技术图解[M].北京:中国农业出版社,1992
[44]宫志远,高爱华,等.食用菌保护地栽培技术[M].济南:山东科学技术出版社,2002
[45]朱兰宝.中国黑木耳生产[M].北京:中国农业出版社,2000
[46]李宏伟.黑木耳代料栽培技术[M].哈尔滨:东北林业大学出版社,2005
[47]孔祥君,等.中国蘑菇生产[M].北京:中国农业出版社,2000
[48]郭美英.中国金针菇生产[M].北京:中国农业出版社,2000
[49]朱兰宝.中国黑木耳生产[M].北京:中国农业出版社,2000
[50]吴经纶,等.中国香菇生产[M].北京:中国农业出版社,2000
[51]张寿橙.中国香菇栽培历史与文化[M].上海:上海科学技术出版社,1993

[52]杨瑞长.中国香菇栽培新技术[M].北京:金盾出版社,2000
[53]韩玉财.最新食用菌生产与经销大全[M].沈阳:辽宁科学技术出版社,2002
[54]郭维利.食用、药用菌和发酵产品生产技术[M].北京:科学技术文献出版社,1991
[55]洪震.食用菌细菌实验技术及发酵生产[M].北京:中国农业科技出版社,1992
[56]李志超.食用菌生产与消费指南[M].北京:中国农业出版社,1997
[57]张树庭.食用菌遗传育种[M].合肥:安徽省休宁县印刷厂,1983
[58]张树庭,黄亚东.发展中的中国食用菌产业及对人类的贡献[J].国际农产品贸,2004,88:18
[59]卢敏,李玉.中国食用菌产业的战略地位及发展展望[J].食用菌学报,2006,13(1):1-5
[60]孔祥彬,张春庆,许子锋.DNA 指纹图谱技术在作物品种(系)鉴定与纯度分析中的应用[J].生物技术,2005,15(4):74-77
[61]吴学谦,李海波,等.DNA 分子标记技术在食用菌研究中的应用及进展[J].浙江林业科技,2004,24(2):75-80
[62]崔颂英.鸡腿蘑 Cc-1 的生物学特性及高产栽培技术[J].辽宁农业职业技术学院学报,2000(4):37-39
[63]崔颂英.平菇高产稳定的几项有效措施[J].辽宁农业职业技术学院学报,2001(1):22-23
[64]崔颂英.北冬虫夏草人工栽培新工艺[J].辽宁农业职业技术学院学报,2002(3):7-9
[65]崔颂英.野生黄伞 Pa-1 的人工栽培研究栽培初报[J].辽宁农业职业技术学院学报,2002(1):13-14
[66]崔颂英.蔬菜大棚套种鸡腿菇技术[J].蔬菜,2002(5):16
[67]崔颂英.鸡腿菇与蔬菜套种效益高[J].农村实用技术与信息,2003(2):28-29
[68]崔颂英.野生黄伞 Pa-1 的生物学特性及栽培技术[J].食用菌,2003(1):13-14
[68]崔颂英.保护地果树套种鸡腿菇技术[J].北方果树,2003(2):40
[69]崔颂英.北冬虫夏草高产栽培的几项有效措施[J].安徽农业,2003(5):15
[70]崔颂英.鸡腿菇总状炭角菌病的研究进展[J].食用菌,2008(2):57
[71]崔颂英.露地棚架葡萄套种鸡腿菇技术[J].食用菌,2008(4):43
[72]崔颂英.总状炭角菌生物学特性的研究[J].食用菌,2008(5):49
[73]崔颂英.鸡腿菇总状炭角菌病的综合防治措施研究[J].食用菌,2009(2):62
[74]崔颂英.食用菌生产技术[M].辽宁农业职业技术学院校本教材,2000

[75]崔颂英.食用菌加工技术[M].辽宁农业职业技术学院校本教材,2003
[76]崔颂英.食用菌经营[M].辽宁农业职业技术学院校本教材,2004
[77]崔颂英.食用菌生产与加工技术[M].辽宁农业职业技术学院校本教材,2006
[78]崔颂英.食用菌生产与加工[M].北京:中国农业大学出版社,2007
[79]崔颂英.药用大型真菌生产技术[M].北京:中国农业大学出版社,2009
[80]崔颂英.食用菌栽培技术[M].沈阳:东北大学出版社,2009
[81]崔颂英.食用菌生产技术[M].北京:中国农业出版社,2010